图算法
行业应用与实践

嬴图团队　著

GRAPH
ALGORITHMS

INDUSTRY APPLICATIONS AND PRACTICES

机械工业出版社
CHINA MACHINE PRESS

图书在版编目（CIP）数据

图算法：行业应用与实践 / 嬴图团队著. —北京：机械工
业出版社，2024.2
ISBN 978-7-111-74904-2

Ⅰ．①图… Ⅱ．①嬴… Ⅲ．①算图法 Ⅳ．① O243

中国国家版本馆 CIP 数据核字（2024）第 011494 号

机械工业出版社（北京市百万庄大街 22 号　邮政编码 100037）
策划编辑：杨福川　　　　　责任编辑：杨福川　陈　洁
责任校对：张勤思　陈　越　　责任印制：郜　敏
三河市宏达印刷有限公司印刷
2024 年 3 月第 1 版第 1 次印刷
186mm×240mm・16.5 印张・335 千字
标准书号：ISBN 978-7-111-74904-2
定价：99.00 元

电话服务　　　　　　　　　网络服务
客服电话：010-88361066　　机 工 官 网：www.cmpbook.com
　　　　　010-88379833　　机 工 官 博：weibo.com/cmp1952
　　　　　010-68326294　　金 书 网：www.golden-book.com
封底无防伪标均为盗版　机工教育服务网：www.cmpedu.com

Preface 前　言

为何要写本书

近几年，全球科技的发展进入了从"数据化"到"智能化"的时代。各行各业涌现出了大量数据，这些数据种类繁多、来源各异、数量庞大，需要借助算法来发掘其中隐藏的巨大价值。其中，图算法提供了一种有效地分析和连接数据的方法。

本书作为市面上为数不多的面向数据科学应用的图算法书籍，是赢图团队继《图数据库原理、架构与应用》（已由机械工业出版社出版，书号为 978-7-111-70810-0）之后的又一部力作，旨在介绍有实用价值的图算法，并详解其中每个算法的历史、原理以及在实践中的应用等。

本书主要内容

本书主要介绍多种重要而实用的图算法。全书共 10 章，从图技术的历史、原理、架构到图算法的分类、原理、参数等进行介绍，并揭示了每个算法背后的行业应用。第 1 章阐述图是一种描述数据关系的新方式，它通过对数据的查询、演算和推理，能够更好地描述数据间的逻辑结构。第 2 章介绍图算法的分类、图分析以及数据科学。第 3 章具体介绍如何评估图算法的效率。第 4～9 章分门别类地介绍 6 类经典算法的原理、参数及行业应用。第 10 章着重介绍图算法在金融、生物医药等领域的深度应用，旨在启发广大图数据库使用者、开发者的进一步思考。

本书还提供了丰富的算法资料，大家可以通过网站 https://www.ultipa.cn/document/ultipa-graph-analytics-algorithms 进行阅读。

读者对象

- ❑ 图数据库、图计算以及图算法相关的开发者和使用者。
- ❑ 任何热爱图技术、图算法的人士。
- ❑ 计算机相关专业的学生。

勘误和支持

由于作者水平有限，书中难免存在不足和疏漏之处，敬请业界同行和读者指正。有任何宝贵建议，欢迎发送邮件至邮箱 ricky@ultipa.com，期待大家的真挚反馈。

致谢

本书由赢图团队编写而成，其中孙宇熙撰写了大部分章节，孙婉怡、曹佩佩、苏丽娜、张磊、王昊、张建松、刘思燕、林晓芳、陈俊文、苏昌钦等参与了部分章节的撰写与修改工作。此外，还有很多朋友提供了帮助，这里未能一一列出，在此一并表示感谢。

谨以此书献给热爱新技术、秉承终身学习信念和具有成长性思维（图思维）的朋友们！

$\mathcal{C}ontents$ 目　录

第 1 章 *Chapter 1*

图思维方式

具有颠覆性和创新性的技术，如图计算与分析、图算法和图数据库，需要读者先在认知层面做好储备，才能更好地理解这些技术的底层逻辑和上层应用。

每一项新的技术革命的底层逻辑都是道，而上层应用则是术，如果仅停留在术的层面，读者是无法深入理解道的含义的，不理解道的含义自然就无法在术的层面做到融会贯通。因此，我们首先以清晰、简明、脉络化的方式介绍图思维方式的内涵、特质与表征等。

我们知道，人类历史上每一项颠覆性技术的出现，都是那些在认知上获得了启蒙与突破的人（先知、智者）在背后长时间推动的结果。接着，有更多的聪明人在这些技术出现伊始就意识到其潜在价值而参与其中，直至这些技术被广泛应用和理解。那么，是什么让那些智者获得了启蒙与突破呢？答案就是图思维方式。

1.1 什么是图

图是什么？图从哪里来？为什么图能从鲜为人知到爆炸式发展？其实，图并不是一个新鲜事物，而是人类在追求科学与技术发展的探索中，对图思维方式的一次伟大复兴。

1.1.1　人类到底是如何思考的

图思维方式是一种典型的高维思维方式，这是相对于低维思维方式而言的。

在日常生活中，我们经常会说某些人一根筋，在英文语境中有 Tunnel Vision（隧道式眼界）一词，表达的是同一个意思，即非常浅层、狭窄的思维模式，用数学（图论）语言来描述就叫作一跳思维（1-Hop Thinking）。所谓一跳思维，指的是只能往前推演一步。显然，生活中只有一跳思维的大有人在。比如在工作中，有人做事情只考虑眼前的一步如何走，完全不管后续的事情和可能的发展；在社会治理、国际政治关系中，体现这种一跳思维的事件更是不胜枚举。

人类到底是如何思考的呢？这是一个没有标准答案（或者说很难形成共识）的问题。有人会说大多数人是线性思考的，也有人说是非线性思考的，还有人说是聚焦型思考或发散型思考的，抑或两者、多者兼而有之。

如果我们把这个问题提炼成一个数学问题，并用数学语言来描述，可以说，人类在本质上是用图的方式（网络的方式）来思考的。

每个人的思维能力、思维方式皆不同，区别在于思考的模式与效率大相径庭。普通人只能考虑到一步或者极为浅显的层次；而智者则可以融会贯通，在思考的深度与广度上形成一张更大的网络，无远弗届。所谓"无远弗届"，指的是思绪触达的地方再远都可以，这其实是一种多跳式和超深度的关联、遍历、搜索、过滤、剪枝的能力。

比如，我们在小说中经常看到神机妙算的军师给出征的将军一系列锦囊，并嘱咐他走到某一步的时候就打开某个锦囊，告诉他如何处理危机，下一步又该何去何从，这就是非常典型的最优路径规划问题——在每个关键节点选择一条路径继续游走，从而获得最优解。

我们身处的这个世界是高维的、关联的、不断延展的，我们每时每刻接触的所有信息都自动在大脑中存储为实体（人、事、物）、关系（如何连接、动作方向）与属性（描述、特征、标签）。

人脑很像是一台设计精密的计算机，当我们需要从中抽取一条信息、一个知识点的时候，可以快速地定位并获取它。而当我们进行思维发散的时候，会从一个知识点或多个知识点出发，沿着知识点之间关联的路径和网络进行遍历、搜索，抽丝剥茧，得到一条条路径或一张张小网，形成相互交织的信息网络。早在 20 世纪 40 年代，社交网络的概念还没有被发明之前，研究人员就已经试图用图网络模型来描述和解释大脑的运作机制。尽管我们并不完全了解大脑这台超精密仪器的工作原理，但是用图网络的方式来解释让我们离真相越来越近，如图 1-1 所示。

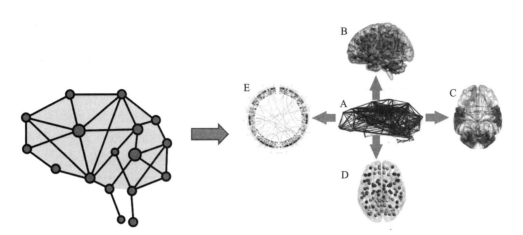

图 1-1　用复杂图网络的模型来解释大脑运作机制

当我们需要对一个知识点进行详细描述的时候，可以赋予它很多属性，知识点之间的关联关系同样也可以带有属性，通过这些属性可以加深对每一个知识点、每一个关系的理解。

例如，我们从小到大填过很多家庭关系表，包括各家庭成员以及他们的籍贯、年龄、性别、单位、联系方式、教育程度等。我们填这些表的时候，就是在调用一张"家庭关系图谱"，主要节点有爸爸张三、妈妈李四、哥哥张小五、姐姐张小六，每个节点都有一些属性，如年龄、联系方式，当然还有一个节点就是自己——张小七（小七也有自己的属性），代表自己的节点会指向所有近亲，关系名称为爸爸、妈妈……显然，这张图能够以一种迭代的方式延展，如果聚焦在爸爸节点上，他的近亲关联图谱又包含他的父母和兄弟姐妹，以此类推。

这些实体（点）与关系（边）所组成的网络，我们称为图（Graph）。当图中的点、边带有一些属性时，则为属性图（Property Graph），属性可以帮助我们筛选、过滤信息，或进行聚合及传导计算。

带有属性的图可以用来表达并且完全还原世间的一切事物与现象，无论它们当中所包含的实体是关联的还是离散的。当实体互相关联的时候，它们形成一张网络；而当它们离散的时候，就是罗列这些实体的一张表，像是关系型数据库表中的一行行数据。从底层存储技术的视角来看，关系型数据库（数仓）善于罗列离散、割裂的数据，用它来表达网络化、关联化的数据，则十分困难，或者说效率会变得非常低下。随着查询的复杂度增加、深度增加、灵活性增强，关系型数据库愈发显得力有不逮。究其根本，是受其架构本身的低维性所限。让低维的关系型数据库来表达高维的图是极其困难的，通常事倍而功半甚至无功而返。而图是高维的，高维可以向下兼容来表达低维空间的内容，反之则不成立。在第 3 章中，我们会具体分析为什么关系型数据库在处理一些复杂的场景时存在效率问题。

图的这种表达方式和人类的大脑神经元网络存储与认知事物有极大的相通性。我们总是不断地关联、发散、再关联、再发散，当我们需要定位并搜索某个人或事物的时候，找到它通常不意味着搜索的结束，而是一连串搜索的开始。当我们进行举一反三式的思维发散时，就相当于在图或网络上进行某种实时过滤，抑或动态甚至深度遍历与搜索。当一个智者在旁征博引的时候，其思绪等于从一张图跳到另一张图，其脑中存储了很多张图，这些图或联动或互动，根据需要随时来为他提供服务。反之，前文提及的一根筋式思维的人是不具备这种能力的，也正因如此，他们所从事的工作大都是极为简单的。试想，如果将这样的人放在重要的岗位上，对于他所处的集体恐怕会带来灾难性的后果。

举个例子，脑海中想你最喜欢的一道菜——红烧肉。你是怎么想到它的？如果按照现代网络的搜索引擎技术，先输入"红"，推荐出"烧"，再输入"肉"，这时得到包含"红烧肉"的推荐列表——或许人类的大脑并不是严格意义上用这种倒排索引的搜索技术，但这并不重要，因为定位到"红烧肉"只是我们的起点，在图思维方式中，如何延展到后续的诸多节点才是关键。

从红烧肉开始，你或许会想到湖南红烧肉、东坡肉、苏东坡、宋词、李清照、靖康之耻、岳飞、文天祥、崖山之战、忽必烈、成吉思汗、蒙古西征……如图 1-2 所示。所谓举一反三、旁征博引，大抵如此。

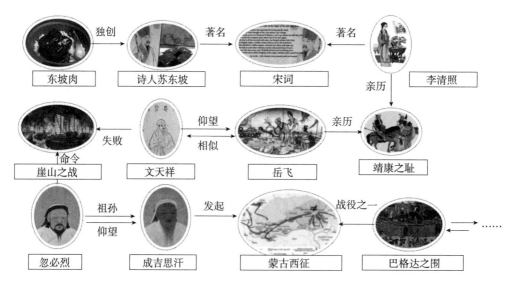

图 1-2　从东坡肉到巴格达之围的局部关联路径

当我们的思绪定位到某一个知识点的时候，只要我们愿意，就可以继续一步步地关联下去——从红烧肉到湖南红烧肉是一个细化分类的 1 步关联操作，从湖南红烧肉关联到名人苏东坡是我们沿着知识图谱继续发散的 2 步关联操作。以此类推，上面的例子中一连串的"旁征博引"实际上是一个在图数据库（或知识图谱）中不断遍历和关联深达 12 步的过程。

举一个更简单的例子，记得 2000 年笔者在硅谷的时候，某天听到广播电台的主持人在谈论"蝴蝶效应"，特别是他们想知道牛顿和成吉思汗之间是否有关系。如今，我们借助图数据库（存储和计算能力）和知识图谱（可视化和可解释性）进行查询时，可以清晰地看到他们之间跨越了东西方 400 年的一张关联图谱，如图 1-3 所示。

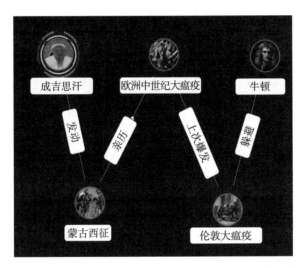

图 1-3　成吉思汗与牛顿之间的关联图谱

我们学到的每一个知识都不是孤立的，不断增加的知识点编织成一个巨大的知识网络，我们可以随时从中提炼、总结、组织、扩展、推导、关联。人类历史上，所有智者、文豪、天才每一次惊世骇俗的灵光乍现，或者路人甲乙平常至极的循规蹈矩，都是在实践图的思维。灵光乍现是因为在图思维的道路上延展得深、广、快，循规蹈矩则是在图上走得太浅、太窄、太容易被看懂、太容易出纰漏、太容易形成共识和被预测，进而会被定义为缺乏创新。

从本质上来看，每一个知识网络都是一张图，每一个博古通今的人的脑子里面都装满了图，并善于利用图去思考、发散、归纳总结、融会贯通。如果一张图不能解决问题，那就再加一张！

1.1.2 由一道面试题引发的思考

在现实生活中，绝大多数人具备图的思维方式吗？我们来看看下面这个问题：构造一张图（由顶点、边构成），使图里包含 5 个三角形，且只再增加 1 条边就能让三角形的个数增加为 10。

补充信息：这张图中，顶点代表账户，边代表账户间的转账交易，账户间可以有多笔交易。所谓的三角形就是由 3 个账户间的交易形成的原子级三角形，原子级是指三角形不可嵌套，三角形的每条边都是不可分割的，也就是说，1 条边仅对应 1 笔转账交易。

我们来分析一下这个题目的关键：只增加 1 条边，三角形却要增加 5 个。也就是说，先前有 5 个三角形，它们若能共用 1 条边，那么再增加 1 条这样的边，就会形成 5 个新的三角形，而共用 1 条边也意味着这 5 个三角形也会共用 2 个顶点。分析至此，答案是不是呼之欲出了？

这是笔者从真实的业务场景中领悟并提炼出来的一道面试题，这道题让很多擅长百度或谷歌搜索以及刷题的应试者手足无措，90% 的人在网上面试阶段看到这道题后都归于沉默，而 9% 的人会给出如图 1-4 所示的解答。

很显然，图 1-4 这个答案中间的竖线导致原子边被切割了，同时也引入了多个无用的顶点，它完全不符合只增加 1 条边的限制条件。给出这种答案的人大抵没有仔细读题。

这个问题好的地方在于，它可以有很多个答案，不一而足。例如图 1-5 所示的答案，这样构图可谓用心良苦，虽然略显复杂，但本质上完全符合上面的分析：固定 2 个顶点，连接 1 条边，出现了 5 个新的三角形。然而，如此辛苦的构图实际上也是平面化（低维化）的，它牵涉的点、边数量比较多。

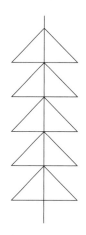

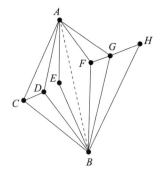

现有三角形：ACD、BCD、AFG、BFG、BGH
连接AB加1条边，新增三角形：ABC、ABD、ABE、ABF、ABG

图 1-4　应试人员解题答案（一）　　　　图 1-5　应试人员解题答案（二）

　　有没有更简洁的方案呢？答案是有。图 1-6 所示的 7 个顶点（$A \sim G$）已经形成了 5 个三角形，如果在 A、B 间再新增 1 条边，就形成了 10 个三角形，包含 5 个新增的三角形。为了在二维平面内表达这个高维空间，我们用虚线表示被遮盖部分的边。

　　很显然，这个方案用了较少的点和边。它最巧妙的地方在于在顶点 A、B 之间新增的边，很多人觉得不可思议，但是如果仔细读问题，A、B 是两个账户，账户之间完全可以存在多笔交易，这其实已经在暗示解题的思路了。

　　那么，按照这个思路继续探寻下去，如何构造一个使用更少的点和边的图来解这个题目呢？

　　图 1-7 所示的解决方案仅使用了 4 个顶点与 7 条边就构造出了 5 个三角形。增加 8 号边之后，能形成 5 个新的三角形。这个解法的聪明之处在于顶点 A、C、B 之间由 1～5 号边所形成的 4 个三角形复用了 1、2、3、4 这几条边。因此，图的上半部分有 4 个三角形，下半部分有 1 个三角形，它们共用了边 A、B（5 号边），只要在 A、B 之间新增 1 条边，全图的三角形数量就会翻倍。这是相当巧妙的构图逻辑。

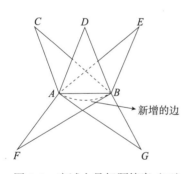

图 1-6　应试人员解题答案（三）

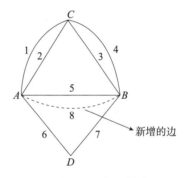

图 1-7　应试人员解题答案（四）

　　类似地（触类旁通），如果我们可以构造一张图，上面包含 3 个三角形，下面包含 2 个三角形，两部分共享一条边，同样可以达到类似的效果。聪明的读者可以尝试画出这张图的样子。目前已知最精简的构图如图 1-8 所示，它只用了 3 个顶点和 8 条边。聪明的读者如果可以想到更极致的方案，欢迎联系笔者。

　　现在我们探究一下这个题目背后所蕴含的图的意义。在银行业中，以零售转账为例，大型商业银行中有数以亿计的借记卡账户，这些账户每个月有数以亿计的交易（通常交易的数量会数倍于账户数量）。如果以卡账户为顶点，以账户间的交易为边，就构造成了一张有

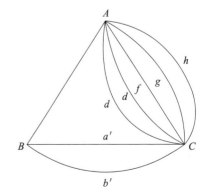

图 1-8　应试人员解题答案（五）

数以亿计点和边的大图。如何衡量这些账户之间连接的紧密程度呢？或者说，如何判断这张图的拓扑空间结构呢？类似地，在一张 SNS 社交网络图中，顶点为用户，边为用户间的关联关系，如何衡量这个社交图谱的拓扑结构或紧密程度呢？

三角形是表达紧密关联关系的最基础的结构。如图 1-9 的社交网络图谱（局部）所示，两个框内的 4 个顶点间都构成了 16 个（$2 \times 2 \times 2 + 2 \times 2 \times 2$）三角形。从空间结构上看，它们之间的紧密程度也更突出。

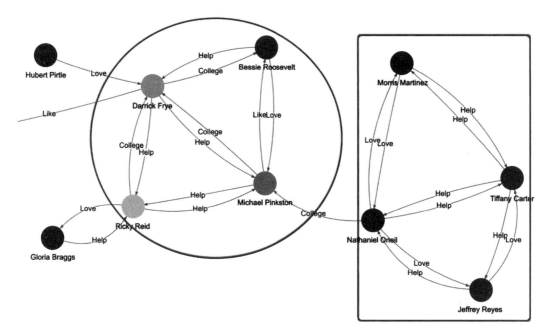

图 1-9　社交网络图谱（局部）

上面提到的银行转账账户间所形成的三角形的个数，很大程度上可以表示银行账户间某种关联关系的紧密程度。2020 年某季度，某股份制银行的转账数据形成了 2 万亿个三角形，而顶点与边的数量都在 10 亿以内，也就是说平均每个顶点都参与到了上千个转账三角关系中。这个数字是非常惊人的，但我们仔细分析就会发现，如果少量的顶点之间存在多个转账关系，例如 A、B、C 三个顶点，如果它们两两之间都存在着 100 条边，那么总共就构成了 100 万个三角形。类似地，A 与 B 两个顶点之间存在一个关系，它们各自分别与另外 1000 个账户存在一个转账关系，A、B 之间每增加一条边就会增加 1000 个三角形。

当然，无论是转账交易数据、社交网络数据、电商交易数据还是数字货币流转数据，数据所形成的网络（图）用数学语言来定义都是一个拓扑空间（Topological Space）。在这个拓扑空间中，我们关心的是数据之间的关联性、连通性、连续性、收敛性、相似度（哪些节点或节点集合的行为、特征等指标更为相似）、中心度、影响力以及传播的力度（深度、广度）等。用拓扑空间内数据关联的方法来构造的图可以完全还原并反映真实世界中我们是如何记录并认知世界的。如果一个拓扑空间（一张图）不能满足对异构、多源、多维、多模态的数据的描述，那么就要构造另一张图来表达——结果就是天然地形成了一个多图的数据集合。每一张图可以看作从一个（或多个）维度或领域（如知识领域、学科知识库等）对某个数据集的聚类与关联，区别于传统关系型数据库的二维关系表的方式，每一张图可以是多张关系表的某种关联组合。

在图上，不再需要二维关系表操作中的表连接（Table Join）操作，而是用图上的路径或近邻类操作来取代。我们知道，表连接的最大问题是在复杂、多表查询模式下会出现的笛卡儿积（Cartesian Product，又称直积）挑战。尤其是在大表中，这种乘积的计算代价是极大的，参与表连接的表越多，它们的乘积就越大。例如，3 张表 X、Y、Z 的直积计算量是 $\{X\} \times \{Y\} \times \{Z\}$，如果 X、Y、Z 各有 100 万、10 万、1 万行，计算量就是 1000 万亿，这是个天文数字。在很多情况下，关系型数据库批处理缓慢的一个主要原因就是需要处理各种多表连接的问题。这种低效性实际上是因为关系型数据库（以及它配套的查询语言 SQL）无法在数据结构层面做到完全反映真实世界。

人类大脑的存储与计算从来不会在遍历和穷举时通过笛卡儿积在计算上浪费时间，但是当我们被迫使用关系型数据库以及 Excel 表格的时候，经常需要极为低效地做反复遍历和乘积的事情。在图上则不会出现这种问题——在最坏的情况下，你可能需要以暴力的方式在图上遍历一层又一层的邻居，但它的复杂度依然远远低于笛卡儿积（例如，1 张图有 1000 万个点和边，遍历它的复杂度最大就是 1000 万——任何显著高于其最大点和边数量的计算复杂度都是图数据结构、图算法或图系统架构设计失败的体现）。

看到这里，熟悉数仓的读者可能会质疑通过极致的优化，数仓是可以尽可能避免笛卡儿积现象的，并且能做到各种计算优化与存储进程的加速。然而，数仓是通过对数据不断地进行分表，构建中间表、码表，分层，预计算，缓存结果等一系列操作来实现所谓的优化和加速的。换言之，数仓更适用于数据流转模式相对固定、静态的查询，如果查询模式高度灵活且动态，数仓是无力承载的。究其根本，是因为整个关系型查询 SQL 计算与分析的逻辑都是建立在二维表基础之上的，如我们先前所述，用低维来表达高维，注定会遇到效率、灵活性甚至黑盒与不可解释性等诸多问题。

值得一提的是，人的思维方式就是图的思维方式。可以比拟、还原人的思维方式的图数据库或图计算的方式，我们称为原生图（Native Graph）。通过原生图的计算与分析，我们可以让机器具备像人类一样的高效关联、发散、推导、迭代的能力，而让机器拥有这样的能力的基础在广义上就是图查询与分析算法，简称图算法。

所谓原生图，是相对于非原生图而言的，在本质上指图数据是如何以更高效的方式进行存储和计算的。非原生图使用的可能是关系型数据库、列数据库、文档数据库或键值数据库来存储图数据；而原生图使用的是更为高效的存储（及计算）方式来为图计算与查询服务。

原生图构建的当务之急是数据结构，这里要引入一个新的概念——无索引近邻（Index-Free Adjacency）。这个概念既和存储有关，也和计算有关。简而言之，无索引近邻数据结构相对于其他数据结构的最大优势是，在图中访问任一数据所需的时间复杂度为 $O(1)$。例如，从任一节点出发访问它的 1 度近邻的时间复杂度是 $O(1)$，反之亦然。而这种最低时间复杂度的数据访问恰恰就是人类在大脑中搜寻任何知识点并关联发散出去时所采用的方式。这种数据结构显然和传统数据库中常见的基于树状索引的数据结构不同，从时间复杂度上看是 $O(1)$ 与 $O(logN)$[⊖] 的区别。而在更复杂的查询或算法实现中，这种区别会放大为 $O(K)$ 与 $O(NlogN)$ 或者更大（$K \geqslant 1$，通常小于 10 或 20，但一定远远小于 N，假设 N 是图中顶点或实体的数量）。这就意味着在复杂迭代运算的时效性上会出现指数级的差距，在图上如果是 1s 完成，传统数据库则可能需要 1h、1 天或更久（或者无法完成）——这意味着，传统数据库或数仓中的那些动辄 $T+1$ 的批处理操作可以以 $T+0$ 甚至纯实时的方式瞬间完成！

当然，数据结构只是解决问题的一个方面，我们还需要从架构（如并发、高密度计算）、算法并发优化、代码工程优化等多个维度去让图数据库真的腾飞。有了原生图存储与高并发、高密度计算在底层算力上的支撑，图上的遍历、查询、计算与分析可以得到进一步的飞跃。如果传统的图数据库号称比关系型数据库快 1000 倍，那么飞跃之后的图要快 100万倍！

1.2　图论与图计算

讨论图算法（Graph Algorithm）就不可避免地要谈到图计算（Graph Computing），通常我们把图算法作为图计算所涉及的最主要议题之一（图计算或图数据库关注的要点有 3个，分别是图计算系统架构与数据结构、图算法和图分析过程与逻辑、图查询语言与二次开发接口）。而图计算的理论基础是图论（Graph Theory），因此我们先从图论的发展史展开论述。

1.2.1　图论及其发展史

图论作为一门学科和数学领域的一个重要分支，通常认为它奠基的标志性事件之一是1736 年数学家欧拉在圣彼得堡科学院发表了论文《哥尼斯堡七桥问题》（见图 1-10），欧拉

⊖　在没有特殊说明的情况下，本书 log 函数默认以 2 为底。

用证伪的方式证明了"困扰"当地居民很久的一个数学问题——能否从哥尼斯堡城中的任意地方出发，经过且只经过七座桥中的每座桥一次，再回到原点？这个问题的证明过程与证伪结果在图论中被称作欧拉环路（Eulerian Circuit），欧拉环路可看作欧拉路径的一种特例（如果路径的起点和终点相同，欧拉路径就是欧拉环路）。

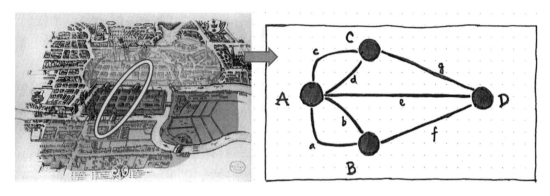

a）哥尼斯堡七桥问题示意图   b）哥尼斯堡七桥问题抽象图

图 1-10 哥尼斯堡七桥问题

在中小学奥林匹克数学竞赛中常见的"一笔画"问题，实质上就是欧拉环路是否存在的问题。但是在欧拉的时代，他对于现实问题的数学抽象是极具开创性的：哥尼斯堡的七座桥坐落在城市的 4 块陆地上，每座桥跨越了当地的一条叫作普列戈利亚（Pregolya）的河流，并连接两块陆地。欧拉把陆地抽象为顶点，桥抽象为边，并证明从任意顶点出发，如果要经过每条边一次并回到原点，连接每个顶点的边的数量一定是偶数。图 1-10b 的图模型告诉我们，没有任何一个顶点符合连接偶数条边的限定要求，因此不可能存在欧拉环路。

而图论奠基的另一标志性事件（在影响力与知名度上远不如欧拉的七桥问题）是对骑士巡逻（Knight's Tour）问题的解决。在比欧拉更早的、与牛顿同时期的莱布尼茨（1646—1716）时代，莱布尼茨与欧拉先后研究过骑士巡逻问题，但都没有提出确定的解决方案。该问题直到 19 世纪上半叶被一个叫作马踏棋盘的算法成功破解，后世也将该算法称为 Warnsdorf 算法，以纪念它的发明人——德国数学家冯·沃恩斯多夫（H.C.von Warnsdorf）。

骑士巡逻问题经常出现在计算机专业本科生的编程作业中。尽管骑士巡逻问题被认为是 NP 复杂（NP-Hard、NP-Complete）问题，它本身是哈密尔顿路径（Hamilton Path）的一个典型例子，但在实际的编程实现中，如果使用启发式学习等策略，是很有可能以线性的（而非指数性的）复杂度来找到答案的，沃恩斯多夫的论文中描述的就是这样一种启发式策略（这里我们也可以笼统地称之为一种图算法）。骑士巡逻问题也可以通过神经元网络的方式解决，不过此方式到 20 世纪 90 年代才得以实现。

欧拉解决七桥问题之后整整 100 年，图论领域并没有特别显著的进展（图论或图的正式命名在 19 世纪末才出现，英国数学家西尔维斯特（J. J. Sylvester）于 1878 年在《自然》杂志上首次明确提出了图的概念——一张图由多个顶点与边组成）。但是，一些重要的概念和现象被逐步揭示。

- ❑ 1847 年，德国数学家利斯汀（Johann B. Listing）明确了拓扑（Topology）的概念，明确了拓扑学研究的范畴包含连通性、紧致性、维度等。一般认为，欧拉的七桥问题是拓扑学解决实际问题的最早应用案例。

- ❑ 19 世纪中叶，通过手工计算证明了五色地图问题。地图染色问题贯穿了 15 世纪末到 20 世纪初的大航海到地理大发现时期，而四色地图的证明则等到 20 世纪 70 年代借助计算机的算力才得以初步完成。

- ❑ 19 世纪下半叶到 20 世纪初，对于具有特殊空间拓扑结构的物体的研究有所发展，如莫比乌斯环（Mobius Strip）、克莱因瓶（Klein Bottle）、三叶结（Trefoil Knot）等，如图 1-11 所示。

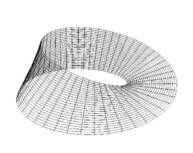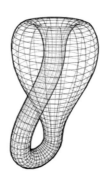

图 1-11　莫比乌斯环、克莱因瓶与三叶结

- ❑ 1936 年，第一部图论教科书由匈牙利数学家康尼格（Dénes Kőnig，1884—1944）发表，这也是图论作为数学的一个重要分支的起始，而这距离欧拉解决七桥问题已经过去了整整 200 年。

图论领域的另一个重要里程碑是 20 世纪 50 年代末到 60 年代对于随机图（Random Graph）理论的研究，其中最知名的是 ER 随机图（Erdős–Rényi Random Graph，如图 1-12 所示。注意它与 ER 模型图的区别，前者的 ER 是两个学者的姓氏组合，而后者指的是实体 - 关系，即 Entity-Relationship）——任意图模型都可以被称作随机图。今天，我们通常把随机图作为研究复杂网络的基础，例如统计物理学中的渗流理论（Percolation Theory）就与随机图高度相关，机器学习中的随机森林（Random Forest）或随机决策森林（Random Decision Forest）可看作随机图的子集——毕竟在拓扑结构中，树被看作一种简化的、无环的图。

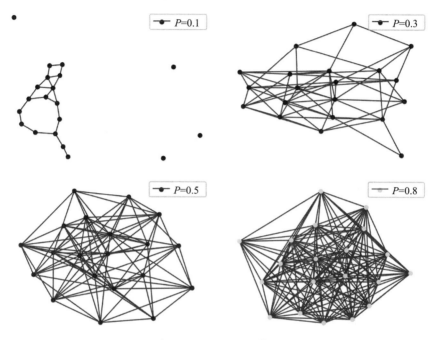

图 1-12　ER 随机图模型

20 世纪 50 年代，伴随着初代计算机技术的发展，开始涌现出了一些典型的早期图算法，例如，著名的 Dijkstra 算法解决的是一种典型的带权重的单源最短路径问题。目前已知的图算法超过 120 种（如果加上每种算法的变种，可能会超过 200 种），其中最早被应用的或许是深度优先搜索（Depth First Search）算法，它最早在 19 世纪被法国数学家特莱谋（Trémaux）应用于解决迷宫演算问题。但是不难想象，人类在远古时代就一定已经在使用某种图算法来走出迷宫，例如常见的沿左遍历或沿右遍历算法。实际上，所有的寻路问题（Pathfinding）都被视为面向迷宫问题时如何寻求最短路径解的问题。此外，与深度优先算法齐名的广度优先搜索（Breadth First Search）算法的出现要晚得多，一般认为是在二战时期由德国科学家发明的，但论文的发布则晚于 20 世纪 70 年代。

20 世纪 80 年代至 90 年代，随着社会心理学、社交网络研究的发展，开始出现了早期的图计算框架，也逐步奠定了互联网的理论基础。其中有两点值得注意：

1）社交网络研究中一般都采用简单图（Simple Graph）、同构图（Homogeneous Graph）模式，即实体代表人（用户），实体间的关联关系通常只有一种类型的边，表达关注或朋友关系。这与近年来随着金融科技（Fintech）对于图技术的应用而产生的复杂多边图（Multi-graph）——如两个账户实体间存在多笔转账交易关系——有很大的区别。事实上，有识之士已经意识到，图计算的需求需要通过多边图才能得到更好的满足，国际标准化组织LDBC（Linked Data Benchmark Council，关联数据评测委员会）已经着手制定金融评测标准（Financial Benchmark，FB）来取代和补充先前的社交网络评测标准（Social Network Benchmark，SNB）。

2）早期的图计算深度较浅，例如在互联网搜索引擎技术中最核心的网页排序算法（PageRank），它在迭代过程中的计算深度不大于 2，意味着在系统架构层面是可以通过优化BSP（Bulky Synchronous Processing）系统实现大规模分布式架构的，如谷歌的 Pregel 图计算系统（Pregel 源自德文，是欧拉解决的七桥问题所横跨的那条河的名字）。因此，就算我们说图算法奠定了 WWW 搜索引擎技术的基础，也一点都不过分。

20 世纪 90 年代至今，图计算的应用场景在更多领域得以发展，例如服务业、运输业、航空业中的人力资源科学统筹规划，大型项目中的资源动态分配等。特别是金融服务业，以美国金融巨头为例，黑石的阿拉丁系统、高盛银行的 SecDB 和美国银行等纷纷基于图数据库、图计算引擎来奠定其核心金融产品的算力霸权。

金融行业对于新的技术有天然的敏感性，而金融业务本身伴随着对各类风险敞口、收益率与综合汇报率的量化计算，风险传导路径的传导分析，流动性与各项资产负债指标的预测分析及压测模拟，这些计算与分析天然地更适合用图计算的方式高效实现，而传统的关系型数据库、数据仓库、数据湖的架构难以实现对海量数据的实时、高阶、灵活、白盒化的分析 / 计算 / 模拟等操作。

图查询语言国际标准 GQL 预计于 2024 年面世，这是数据库领域自 1983 年发布 SQL 标准以来的唯一一个新的国际标准。在大数据与 NoSQL 类型数据库（如列数据库、宽表数据库、文档数据库、时序数据库）发展的近 20 年中，并没有形成任何新的国际标准，唯有图数据库会形成新的国际标准，这意味着全球专业人士已经达成了一个共识——SQL 以及 RDBMS（关系型数据模型与数据库）在过去的几十年中被广为诟病的问题有望得到彻底解决，而本书中涉及的图算法大多与解决这些问题息息相关。我们在这里罗列一下 SQL/RDBMS 的一些典型缺陷：

❑ 缺乏递归能力。这是由 ER 数据模型与 SQL 的内在建模和查询逻辑特性所造成的。

❑ 缺乏高维数据建模能力。ER 模型本身表达的是高维（网络）模型，但是在二维表的限制下，数据之间的关联性被打散，进而无法高保真地还原真实世界的关系模型。

❑ 数据治理复杂。事实上，因为数据间的关联性被打散、打乱，当有大量表存在时，数据血缘分析变得异常困难。

- ❑ 效率低下。特别是在处理多表关联、深度下钻、海量数据干扰等问题时，大量 $T+1$ 甚至 $T+N$ 的 SQL 存储进程存在本身就说明了数据处理的效率低下。
- ❑ SQL 代码复杂度高。特别是在进行复杂逻辑处理时，SQL 代码的编写、测试极为复杂甚至黑盒化，容易造成效率低下等问题。

1.2.2　图计算概述

图计算是在计算机科学发展后才开始伴随图论的发展而发展的，我们可以简单地把图计算发展史按时间线串联起来：

- ❑ 二战期间，盟军（特别是英军）开始大规模使用运筹学（Operational Research）技术来优化兵力、武器、战备物资等战争资源的投入，其中大量的路径规划、最优解问题皆是通过人工以及借助简单的工具演算出来的。
- ❑ 二战中后期，第一代计算机的出现使计算效率倍增。
- ❑ 20 世纪 50 年代至 70 年代，随着大型机与小型机的出现，图算法开始大量出现，涉及的领域相当广泛。

  - ➢ 染色问题（四色地图染色问题通过计算机暴力计算得以证明）。
  - ➢ 寻路问题：最短路径、七桥问题、最小生成树等。
  - ➢ 网络最大流与最小割问题等。
  - ➢ 组合数学中的覆盖问题、线性规划问题等（地图上色问题实际上也可以看作用组合数学去解决的一类特殊问题）。
  - ➢ 图分解问题：例如把一个无向图分解为最小的森林或生成树问题，被称为荫度（Arboricity）。
  - ➢ 计算几何中的可见性问题：例如知名的博物馆问题（Art Gallery Problem 或 Museum Problem）——最少需要多少守卫可以完全覆盖全博物馆的安保监视。

- ❑ 1980 至 2010 年，随着个人计算机的出现，并且进入摩尔定律的黄金发展阶段，底层硬件的算力快速提升，数据处理能力（广度与深度）的提升带动了图算法的研究与发展，我们今天已知的超过 100 种算法的原始论文大多数都是在这一时期发表的。当然，这段时间的后半程也伴随着互联网架构的出现，它彻底颠覆了小型机时代的架构，分布式系统、分布式计算、图计算框架开始出现——它们的目的是用较低的成本处理较大量的数据，最为人熟知的是由 Yahoo！在 2006 年开源的 Hadoop 项目，其设计之初的灵感来自谷歌 2003～2004 年间发表的两篇分别涉及分布式系统计算与存储逻辑设计的论文（MapReduce + GFS）。而谷歌基于这种分布式逻辑构建的大规模图计算系统 Pregel 所服务的最早也是最重要的图算法就是 PageRank（一般直译为网页排序，实际上 Page 是双关指代，也指其作者 Larry Page，他是谷歌的两位创始人之一），这可以看作互联网架构中最核心的算法。

❑ 2010 年前后至今，在这一时期内，云计算与大数据两大热点先后出现，直接带动了全球 IT 行业发展方向的调整，这其中最主要的特点有两个：一是（软件）开源项目大行其道。几乎所有云计算与大数据项目中的主要模块都是由开源软件构成的，从操作系统到中间件再到上层的可视化管理组件，鲜有例外。二是硬件架构的 COTS 特点，即 Commercial Off-The-Shelf，中文指非定制化的商业现货服务器与工作站。通过分布式架构，很多场景中做到了用数量越来越庞大但单机价格低廉的 COTS 设备实现对海量用户与数据的服务和处理。而实际上，这两个特点对于图计算而言并不能做到通吃——这和图算法的特点各不相同有关，有的算法非常浅层，有的则要求穿透得很深。浅层的系统适合用大规模、水平分布式架构来处理，而深层的系统应用集中式架构来处理。所谓物尽其用，如果不加甄别地试图用一套（单调的）底层硬件来解决全部问题，显然是幼稚的。而事实上，类似荒谬的事情每一天都在重演，这也可以解释为什么有那么多客户刚做完一个项目就需要开启新的替代项目，反反复复，不可谓不浪费资源。贯穿本书始终，我们会为读者详细分析每一种算法的特点以及它所适用的架构支撑逻辑。

读者对于（计算机）算法应该并不陌生，所谓算法指的是包含有限步骤的可以被计算机执行并解决某个（类）问题的一系列指令。图算法可以被看作算法的子集，所有的图算法或多或少都与图论或图计算在逻辑上有相关性。从循序渐进的角度看，我们先来了解一下图计算所关注的要点：图计算到底要算什么、输入是什么、输出是什么、怎么算。

（1）算什么

前文中提到的图算法能解决的问题相当广泛，如寻路、最短路径、染色、最优解发现、最大流、最小割集、统筹规划等都是典型的要算什么。这些问题都可以经过指令步骤、参数等的调整来适应改变的需求，如寻找最长路径、最短路径、全部路径、时序路径、转账环路、洗钱路径、违规风险操作路径等。

（2）输入是什么

图计算的输入数据可以非常简单，比如可以是单纯的点与边的罗列。在最极端的情况下，只含有点的数据集合所表达的就是表数据——每个顶点就是表中的一行。复杂的图数据则可能融合了多个系统、多张表、多个表字段的数据，并且这些数据可以进入不同的图数据集中，形成一个多图集（Multiple Graph Set）的复杂图数据。显然，复杂图数据处理起来的复杂度相对偏高，但好处是能避免因将所有数据混为一谈而带来的数据治理、数据处理的灾难。

（3）输出是什么

一言以蔽之，图计算的输出结果更加高维。因为它可能在一个查询或算法执行后返回一系列的结果及动作，例如返回顶点（实体）、边（关系）、路径、子图（子网），并且对输入数据集进行回写操作（在数据库层面就是库更新操作，可能会改写某些点与边的属性、图集的属性等），返回多个文件，同时向一些数据接口流式返回结果等。

（4）怎么算

图计算怎么算是一个宏大的课题，本书的主要内容都与此相关。如果用最精简的文字来描述，笔者倾向于梳理为如下几条线索：

- ❏ 面向元数据（Metadata）的操作。具体指针对某个或某类点、边或其属性的读写操作，以及各种函数运算，包含但不限于聚合类型运算。
- ❏ 面向高维数据的操作。任何高维数据都会最终拆解为低维（元）数据，这本身就让针对高维数据的计算变得更为复杂。高维数据操作主要分为邻居计算、路径计算、组网计算等，从数据遍历方式上则可归纳为广度优先、深度优先、广深结合和模板组合四大类方式，其中的模板组合方式可以看作通过定义具体执行的步骤与点、边过滤逻辑来实现智能化的遍历，这种方式也是图计算被称作图增强智能的重要体现。

图计算通常并不单独存在，它需要与其他系统组件协同工作，如图存储、图查询语言、图查询与分析调用接口、多语言驱动等。毕竟，单纯的图计算可能仅仅是一个图算法的具体实现，而在工业界应用中，会把图算法封装到一整套工具箱中来实现开箱可算、赋能业务的目的。有兴趣的读者可以关注笔者的《图数据库原理、架构与应用》一书，其中有对以上问题的详细解答。

做了以上的概念澄清与梳理后，相信读者对于图计算为数据关联而生的论述（图 1-13）应该不陌生了。

为了表述上的简洁，本书中我们将图计算视为图数据库（Graph Database）的主要功能，但在具体的应用场景中，我们依然有必要明确图计算与图数据库之间的异同。学术界所指的图计算与工业界所指的图数据库（或图计算）之间存在明显的差异，而这种差异如果不加甄别会对具体应用场景的处理效果产生巨大影响。图计算与图数据库之间的差异是很多刚接触图的人不容易厘清的。尽管在很多情况下，图计算可以和图数据库混用、通用，但是它们之间存在着很多的不同。

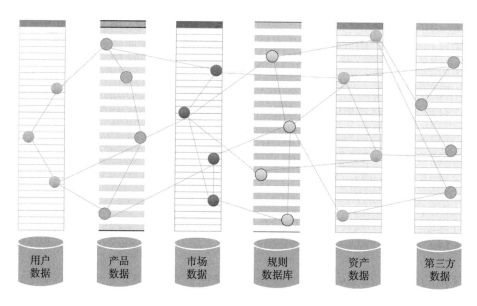

图 1-13　图计算为数据关联而生

图计算可以简单地等同于图处理框架（Graph Processing Framework）、图计算引擎（Graph Computing Engine），它的主要工作是对已有的数据进行计算和分析。图计算框架多数都出自学术界，这与图论和计算机学科自 20 世纪 60 年代以来的学科交叉并一直在不断演化有关。图计算框架在过去 20 年的主要发展趋势是在 OLAP（OnLine Analytical Processing，联机分析处理）场景中进行数据批处理。

图数据库的出现要晚得多，最早可以称为图数据库的，也要追溯到 20 世纪 90 年代了，而真正的属性图或原生图技术在 2011 年后才出现。图数据库的框架主要可以分为三大部分：存储、计算与面向应用的服务（如数据分析、决策方案提供、预测等）。其中计算的部分包含图计算，但图数据库通常可以处理 AP（分析处理）与 TP（事务处理）类操作，也就是说可以兼顾 OLAP 与 OLTP（两者的结合也衍生出了新型 HTAP 类型的图数据库，后面的章节中会详细介绍其原理）。如果非常粗略地总结，从功能角度看，图数据库是图计算的超集。

图计算与图数据库还有个重要的差异点：图计算通常只关注和处理静态的数据，而图数据库则必须能处理动态的数据。换言之，在保证数据动态变化的同时，还要保证数据的一致性，并满足业务需求。这两者的区别基本上也是 AP 和 TP 类型操作的区别之所在。

静态与动态数据的区别有它们各自的历史成因，多数图计算框架都源自学术界，其关注的要点和场景与工业界的图数据库有很大的不同。前者在创建之初，很多都是面向静态的磁盘文件，通过预处理、加载进磁盘或内存后处理；而对于后者，特别是在金融、通信、物联网等场景中，数据是不断流动、频繁更新的，静态的计算框架不可能满足各类业务场景的诉求。这也催化了图数据库的不断迭代，从 OLAP 为主的场景开始，直至发展到可以实现 OLTP 类型实时、动态数据的处理。

另外，图计算框架所解决的问题和面对的数据集出于历史原因，通常都是一些路网数据、社交网络数据。尤其是社交网络中的关系类型非常简单（如关注），任意两个用户间只存在 1 条边，这种图也称为简单图或单边图。而在金融交易网络中，两个账户之间的转账关系可以形成非常多的边（每一条边代表一笔交易），这种图我们称为多边图（Multi Graph）。显然，用单边图来表达多边图会造成信息缺失，或者需要通过增加大量的点、边来实现同样的效果（得不偿失，且会造成图处理效率的低下）。

再者，在图计算框架中一般只关注图本身的拓扑结构，并不需要理会图上点、边复杂的属性问题。而这对于图数据库而言则是必须关注的，例如，很多查询、分析与算法逻辑都需要面向点、边及各自的属性字段进行过滤和剪枝等操作。

表 1-1 罗列了图计算与图数据库（可以看作两条技术路线、两个阵营）之间的差异。

表 1-1　图计算与图数据库之间的差异

比较矩阵	传统图计算、 社交图谱、 学术界图数据集	图数据库、 金融图谱、 工业界图数据集
单边与否	简单图	多边图
同构与否	同构图	异构图更为常见
静态与否	静态数据	需要支持动态数据
有否属性	无属性或很少携带属性	多属性
数据体量	小或合成（模拟）的大数据集	一般体量较大
多图与否	单一图（追求单一大图）	多图、多图联动
架构设计	侧重于内存计算	兼顾计算和存储（数据库）
OLAP、OLTP	线下处理模式为主，或 AP 类系统	AP → TP 或 AP+TP 的趋势
静态与动态数据	多为静态	需支持实时变化的数据
属性过滤	一般不支持	必须支持
是否持久化数据	一般不支持	必须支持
图算法丰富度	常见的简单图算法	更丰富、更复杂的图算法与查询

（续）

比较矩阵	传统图计算、 社交图谱、 学术界图数据集	图数据库、 金融图谱、 工业界图数据集
查询语言	非 GQL（Graph Query Language，图查询语言）	GQL
数据导入方式	文件导入	需支持多种导入方式
实时性与否	并不追求实时性	可能会追求实时性、低延迟
是否深度查询	多为较浅层查询	存在深层递归查询需求
是否要求 ACID （数据一致性）	较少，除非为了证明 ACID	在高频、低延迟偏 TP 场景中通常会要求 ACID
是否支持可视化	可视化多用于统计分析	可视化用于实时互动、大屏展示，提供可解释性并指导业务
行业特征	学术界、社交 SNS，多用于支撑学术论文发布	应用于工业界、金融行业、政企、军工、刑侦、经侦等

最后，图计算与图数据库还有以下两个差异：

1）图计算框架中能提供的算法一般而言都比较简单，换言之，图中的处理深度都比较浅层，如 PageRank（网页排序）、LPA（Label Propagation Algorithm，标签传播算法）、连通分量、三角形计数等。图计算框架可能会面向海量的数据，并且在高度分布式的集群框架之上运行，但是每个算法的复杂度并不高。图数据库所面对的查询复杂度、算法丰富度远超图计算框架，例如 5 层以上的深度路径查询、k 邻查询、复杂的随机游走算法、大图上的鲁汶社区识别、图嵌入算法、复杂业务逻辑的实现与支持等。

2）图计算框架的运行接口通常是 API 调用，而图数据库则需要提供更丰富的编程接口，例如 API、各种语言的 SDK、可视化的图数据库管理及操作界面，以及最为重要的图查询语言。熟悉关系型数据库的读者一定不会对 SQL 感到陌生，而图数据库对应的查询语言是 GQL，通过 GQL 可以实现复杂的查询、计算、算法调用和业务逻辑。

显然，从图计算到图数据库几乎等同于从学术界的发表论文向工业界实战的转换过程，前者更注重实验数据是否能服务于论文结果或者结论与推导过程是否逻辑自洽，而后者则更注重工程性、系统稳定性、时效性、用户体验等维度的挑战。

以图算法为例，绝大多数图算法都源自学术界的论文，然而这些原始算法大多数都是在极小的数据集上进行实验的，例如只有几十个或几千个点、边的超小规模图集，但是一旦在真实的工业界场景中使用，面对万倍甚至百万倍于实验室级别的数据，算法本身通常需要大幅改造，例如：

- ❑　改造为可以并行（多线程）执行，以提升运行时效性。
- ❑　改造为可以支持大规模分布式系统（目标同上）。
- ❑　通过近似计算等算法改造来降低算法复杂度（目标同上）。

此外，很多源自学术界的算法在设计之初并没有考虑到一些具体应用场景，如 LPA，原先只能传播一个标签，而具体落地的场景中可能会要求多个标签传播，最后按照最终传播概率为每个顶点保留多个标签并进行排序，这个时候就需要算法改造。

算法并不是一成不变的，它是有生命周期的，是可以不断迭代的，正如同图论一样，作为一门学科，它也在不断地发展。

图算法基础

要深入了解图算法，就需要对算法的来龙去脉有所了解。现代意义上我们所说的算法，其完整语义到 19 世纪才完全形成。图 2-1 用最简洁且脉络化的方式给读者呈现了"算法"一词的由来。

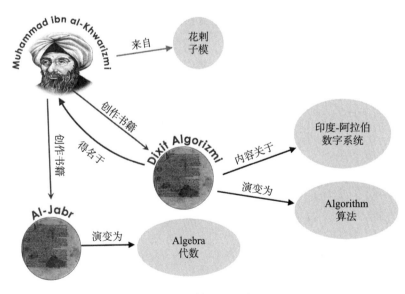

图 2-1　算法的由来

大约在公元 9 世纪上半叶，来自中亚古国花剌子模的波斯数学家花剌子米（al-Khwarizmi）

先后出版了两本对数学界有深远影响的书籍《印度数字算术》与《代数学》，前者在 12 世纪被翻译为拉丁文传入欧洲，十进制也因此传入欧洲，最终所形成的英文中的"算法"一词实际上是花剌子米的名字的拉丁文转译，后传入法国，大概在 14 世纪末传入英国，直至 19 世纪固定后形成了今天的"算法"一词。这个例子告诉我们，很多时候，人类的知识就像是通过一张"以讹传讹"的网络得以扩散和传播的。

本章首先介绍图算法的分类，把任何复杂的问题通过"分而治之"的方式拆解、简化，进而对知识进行更好的消化吸收。然后对图分析与数据科学进行讲述，让我们对于图算法的应用方向与场景有一个渐进的认知与理解。

2.1　图算法的分类

所有的图算法在本质上都是对更为基础的图上的计算、分析与查询操作的高度概括与集成。那么，什么是基础的图上的计算、分析与查询操作呢？可以简单概括为以下两类操作。

❑　面向元数据的低维、离散的操作。典型的例如面向顶点或边的聚合、排序等操作。
❑　面向高维数据的操作。典型的例如路径、子图、网络查询以及图算法等操作。

从图计算的视角，面向元数据的操作与之前所有 SQL 或 NoSQL 数据库没有本质区别，因此并不是本书的重点。面向高维数据的操作，指的是从关联数据的角度，查询数据之间的关联关系、关联路径和影响力范围，例如我们常说的根因分析（Root-cause Analysis）、贡献度分析（Contribution Analysis）、归因分析（Attribution Analysis）、影响力分析（Impact Analysis）、溯源分析（Backtracing）等。通过构建图数据模型，然后进行图上的查询与分析，通常会获得更高效、更灵活、更白盒化且更具可解释性的效果。

高维数据的查询有 3 个子类。

❑　邻居查询：如最典型的 k 邻查询。
❑　路径查询：如最短路径、环路、权重路径等。
❑　展开、组网等其他较复杂查询：如从某顶点展开、多顶点组网等。

当然，所有的高维查询都可以通过拆解或分而治之的方式降维为低维查询，因为它们都是从某个或某类元数据（如顶点、边或其属性字段）开始操作的，而这些高维查询再进行组合、聚合、变形，就形成了我们所谓的图算法。例如度算法中的全图入度查询，本质上就是计算所有顶点的入度。显然，在一张大图上，这个看似简单的算法的计算复杂度可能会非常高，如何进行加速就变成了重要的议题，我们会在第 3 章中进行详细分析。再比如全图 k 邻查询（k-Hop Neighbors，k 跳邻居），在连通度较高的图中，即便是查询 1 个顶点的 3 跳、5 跳邻居都可能会非常耗时（假如 1 个顶点的 1 跳邻居有 20 个，2 跳邻居有 400 个，3 跳邻居有 8000 个，而 5 跳邻居已经在 3 200 000 个的量级），如果有 10 000 000 个顶点，那么运行完这个算法的耗时和复杂度将是天文量级的。不经优化的图算法很多都是不具备实用性的，而优化可以获得指数级的性能提升与耗时降低——可能原来需要运行 1 个月的算法，如果在不增加硬件投入的前提下能提速 1000 倍，降低至 0.7h（约 40min）内完成，其意义是不言而喻的！这也是为什么图算法的性能优化如此重要。

在剖析图算法的具体分类之前，我们先了解一个设计良好的图算法应该具备的特征。通过梳理过去一个半世纪以来多位数学家和计算机学家对于算法特征的共性探讨，我们总结了如下 5 点：

1）无歧义，即确定的操作逻辑。

2）清晰、明确的操作步骤。

3）具备良好的可行性（如时间、空间、复杂度与效率）。

4）定义了明确的输入、输出规则，以及可验证正确性。

5）在有限步骤内可以完成。

第一点关注算法中的每一步操作都应该是可以明确定义与执行的，即便是某种随机化的操作。例如在后面的章节中介绍的随机游走算法：从任意一个顶点出发，选中顶点的任意一个邻居顶点作为访问的下一个顶点。算法的每一步操作都需要明确无歧义。

第二点关注算法的执行步骤（多步）应该有明确、清晰的定义。这可以看作对第一点中每个步骤的一种融会贯通。

第三点关注算法的可计算性、可行性，包括但不限于对系统资源的消耗，特别是算法的复杂度（如时间复杂度、空间复杂度等）。我们在第 3 章中会进行详细剖析。

第四点中讨论的要点可分为两个维度，一是对于输入、输出数据的定义与预期，二是数据的正确性验证。显然，错误的输入数据与错误的输出结果只会带来 GIGO（Garbage-In and Garbage-Out，表示进去和出来的都是垃圾）。

最后一点与第三点略有重叠，但是它着重突出的是算法可以在有限步骤内得以终结。在这个前提下，我们需要关注算法占用的计算与存储资源以及执行时间与效率等。如果一个算法永远不会终结，那么它对于实际场景应用而言会是灾难，意味着系统资源会被耗尽，出现灾难性的后果。显然，我们需要尽可能避免这种情况的发生。

关于图算法的分类，业界并没有严格意义上的共识。有的侧重于学术研究的图计算框架，甚至会把广度优先搜索（BFS）或深度优先搜索（DFS）作为算法单列，尽管它们更适合作为一种图遍历模式存在。还有的如最短路径算法，在 20 世纪计算机发展的前 30 年间

（20 世纪 40 年代至 70 年代），最短路径算法不断推陈出新，对于计算机体系架构的发展有相当大的推动作用。图 2-2 示意了一种典型的在图上寻路所对应的算法分类情况。

　　如图 2-2 所示，DFS 算法实现的是一种随机游走式的寻路，且不关心路径是否最短。BFS 算法实现的是无权重最短寻路，而 Dijkstra 算法则实现的是有权重最短寻路。

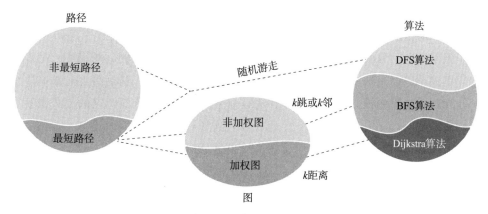

图 2-2　在图上寻路所对应的算法分类

　　我们在研究图算法的分类时，一般都把图算法归类为组合数学算法的一部分，因为组合数学涉及的领域相当广泛，而图论是其中相当重要且有代表性的一部分。在组合数学中，几乎所有的著名问题，如旅行商问题、地图着色、任务分配、线性规划（过河问题）等，都与图论或离散数学相关。按照在组合数学中的图论类算法，可以简单地把算法作如下分类。

- ❑ 图路由类算法：最小生成树类算法、最短路径问题、最长路径问题、旅行商问题等。
- ❑ 网络分析与网络流算法：链接分析、网页排序算法、网络最大流问题等。
- ❑ 图搜索类算法：A*、B*、暴力搜索、回溯问题、双向搜索算法等。
- ❑ 子图类算法：强链接子图、团（Clique）、同态子图等。
- ❑ 图可视化类算法：力导向图、频谱布局、分层渲染、弧式图等。
- ❑ 其他图算法：染色类算法、拓扑排序算法、图匹配算法、最大势问题等。

　　我们还可以按照如下五大维度分别对图算法进行分类，每个分类下又有一些典型子类算法。

　　1）按设计模式分类，可分为以下 6 类：

- ❑ 遍历式（列举式）。在图算法以及图查询模式中，遍历式是最为常见的。像广度优先算法与深度优先算法是最常用的图遍历模式，很多现实世界的问题就是通过这些遍历模式解决的，如象棋、围棋对弈问题。下面的回溯式算法也可以看作遍历式的一种特例。

❑ 穷举式（暴力计算）。在海量数据集上，穷举式计算并不一定是可行的，但很多情况下带有过滤（图上剪枝）规则的穷举式计算又是必要的。例如在工商数据集中，搜索一个自然人与一个发行人（上市公司）之间的全部最短关联路径是完全可行的，即便两者之间存在成千上万条路径。

❑ 分而治之。分而治之是算法设计中最经典的思路，把大的问题缩小，把大的数据集缩小，通过递归、并发、分布式等方法来分块处理，最后再汇总来解决全量的问题。二进制搜索、全图 k 邻算法等都是典型的采用分而治之的模式来解决问题的算法。

❑ 回溯式、回溯式算法通常用于解决约束满足问题，如各种迷宫或字谜类的益智游戏（如经典的国际象棋八皇后问题、数独问题、背包问题等）、地图着色问题、最大割问题等。因为有约束条件限定，算法在进行某种随机遍历的过程中可能会通过回退（即回溯或剪枝）来优化遍历以找到正确的结果。

❑ 随机化。通过随机操作的方式来求解的算法在学术界与工业界都很常见，例如蒙特卡罗类算法在连通图中计算最小割问题的 Karger 算法，就是通过随机删除图中的边并合并删前相连顶点的方式来实现以多项式时间复杂度（参见下文中的按复杂度分类）求解问题。

❑ 归约式。归约式算法通过把一个问题转换（如映射）成另一个问题，进而寻求一种更简约的解决问题的方式。例如广度优先搜索求某个（群）顶点的 k 跳邻居中年龄最大者（或最小，或任意可度量维度或属性）的过程中，需要对结果集进行排序（转换），然后选取最大结果值返回，这就是一种典型的先转换再求解的归约式算法。

2）按优化问题模式分类，可分为以下 3 类：

❑ 线性规划（LP）。在最优化问题求解的过程中，经常会遇到线性规划问题，如商业管理中的降本增效问题、交通能源与通信领域的最大网络流问题等。

❑ 动态规划（DP）。在经济学与航空工程学领域经常会遇到动态规划问题。简而言之，动态规划问题一般通过把复杂的问题以递归的方式分解为更小的问题并找到最优解来说明该问题具备最优子结构（Optimal Substructure）。例如，只要能证明贪心算法中的每一步都是最优的，就可以用它来解决具有最优子结构的问题。贪心算法通常可以被看作动态规划类算法的一个特例，最小生成树（MST）类算法就是典型的通过分解子结构来实现的贪心算法。

❑ 启发式算法。启发式算法是在常规方式无法找到最优解的情况下（太慢或效果太差），通过在精度、准确性、完整性、最优性等维度之间进行协调取舍，进而实现一种近似最优解的算法方案。

3）按复杂度分类。可分为以下 5 类：

- ❑ 恒定时间。复杂度 $O(1)$ 就是典型的恒定时间。比如，无论数据集大小，通过数组或向量数据结构访问任一顶点所需的时间恒定为 $O(1)$。
- ❑ 线性时间。访问时间与输入数据集大小成正比，例如遍历全部顶点所需时间与数据集大小呈线性。
- ❑ 对数时间。典型的是二叉树（或多叉树）搜索类算法，比如在常见的数据库索引数据结构中，定位任一叶子节点所需的时间与数据集大小呈对数关系。显然，在数据集相同的情况下，对数时间要比线性时间更短。
- ❑ 多项式时间。从时间复杂度上比较，指数时间要比多项式时间更长。两者量化的区别用一个具体的例子来说明，如果数据量为 N，多项式时间可能是 $aN^3 + bN^2 + 1$，而指数时间是 N^{100}，后者比前者复杂度更高。
- ❑ 指数时间。通常我们认为，在大数据集上，如果一个算法是指数时间复杂度，则不具备真正意义上的可实施性。因为计算复杂度可以理解为无穷大，问题无法在有限时间内得到解决。例如穷举式暴力搜索算法，其算法复杂度与输入数据集大小呈指数关系，穷举全部可能的结果并不现实，这时通常会采用近似算法把时间复杂度至少降低到多项式时间。

4）按实现方法分类，可分为以下 5 类：

- ❑ 递归与非递归。每一个算法都可以以递归或非递归的方式实现，区别在于实现算法的逻辑步骤以及具体使用的数据结构，进而导致具体的算法实现方式的效率有所不同。
- ❑ 串行与并行。几乎所有的图算法初始都是以串行的思路设计的，但是很多都可以通过并行（并发）来得到性能的大幅提升。
- ❑ 集中式与分布式。同上，分布式要求对算法的数据结构及系统架构进行大幅改造，有的算法进行简单改造就可以获得很好的分布式条件下的效率提升，但有些算法采用分布式可能会出现指数级的性能下降。因此，改造与否、如何改造是研究算法与系统架构设计的专业人士需要格外注意的地方。
- ❑ 确定性与非确定性。所谓启发式算法指的就是后者。
- ❑ 精确式与近似式。有一部分图算法可以采用近似求解的方式来使之前极高的算法复杂度得到指数级降低，从而达到资源消耗可控的目的。

5）按研究领域分类。领域划分通常没有明确的边界，且多个领域之间会有大量的重叠，因此这种划分方式并不固定。

❑ 搜索。搜索又可以细分为路径搜索、元数据搜索、子图（网络）搜索等。

❑ 排序。排序又可细分为元数据排序、路径长短排序、图规模排序等。

❑ 合并。在图查询与算法的计算过程中，合并是个极为常见的操作，具体的逻辑类似于合并排序（Merge Sort）算法，特别是在多线程并发情况下的算法实现。

❑ 数值分析。数值分析在本质上是一种数值化近似方式的算法，通过量化的方式来加速求解，比如，保险行业精算师的主要工作就是进行数值分析，以及金融业中的存贷款定价、风险量化分析等操作，都可以通过数值分析类算法来实现。而通过巧妙设计的图算法，可以让这些数值分析的准确度、效率与可解释性都远超之前基于机器学习、深度学习的方法。

工业界的图数据库厂商可能还会有不同的分类方法，图 2-3 所示也是一种算法分类（5 类）。

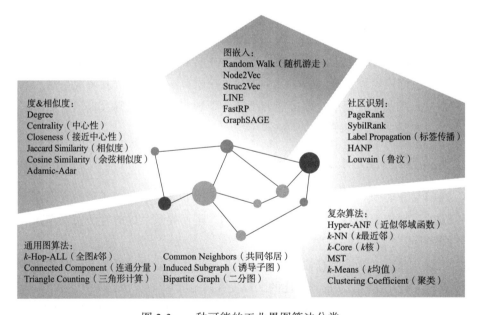

图 2-3　一种可能的工业界图算法分类

本书在后面的章节中综合了学术界和工业界图计算领域目前最新的发展情况，把图算法划分为了以下六大类，并分别对应第 4～9 章的内容：

❑ 中心性（Centrality）算法：如节点出入度、全图出入度、接近中心性、中介中心性、图中心性、调和中心性等。

❑ 相似度（Similarity）算法：如杰卡德（Jaccard）相似度、余弦相似度、欧几里得距离等。

- ❑ 连通性和紧密度（Connectivity）算法：如强弱连通分量、三角形计算、二分图、MST、全图 k 邻等。
- ❑ 拓扑链接预测（Topology & Connectivity）算法：共同邻居、AA 指标、优先连接等。
- ❑ 传播与分类（Propagation & Categorization）算法：如 LPA、HANP 算法、k 均值、鲁汶识别等。
- ❑ 图嵌入（Graph Embedding）算法：如随机游走、FastRP、Node2Vec、Struc2Vec、GraphSAGE 等。

需要指出的是，分类有助于我们梳理知识，但也并非一成不变。有一些算法可能会横跨在多个分类中，例如 MST 既属于连通性和紧密度算法又属于拓扑链接预测算法。算法本身也会不断演进，推陈出新。有一些算法在发明之时做了一些假设，但是随着时代的变化，那些假设已不再适合了。仍以 MST 算法为例，它的最初目标是从一个顶点出发，使用权重最小的边连通与之关联的所有节点，该算法假设全图是连通的（即只有一个连通分量）。而很多真实的场景中存在大量的孤点以及多个连通分量，此时算法就需要去适配这些情况，在算法调用接口及参数上就需要支持多顶点 ID、允许指定权重对应的属性字段，以及支持限定返回结果集数量等。

最后，我们用一张脑图来总结图算法的分类，如图 2-4 所示。

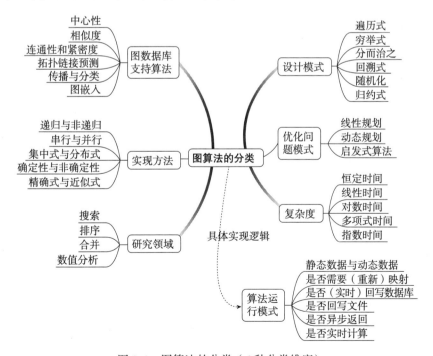

图 2-4　图算法的分类（6 种分类维度）

2.2 图分析与数据科学

图分析（Graph Analytics）在本质上是对图数据的处理与分析，其过程可以概括为图计算。而图计算的范畴不仅包含数据的计算或分析，还包含元数据管理、模式管理、数据建模、数据清洗、转换、加载、治理、图分析与计算等一系列操作。或许我们用大数据生命周期来剖析图分析、图计算会有一个更全面的理解。

图 2-5 所示的是大数据发展历程中通常会遇到的五大问题，依次是大数据存储、大数据治理、大数据计算与分析、大数据科学和大数据应用。

图 2-5 大数据（图数据）的五大问题

图 2-5 中的大数据在很大程度上可以直接替换为图数据，毕竟图数据是大数据发展的必然趋势、终极阶段（图 2-6）。我们解决图 2-5 中的五大问题的目的如下：

1）通过信息的关联化（高维、原生图）存储，采集更准确、更灵活、更能直观反映真实世界问题的数据，用于支撑决策。

2）通过图数据建模、血缘分析、数据核验、元数据管理等一系列数据治理工作来为科学的数据存储、计算与应用提供保障。

3）通过让信息更灵活、更透明、更实时化地被计算与分析，解锁大（图）数据的价值。

4）通过数据科学指导的图计算与关联分析，例如对风险传导的深度下钻与科学计量、对用户群体进行精细化产品、服务定位等，进行深度、复杂、白盒化（可解释）的数据分析及预测来提升决策准确率。

5）通过基于数据科学的应用与解决方案开发（高维建模、白盒化算法、决策与反馈机制），改善下一代产品、服务的开发。

图 2-6 中所示的数据发展趋势有两条主线和一个核心观点。

❑ 主线 1：数据处理底层技术的核心发展趋势是从关系型数据到大数据直至深数据（图数据）。

❑ 主线 2：对应底层技术的面向数据的处理维度呈现了从点到线、由线及面再到体的由简入繁、自低维到高维、自低算力需求到高算力需求、自简单分析到复杂分析的一个自然发展过程。

❑ 核心观点：图计算的本质是复杂网络化计算，是与人类大脑工作最为贴切的逆向工程，图数据库相对于传统关系型或 NoSQL 数据库的效率与性能有指数级的提升。

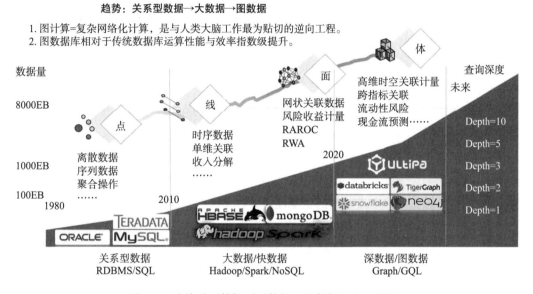

图 2-6 从关系型数据到图数据、深数据的发展趋势

我们以主线 1 为例简要展开论述。20 世纪 70 年代至 80 年代是关系数据库发展的早期阶段，它迅速地占领了政企 IT 市场，其中的佼佼者有 IBM Db2、Oracle、Sybase 等。1983 年是关系数据库发展的标志性年份，SQL（结构化查询语言）国际标准应运而生，作为关系数据库的通用查询语言，尽管各个厂商都有自己的特殊语法与功能实现，但大体上都会支持通用的 SQL，以保证系统间通信、系统迁移、升级换代与维护等操作的便捷性。随着互联网，特别是移动互联网、云计算业务的兴起，大多数基于单机、小型机或集中式架构设计的关系数据库在面向海量数据、多样多维多模态异构数据处理时的缺陷开始体现得越来越明显，于是基于分布式架构理念设计的 Hadoop、非关系数据库等阵营开始出现，大数据库处理与分析技术开始得到越来越多人的关注。在大数据发展的历程中，出现了多种类型的架构阵营，可以简单地梳理为如下几个阵营。

- ❏ 基于 MapReduce 理念的架构阵营：最为常见的是 Hadoop 阵营，以及基于内存加速的 Spark 项目。
- ❏ 基于 NoSQL 理念的非关系数据库阵营：包含多种数据库架构，如列数据库、宽表、KV、文档、时序、多模数据库以及图数据库等。
- ❏ 基于 SQL 接口，但对底层进行了扩充与增强的新型关系型数据库、数仓、数湖阵营：数量庞大的各种商业或开源关系数据库、MPP 数仓、各类流批一体化数仓、实时数仓等。

需要指出的是，尽管出现了多个阵营，但是自 1983 年开始的以 SQL 为主流的趋势并没有因为大数据等架构的出现而产生实质变化，毕竟绝大多数的新型数据库与框架依然还在向 SQL 兼容。然而，这一切可能会在 2024 年迎来一个实质性的转变。届时，数据库查询语言将迎来第二个国际标准——GQL，即图查询语言。换言之，Hadoop、Spark、NoSQL、数仓数湖尽管制造了无数的"噪声"，但是并没有形成一整套国际标准——一个会推动全球 IT 生态自上而下革新的标准。这种革新从底层上要解决的是 SQL 与关系数据库在处理多维、多模态数据时的无力——无法深层、动态、灵活、高效地完成对数据的处理与分析，特别是对于复杂关联、深层递归形式的分析——SQL 在语言设计层面就不具备这种能力，而关系数据库二维表结构的低维性让分析实时性的问题变得更加"不可能"。事实上，SQL 的这种低维性已经被诟病了很多年，但是在底层架构上一直没有本质的改变，尽管 MapReduce 等架构的出现让数据处理量大幅提升，但是并没有改变浅层数据处理的特征。换言之，几乎所有的分布式数据库只能面向浅层数据处理，任何深层数据处理依然会遇到效率低下、延迟巨大甚至错误求解的问题。而这一"不可能的任务"有望在图数据库的时代被解决。因为图数据库自下而上关注的是数据的关联关系，从建模、存储到数据治理再到数据计算与分析，以及数据查询与应用，它不再拘泥于关系数据库的表结构，不再受限于主键、外键，让数据建模更加灵活和高维，不再专注于浅层查询，也第一次让计算引擎成为数据库的一等公民，进而意味着在面向深层、复杂、动态、递归查询、分析与计算时的效率有指数级提升。这也是为什么我们会提出一个观点：图数据库是终极数据库，或最接近终极数据库的一种形态。

辩证地看待任何问题，我们需要意识到，无论是出于认知的局限性还是有意的误导，市场上很多所谓的图数据库在本质上都和图没有太大关系，它们都不具备对数据进行灵活建模、深度处理与分析、高效处理的能力，尽管它们都会毫无例外地宣称自己是高性能、分布式图数据库。这些以假乱真的图计算或图数据库产品有哪些特点呢？在此梳理如下几条线索以供读者迅速辨别真伪。

❑ 底层存储引擎基于 NoSQL 或 RDBMS 实现。这是典型的拿来主义，如此构建的非原生图不可能具有高性能处理能力，也没有灵活的数据建模的能力。其中，最典型的有基于 HBase、Cassandra、ClickHouse、Hadoop 甚至 MySQL、PostgreSQL、Oracle 实现。

❑ 计算引擎基于 Spark GraphX 或第三方"图上计算"引擎实现。以 Spark GraphX 为例，它仅仅是借用了图的名字而已，其数据加载与处理效率相对于 Hadoop 而言只提高了 1~2 个数量级，但是距离真正的高性能依然非常遥远，特别是面向实时数据时，Spark 缺乏数据加载更新的能力，更缺乏深度下钻与分析的能力。

❑ 宣称可以同时支持多种图查询语言。例如，能同时支持 OpenCypher 与 Gremlin 可能意味着它对任何一种语言都没有极致的性能优化，因为数据库与查询语言是一一匹配的，而通用性则需要长时间的性能优化来实现。甚至还有的图数据库可以通过 SQL 来实现查询与分析，这基本就能断定该系统依旧是传统关系数据库，而且也无法支持图数据库所应该具有的任一优点——灵活性、高效性、深度下钻计算与分析能力。

❑ 一味鼓吹分布式、鼓吹万亿规模，但是却连一个百万量级的数据集都无法深度下钻与高效处理。图计算或图数据库面临的最大挑战并不在于数据存储，而在于计算，特别是复杂计算、深度计算与关联、灵活计算，这才是数仓数湖无法有效解决的。这种挑战有的时候不是通过 100 台低配服务器解决的，而是应该通过可能 10 台高配服务器来高效解决的——本质上我们是在回答一个问题：到底是 100 台 1 线程的大集群的计算能力高，还是 10 台 10 线程的小集群的计算能力高？答案是后者。然而大多数人都会回答错误，因为大多数人忽略了网络延迟与 I/O 对于分布式系统在数据关联计算时的降维打击。这就是算力引擎在图数据库中必须成为一等公民的最核心原因。所谓高性能计算绝不等于高性能存储，存得多并不意味着算得动。

❑ 基于开源项目或社区版项目包裹。基于开源尽管可以快速地出"成果"，但对于底层代码却是失控的，因为极少有人能真正去吃透别人的底层代码，安全风险隐患无法得到有效控制。至于社区版，更是赤裸裸地对别人知识产权的侵犯，也意味着任何底层功能的改进都不可能实现（通常基于别家项目包裹的产品会出现宣称支持多种查询语言的情况，读者可自行甄别）。

图 2-7 描述了从源数据到数据应用与产品、围绕数据全链路生命周期的分步流程。

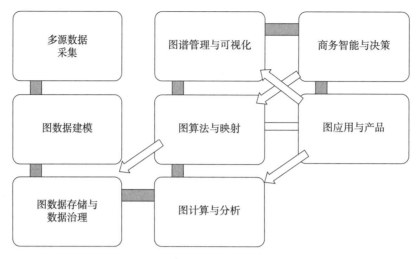

图 2-7　数据科学与分析流程示意图

1）多源数据采集：多源、多维、多模态数据采集、ETL/ELT。

2）图数据建模：高维建模，设计并创建点、边 Schema。

3）图数据存储与数据治理：数据持久化、元数据库管理、核验、血缘分析等。

4）图计算与分析：图查询逻辑与功能设计与实现（后文将展开讨论）。

5）图算法与映射：图算法调用（通常作为图计算与分析的子集存在）。

6）图谱管理与可视化：集成化、图谱化、可视化数据管理与展示，以及二次开发。

7）商务智能与决策：可看作包含以上所有步骤。

8）图应用与产品：可看作以上 7 条的超集。

以上可以看作大数据应用视角下图计算与分析结合数据科学的完整链路，涉及数据建模、存储与治理、计算与分析、算法与映射、二次开发与应用场景等核心功能模块。

提及数据科学与大数据分析，人们很自然地会联想到商业智能（Business Intelligence，BI）。BI 使用统一的衡量标准来评估企业的过往绩效指标，并用于帮助制定后续的业务规划。常见的 BI 组件一般包括：

1）建立 KPI（Key Performance Index，关键绩效指标）以明确面向所服务用户的功能目标。

2）多维数据的汇聚、去正则化、标记、标准化等。

3）实时报表生成、报警等。

4）处理结构化、简单数据集为主，而发展的趋势是集成越来越多源、复杂的数据集，并进行更深度的计量、下钻、关联分析。

5）集成统计学分析模块与概率模型模拟等功能。发展的趋势还包括集成 AI、图嵌入算法等。

BI 通常会在底层依赖某种数据处理（如 ETL，数据抽取、转换、装载）架构，如数据仓库等。随着大数据技术的发展，BI 系统正在越来越多地拥抱诸如内存计算（如 IMDG 数据库技术）、实时图计算或图数据库等新事物，归根结底是为了更高的数据处理效率、更深的数据处理能力、更灵活的数据建模方式，以及对于真实业务挑战的更真实的还原方式，而图计算显然是一个可以同时满足以上限定条件的答案。

数据科学则可以通过科学的方法论来指导实现 BI 系统中的预测分析、数据挖掘等功能。数据科学使用统计分析、模式识别、机器学习、深度学习、图计算等技术，对获取到的数据中的信息形成推断及洞察力。相关方法包括回归分析、关联规则计算（如风险传导路径分析、链路分析、购物篮分析）、优化技术和仿真（如蒙特卡罗仿真用于构建场景结果）。在 BI 系统的基础上，数据科学又可为其增添如下组件与功能：

- ❑　结构化 / 非结构化数据、多种类型数据源、超大数据集。
- ❑　优化模型、预测模型、预报、统计分析模型等。

数据科学的发展从分析复杂度与价值两个维度看，可分为 3 种境界、5 个阶段（图 2-8）。3 种境界分别如下：

1）后知后觉——传统的 BI，滞后的延时分析。

2）因地制宜——实时化分析。

3）未卜先知——预测性分析。

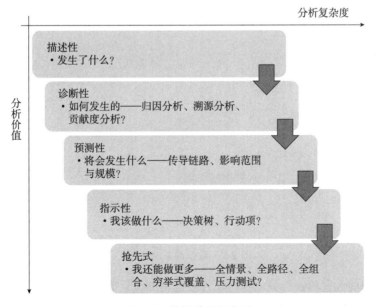

图 2-8　数据科学的发展

图 2-8 所示的 5 个阶段与 3 种境界匹配关系如下：

❑ 后知后觉——描述性 + 诊断性
❑ 因地制宜——描述性 + 诊断性 + 指示性 +（部分）预测性
❑ 未卜先知——描述性 + 诊断性 + 预测性 + 指示性 + 抢先式（基于预测的行动指南）

这 5 个阶段自上而下实现的复杂度越来越高，毕竟每向前一个阶段，所涵盖的阶段性能力就越完整，价值也越大，这也是为什么越来越多的企业、政府机构要把大数据科学驱动的大数据分析引入并应用到 BI、智慧城市等广泛的领域中来。

与大数据处理与分析项目中通常需要多种角色类似，依托图计算技术，同样需要行业问题专家（Subject Matter Expert，SME）、数据分析专家、建模工程师、大数据系统专家等一众人才。区别在于，建模工程师需要摆脱传统的二维表思维束缚，掌握用图数据的高维建模，以及掌握如何进行高效的图分析，在什么场景下用何种图算法来实现更低的成本与更高的回报率。

数据科学属于典型的把多学科知识集于一身的实践，图 2-9 示意了这种融合。

1）行业经验：对垂直领域的深刻理解。

2）产品开发能力：能够将数学模型转换为可在图数据处理平台上运行的代码，还能设计、实现和部署统计模型和数据挖掘方法等，最终形成产品或解决方案。

3）数理统计知识：能够以数学、统计学模型、算法（如图算法、机器学习、深度学习等）来抽象业务需求与挑战。

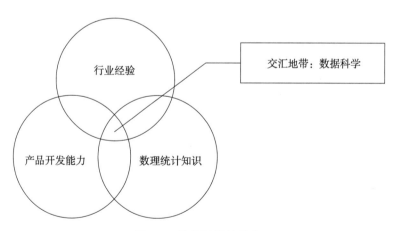

图 2-9　数据科学的融合

我们看到国内大量的银行只能把产品开发能力外包，原因在于业务人员缺乏开发能力，而那些号称有自研能力的大型银行，业务与科技部门也经常被各种问题困扰，其根本原因在于业务与科技之间没有融会贯通，缺少具备"三江交汇"式数据科学分析能力的专业人员。

　　数据科学是一个新兴的领域。数据分析专家负责为复杂的业务问题建模，运用业务洞察力找到新的商业机遇。对于这种能够从海量数据中提取有用信息，再从信息中提炼出具有高度概括性与指导意义的知识、智慧甚至转变为可以自动化智能（例如图增强智能或图 AI）的新型人才，可以预见会受到来自市场越来越多的青睐。

如何评估图算法的效率

我们来明确几个关于算法效率的知识点：

- ❑ 什么是算法效率？
- ❑ 如何评价一个算法的效率？
- ❑ 如何提升算法效率？

带着以上 3 个问题，我们开始本章的学习之旅。

3.1 什么是算法效率

算法效率主要指的是算法的时间复杂度，在第 2 章中提到了一种图算法的分类方式，即按照从恒定时间、线性、多项式到指数级复杂度的自低到高的多级分类。需要指出的是，不同的底层计算资源的规模是会影响算法的执行效率的，例如可并发的规模。另外，也需要关注算法的空间复杂度，即用于完成算法执行所需要的存储空间，包括外存与内存等。

评价算法效率的"金指标"就是在相同计算与存储资源条件下，运行时耗越低，算法实现效率越高。换言之，如果有更高配置的计算（及存储）资源，就能够实现更高的计算效率。

算法效率的提升涉及算法逻辑优化、数据结构优化、系统架构优化、代码实现优化等多个方面。但是所有的优化形式在本质上可以总结为两个要点：一是尽可能地实现并发，二是尽可能地让存储的数据靠近计算资源。

图 3-1 中的 7 层存储架构示意了算法效率提升的金字塔，可以简单地理解为：

图 3-1　多级存储架构与计算效率金字塔

1）网络化存储的计算效率是最低的，特别是当数据之间存在关联关系时。在一个大规模分布式的系统中，多个存储节点需要不断地交换或迁移数据，所造成的时耗是惊人的。而这个时候，即便再高的网络带宽也可能于事无补。举个简单的例子，假设用 10Gb/s 的速度传输 100 万个 4KB 的小文件与传输一个 4GB 的文件（在文件大小层面，$4GB=4KB \times 10^4$），两者的传输时间差异是多少？答案是前者的时耗至少是后者的 100 倍以上，这是多实例间大量频繁的 I/O 操作使然。

2）磁盘的效率较网络存储已经大幅（10 倍）提升，因为它已经是一种存储与计算较紧密耦合的架构模式，尽管磁盘 I/O 依然存在，但是不再需要考虑网络造成的延迟。

3）固态硬盘（包括大容量固态硬盘和高性能固态硬盘）的特点是规避了传统磁盘的可移动的机械部件，而获得了 10～100 倍于磁盘存储访问的性能提升。尽管固态硬盘经过多次擦写后可能会出现数据遗失的问题，但是在真正追求高性能的系统中，可以通过各种数据冗余与保护机制来规避这个问题。如果只因为担心固态硬盘在经过 7000 次擦写后可能会遗失数据就彻底规避使用，无异于因噎废食。

4）持久化内存（Persistent Memory）是图 3-1 的 7 层堆栈中出现最晚的一种产品形态，本质上它融合了固态硬盘与动态随机存储内存（DRAM）的特点，同时兼具了数据持久化的能力与内存级的访问速度。持久化内存相对于固态硬盘也有了 10 倍的性能提升。

5）内存相对于固态硬盘有 100～1000 倍的读写性能提升，但是单位价格却便宜 10～20 倍。从投入产出比上来说，如果你听过"内存就是新的存储"（Memory is the New Disk!）的说法，背后的原因就在这里。

6）多级存储计算架构中的最后一层是 CPU，如果觉得 CPU 仅仅是用来计算的，就显得有些不求甚解了。实际上，现代 CPU 的架构设计中都会有多级内置缓存，而多级缓存的价值在于每一层都给 CPU 与内存之间的数据迁移和加载进行了提速，毕竟内存和 CPU 之间还存在着千倍级的性能差（图 3-1 中只体现了 10 倍差异），而每层缓存都大概有 10 倍的提速效果。

图 3-2 示意了这种多级存储加速的效果。

- ❑ 机械硬盘：单次操作延时如果是 3ms，进行一个四千万次的迭代操作，延时就变成了 120 000s，即 1.5 天，这就是很多批处理操作的耗时都是 $T+1$、$T+2$ 的直接原因。
- ❑ 固态硬盘：可以带来约 30 倍的性能提升，与上面同样的操作耗时会降低到 1 个多小时，可以算作 $T+0$ 的效果。
- ❑ 内存：在内存上进行同样的操作时，可以获得上千倍的性能提升，这个时候"批处理"的操作已经可以以近实时的方式完成。
- ❑ CPU 缓存：理论上，如果所有的数据都可以在 CPU（借助多级缓存的力量）内完成，时间会缩短到毫秒级，如 40ms。

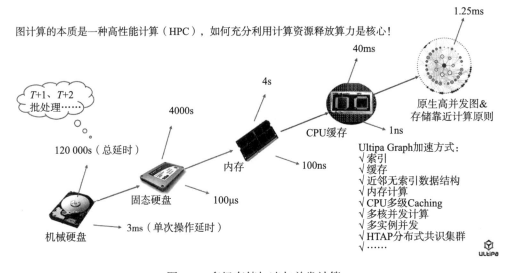

图 3-2   多级存储加速与并发计算

事实上，在存储与计算加速的道路上，CPU 也不是终点，通过对数据结构、系统架构、最大化并发执行等进行优化，还有可能获得更低的耗时与更高的效率。

3.2   查询模式、数据结构和计算效率

相对于普通的图查询与分析而言，图算法可以看作图计算的一种特殊封装模式。因此，

我们可以以图计算的视角来关注以下几点：

- ❑ 图计算的查询模式。
- ❑ 图计算的数据结构。
- ❑ 图计算的计算效率。

3.2.1 查询模式

我们先来看看图计算中有哪些基础的查询模式。从不同角度来看有不同的分类方式，这里给出 3 种。

（1）离散查询与关联查询

最典型的离散查询是面向元数据的查询，在图计算、图数据库的语境下，元数据（Metadata）指顶点或边，因为这两者是最小颗粒度的图数据，通常用唯一的 ID 来标识它们，不需要再细分。所有仅面向顶点或边的操作，都是典型的离散类型操作。

有的读者对于边是否算作元数据表示困惑，认为边并非独立存在，因为它关联了顶点而看起来像是一个复合数据结构。需要指出的是，元数据的定义一方面是最小颗粒度、不可再分，另一方面是有唯一匹配的 ID 来定位它。而在图数据集中，只有顶点和边符合这两点。但必须承认的是，边的表达的确更为复杂，因为边除了 ID 外，还会关联起点与终点、方向以及其他属性。有一些图计算系统中会对边进行切割，也就是说一条边的两个顶点可能会被切分存储在不同的分片中，这种切边设计的分布式系统在进行关联查询与计算时，效率可能会比集中式系统低得多（至少降低 10 倍以上，后面的章节再展开论述）。

关联查询是图数据库相比于其他数据库而言最有特色的图计算操作。例如，路径查询、k 邻查询、子图查询、组网查询、各类图算法等都属于典型的关联查询。关联查询通常是从某个顶点（或多个顶点）出发，沿边遍历多层点、边，并通过对点、边以及它们各自的属性进行剪枝过滤，直至返回满足条件的点、边数据集。从关系型数据库的视角来看，这种关联查询类似于表连接的操作，然而，图计算所能带来的灵活性与高性能是关系型数据库所无法比拟的。

（2）局部查询与全局查询

这种分类方式指的是当前查询的初始条件和查询过程与结果涉及图数据集的局部还是全局。以图上的度计算为例，可以面向任意单个顶点进行出、入度计算，也可以对全部顶点进行计算——对于后者而言，全部顶点的度计算的复杂度是单个顶点的复杂度的 N 倍，即如果单一顶点的度计算的（平均）复杂度为 $O(E/N)$，其中 E 表示全部边的数量，N 表示全部顶点的数量，那么全局度计算的复杂度则可表示为 $O(N/E/N) = O(E)$。而另一种算法（全图 k 邻）的计算复杂度则高得多，因为计算每个顶点的 k 邻的算法复杂度为 $O((E/N)^k)$，而全部顶点的 k 邻的计算复杂度为 $O(N(E/N)^k)$。例如，在一个典型的电商数据集中，有 500 万个顶点，1 亿条边，计算单个顶点的 k 邻（3 度邻居）的平均复杂度为 $O(20^3)=O(8000)$，而全图 k 邻的复杂度为 $O(5\,000\,000 \times 8000) = O(40\,000\,000\,000)$，这样的计算复杂度对于市面上大多数的图计算系统而言，意味着根本无法在合理的时间（比如 10 个小时）内完成计算。而这种全局型计算算法是检验一个图系统算力的一个非常有力的工具。当然，运行全图 k 邻算法前，建议循序渐进，先估算好算法复杂度，从 $k=1$ 开始，拾阶而上。像上面的电商数据集，如果一上来就是 $k=5$，恐怕目前世界上没有任何一个图系统可以承载这种计算量（达 16 万亿次计算），至少在量子计算能力普及之前没有。

上面这个全图 k 邻的例子对于分布式计算架构是非常不友好的，因为该类图算法既要求查询的广度又要求下钻的深度，而分布式系统只适合浅层计算（Shallow Computing）。假设上面的数据集只有约 1GB 的原始数据，现有两套硬件规格供选择，1 台有 16 核、200GB 内存的服务器与 8 台每台 2 核、25GB 内存的服务器，哪种计算架构计算全图 k 邻更高效呢？前者一定是某种集中式架构，而后者如果采用某种切点又（或）切边的分布式，可以想见几乎没有可能完成 $k{\geqslant}2$ 的操作，或者说它的效率可能不及前者的百分之一。如果考虑并发计算的效率，16 核的并发能力也要比 8×2 核高很多，这应该是所有写过高并发程序的工程师的共识——事实上，即便是在第二种架构中让每个服务器实例都存储全量的数据，在需要多层递归式下钻时，2 核最大并发的约束性也是显而易见的，如果再加上多实例间不断进行的网络同步或 I/O，延迟将是巨大的、指数级的。换言之，第一种架构如果需要 1h 完成计算，第二种架构（无论数据是否切片）则需要至少 10h（不切片，全量存储 8 份）甚至 100h 以上（切片、水平分布式）。

表 3-1 中列出了 12 套不同图系统性能的比较。其中有 7 套开源、分布式图计算架构，3 套商业化图数据库系统，以及 2 套采用 C/C++ 实现的高性能单线程计算程序。由表 3-1 中的对比可知，几乎所有的（水平）开源分布式系统的图算法运算耗时都显著长于单线程程序的运行时间。另外，商业化系统通过多线程、多核的并发实现可以在效率上显著超越单线程（效率提升 50%～800% 甚至更多），但前提是不要贸然使用水平分布式架构，否则效率会回落到开源分布式图计算架构的水平。

需要指出的是，PageRank 与 LPA 两个图算法是相对比较容易实现并发计算的反复迭代类算法，同时也较容易实现水平分布式存储与计算。然而，图计算的复杂之处在于，分布式存储容易实现，但是计算的逻辑如果不经过缜密的设计，效率会大打折扣（相对于集中式而言），而这种效率的下降是惊人的。例如表 3-1 中 Spark 系统，其 128 线程的 PageRank 计算与单线程内存相比，并没有表现出 128 倍的效率提升，而是比期望降低了近 400 倍（期望能用 275/128≈2s 完成查询，实际则用了 857s）。当单线程程序进行排序优化（类比于分布式系统的点、边排序优化存储或计算逻辑）后，这种效率差会加大至 1000 倍以上！事实上，在进行分布式图计算的时候，更多的 CPU 核数、线程数并没有提供更高的算力，而是在空转并等待网络数据交换或磁盘 I/O 访问，这也是分布式系统在进行图计算时面临的最大挑战。

与效率相关的另一个无可规避的问题是编程语言的效率问题，越接近底层硬件的编程语言的效率越高，例如 C 比 C++ 高出 15%，C++ 是 Java 或 Scala 的 5~7 倍，Java 又是 Python 的 10 倍以上，以此类推。

表 3-1　图系统性能（计算时效性）比较

图计算系统	CPU 核数 / 个	Twitter 数据集 PageRank 运算时间（20 次迭代）/s	Twitter 数据集 LPA 运算时间 /s	分布式系统特点
GraphChi	2	3160	N/A（未实现）	水平分布式
Stratosphere	16	2250	950	水平分布式
X-Stream	16	1488	1159	水平分布式
Spark	128	857	1784	分布式
Giraph	128	596	200	分布式
GraphLab	128	249	242	分布式
GraphX	128	419	251	分布式
单线程（固态硬盘）	1	300、242（边排序）	153	非分布式、外存计算、C/C++
单线程（内存）	1	275、100（边排序）	N/A（未实现）	非分布式、内存计算
Neo4j	32	1200	N/A（未实现）	热备份集群、JVM 内存计算（Java）、最大可 4 核并发
TigerGraph	32	500	900	MPP 集群、内存计算、C++
嬴图	32	34	101	高密度并发、分布式共识集群、内存计算、C/C++

（3）广度优先与深度优先

广度优先遍历最典型的是 k 邻和最短路径查询。以 k 邻（k-Hop Neighobr）为例，它的原始定义是，从某个顶点出发，查找和该顶点最短路径距离为 k 跳（步、层）的所有不重复的顶点集合。k 邻计算的逻辑是，如果想知道某个顶点的第 k 层的全部邻居，需要先知道它

的全部 $k-1$ 层邻居，以此类推。换个角度描述：从该顶点出发，先要找到它的第一层的全部邻居，再到第二层，直到找到所有的第 k 层邻居为止。

k 邻操作在数据量巨大且高度连通的数据集上的计算复杂度可能非常大，因为从任何一个节点出发，只要 k 值够大，就可以连通到所有节点上。在金融场景中，以信用卡交易数据的图计算为例，所有的信用卡和它们的交易对手 POS 机之间形成的交易网络几乎是完全连通的（这个假设的前提是，每一张卡只要消费，就会至少和某个 POS 机关联，而这个 POS 机还会与其他卡交易，其他卡还会与更多的 POS 机关联，这样的网络是高度连通的，甚至是不存在孤点的。在实际的图算法运算中，孤点可能会被直接剔除，因为它们对于关联查询是没有意义的），如图 3-3 所示。

图 3-4 演示了两种不同类型的 k 邻操作：

❑ 仅返回第 k 跳邻居。
❑ 返回从第 1 跳到第 k 跳的全部邻居。

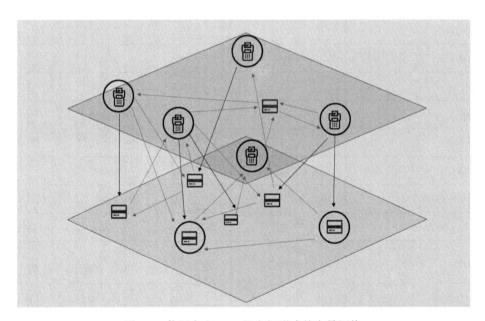

图 3-3　信用卡和 POS 机之间形成的交易网络

其中，第 k 跳邻居指的是到原点的最短路径长度为 k 的所有邻居的数量。以上两种操作的区别仅仅在于到底返回的只是当前步幅（第 k 跳、第 k 层）的邻居，还是也包含前面所有层的邻居。

例如，当 k 为一个确定值 3 时，仅返回第 3 层邻居，但当 k 为一个范围值 [1,3] 时，将返回第 1、2、3 层邻居。后者的返回值显然大于前者，因为它还额外包含了 $k=1$ 和 $k=2$ 时的邻居的数量。当然如果第 2、3 层邻居数量为 0 的话，也有可能是两者相等。

图 3-4　k 邻操作（及正确性验证）示意图

如果把 k=[1,2] 和 k=3 的 k 邻的返回数值相加，总和应等于 k=[1,3] 的 k 邻值（12 843 + 1246 = 14 089）。这也是通过 k 邻计算来验证一个图数据库或图计算系统准确性的一种典型手段。笔者注意到，由图计算的复杂性而造成的系统性的图计算准确性问题是普遍存在的，例如在图计算结果中，如果第 k–1 层或其他更浅层的顶点重复出现在第 k 层，或者第 k 层中多次出现同一个顶点，这些都属于典型的图算法实现时的 Bug。

典型的图算法实现中的错误有至少如下几种情形。

❑　遍历模式使用错误：该采用广度优先算法的时候采用深度优先算法，例如 k 邻遍历。

❑　没有去重：同层（深度）没有去重、多层间未去重。

❑　没有完全遍历：以广度优先算法为例，没有完成当前层的遍历，就不应该展开下一层。

❑　并发实现逻辑等造成的其他可能的数据同步、去重等问题。

图 3-5 所示的是典型的广度优先算法与深度优先算法在遍历一张有向图时经过节点的顺
序的差异。

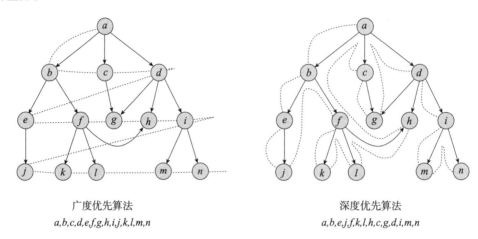

广度优先算法
a,b,c,d,e,f,g,h,i,j,k,l,m,n

深度优先算法
a,b,e,j,f,k,l,h,c,g,d,i,m,n

图 3-5　广度优先算法与深度优先算法示意图

深度优先算法常见于环路查询、有权重的路径遍历，或按照某种特定的过滤规则在图
中从某个顶点出发寻找到另外一个或多个顶点之间的连通路径。例如，在银行的交易网络
数据中，寻找两个账户之间单一方向的、按时序降序或升序排列的全部转账路径。

理论上，广度优先算法和深度优先算法都可以完成同样的查询需求，区别在于算法的
综合复杂度与效率以及对计算资源的消耗。另外，几乎所有的图上遍历算法一开始都是典
型的单线程遍历逻辑，在多线程、多实例并发遍历的情况下，具体每个顶点被（多次）遍历
时的处理逻辑会更为复杂，而这种复杂度的降维处理一方面受制于数据结构，另一方面直
接影响最终的算法计算效率。

3.2.2　数据结构与计算效率

1. 数据结构

可以用来进行图计算的数据结构有很多种。我们先回顾一下数据结构的分类树。数据
结构分为原始数据结构和非原始数据结构，如图 3-6 所示。

原始数据结构是构造用户定义的数据结构的基础，在不同的编程语言中，对于原始数
据结构的定义各不相同，如短整型（Short）、整数（Int）、无符号整数（Unsigned Int）、浮点
数（Float、Double）、指针（Pointer）、字符（Char）、字符串（String）、布尔类型（Boolean）

等，这里不再赘述，有兴趣的读者可以查询相关的工具书和资料。本书关注的更多是用户系统（图计算框架或图数据库）定义的线性（Linear）或非线性（Non-liniear）数据结构。

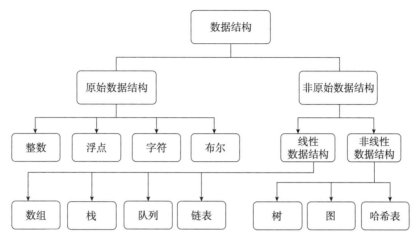

图 3-6　数据结构的分类示意图

在不考虑效率的前提下，几乎任何原始数据结构都可以组合完成任何计算，然而它们之间的效率差距是指数级的。如图 3-6 所示，图数据结构被认为是一种复合型、非线性、高维的数据结构。可以用来构造图数据结构的原始或非原始数据结构有很多种，例如常见的数组（Array）、栈（Stack）、队列（Queue）、链表（Linked List）、向量（Vector）、矩阵（Matrix）、哈希表（Hash Table）、Map、HashMap、树（Tree）、图（Graph）等。

在具体的图计算场景中，使用哪些数据结构需要具体分析，主要考虑以下两个维度：

❑　效率及算法复杂度。
❑　读、写需求差异。

以上两个维度经常交织在一起，例如，只读的条件下意味着数据是静态的，显而易见，连续的内存数据结构可以实现最高效的数据吞吐及处理效率。反之，如果数据是动态的，数据结构就需要支持增删改查操作，就需要更复杂的存储逻辑，也意味着计算效率会降低。我们通常说的用空间换时间就包含这种情况。

这里再次重申，在不同的上下文中，图计算的含义可能大相径庭，真正的图数据库是不可能只存不算的，那么它一定需要包含图计算引擎，而数据库级别的图计算引擎毫无疑问需要支持动态的、不断变化的数据；而学术界实现的图计算框架则大多只考虑静态数据（例如 Spark 的图计算实现方式是需要把数据加载进内存数据结构，一旦进入之后，数据就是静态、不变的）。这两种图计算所适用的场景和各自能完成的工作差异巨大，本书所涉及的内容属于前者——图数据库，对于后者，有兴趣了解的读者可以参考 GAP Benchmark[⊖] 及其他图计算框架的实现逻辑。至于那些号称是图数据库，但是却没有处理动态数据的能力，还需要和第三方图计算引擎、图挖掘引擎结合的产品，不外乎是挂羊头卖狗肉。

图上大体包含以下 3 种类型的数据：

1）顶点，也被称作点、节点。顶点可以有多个属性，边也如此。有鉴于此，某个类型的顶点的集合可以看作传统数据库中的一张表，而顶点间的基于路径或属性的关联操作则可看作传统关系型数据库中的表连接（Table-join）操作，区别在于图上的连接操作的效率指数级地高于 SQL，原因是图计算的复杂度指数级地低于表连接。用最通俗的数学语言来对比，就是表连接经常以乘法的复杂度出现，而图计算则以加法的形式得以实现，也就是说，如果有多张表关联，SQL 的复杂度可能是 $O(ABC\cdots\cdots)$，但是图计算的复杂度则是 $O(A+B+C+\cdots\cdots)$。

2）边，也被称作关系。一般情况下，一条边会连接两个顶点。如果箭头方向代表连接两个点的边的方向，那么无向边通常需要使用两条边来表达，例如将点 A 和点 B 之间的无向边表达为 $A \rightarrow B+A \leftarrow B$，即一条由 A 指向 B 的边，与另一条从 B 出发反向到 A 的边。之所以要表达反向边，是因为如果不存在从 B 到 A 的（反向）边，那么在图上（路径）查询或遍历的时候，将不会找到任何从 B 出发可以直接到达 A 的边，也就意味着图的连通度受到了破坏，或者说数据结构的设计和表达没有 100% 反映出真实的顶点间的网络连接情况。事实上，某些图数据库或图计算产品存在这种为了节省 50% 的存储空间而忽略反向边的问题，那么，很多图查询的结果都将是错误的。而那种特殊类型的可以关联多个（≥3）顶点的边，一般都被拆解为两两顶点相连的多条边来表达。需要注意的是，图论当中的另一个概念是单边图与多边图。任意两个顶点间如果存在多条边，且多条边的类型相同的情况下，即为多边图，而单边图只支持两点间最多一条边或每一类 Schema 只支持最多一条边，超过的情况则需要更为复杂的数据建模方式或额外的数据结构来解决。图 3-7 形象地展示了两者之间的差异：当两个账户顶点中有多笔交易的时候，单边图的构图方式在存储与计算复杂度方面需要约 3 倍的存储空间，以及指数级更高的运算复杂度来进行多层交易关系的穿透。也就是说，当在多边图上需要穿透 k 层的时候，在单边图上则要穿透 $2k$ 层，而在每层的计算复杂度相当的情况下，按照乘积的关系，复杂度将会指数级增加。

3）路径，表达的是一组相连的顶点与边的组合。多条路径可以构成一张网络，也称作子图，多张子图的全集合则构成了一张完整的图数据集，我们称为"全图"。很显然，点和边这两大元数据的排列、组合就可以表达图上的全部数据模型——各种各样的点、边、路径、子图。

⊖ GAP Benchmark Suite：http://gap.cs.berkeley.edu/benchmark.html。

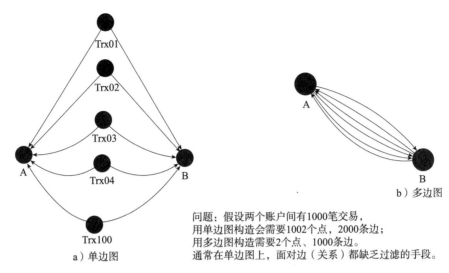

a）单边图

b）多边图

问题：假设两个账户间有1000笔交易，
用单边图构造会需要1002个点，2000条边；
用多边图构造需要2个点、1000条边。
通常在单边图上，面对边（关系）都缺乏过滤的手段。

图 3-7　单边图与多边图

传统意义上，用来表达图的数据结构有 3 类：相邻链表（Adjacency List）、相邻矩阵（Adjacency Matrix）和关联矩阵（Incidence Matrix）。

相邻链表以链表为基础数据结构来表达图数据的关联关系，如图 3-8 所示，左侧的有向图（注意带权重的边）用右侧的相邻链表表达，它包含了第一层的"数组或向量"，其中每个元素对应图中的一个顶点，第二层的数据结构则是每个顶点的出边所直接关联的顶点构成的链表。

注意，图 3-8 中右侧的相邻链表中只表达了有向图中的单向边——出边（出方向的边），如果从顶点 4 出发，只能抵达顶点 5，却无从知道顶点 3 可以抵达顶点 4，除非用全图遍历的方式搜索，但那样的话效率会相当低下。当然，解决这一问题的另一种方式是在链表中也插入反向边和顶点，类似于上面提及的反向边的概念，可以用额外的字段来表达边的方向。

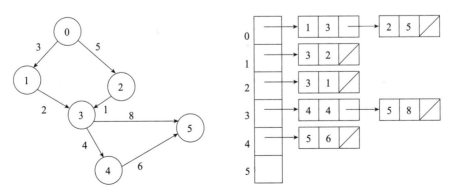

图 3-8　用相邻链表（右）来表达单边有向图（左）

相邻矩阵是一个二维的矩阵，我们可以用一个二维数组的数据结构来表达，其中的每个元素都代表图中是否存在两个顶点之间的一条边。如表 3-2 中，用相邻矩阵 AM 来表达图 3-8 中的有向图，矩阵中的元素代表边，每个元素对应的行、列中的顶点分别是边的起点和终点，矩阵是 6×6 的，但其中只有 7 个元素（7 条边）是被赋值的。很显然，这是一个相当稀疏的矩阵，占满率只有 (7/36)<20%，它所需要的最小存储空间则为 36 字节（假设每个字节可以表达其所对应的边的权重）。如果是一张有 100 万顶点的图，其所需的存储空间至少为 0.9TB，相比于工业界中动辄亿万量级的图，这还只是属于规模仅其百万分之一的小图所需的存储空间。

表 3-2　用相邻矩阵来表达有向图

AM	0	1	2	3	4	5
0		3	5			
1				2		
2				1		
3					4	8
4						6
5						

也许读者会质疑以上相邻矩阵的存储空间的估算被夸大了，那么我们来探讨一下：如果每个矩阵中的元素可以用 1 个比特位（bit）来表达，那么 100 万顶点的全图存储空间可以降低到约 100GB。然而，我们是假设用 1 个字节来表达边的权重，如果这个权重的数值超过 256，我们或许需要 2 个字节、4 个字节甚至 8 个字节来进行存储，如果边还有其他多个属性，那么对于存储空间就会有更大的甚至不可想象的需求。现代的 GPU 是以善于处理矩阵运算而闻名的，不过通常二维矩阵的大小要求小于 32K（32 768）个顶点。这是可以理解的，因为 32K 个顶点矩阵的内存存储空间已经达到 1GB 以上了，这已经占到了 GPU 内存的 25%～50%。换句话说，GPU 并不适合用于大图上的运算，除非使用极其复杂的图上的 MapReduce 方式对大图进行切割、分片来实现分而治之、串行的或并发的处理方式。但是这种分片、切图的处理效率会高吗？此外，GPU 也无法替代 CPU 来进行复杂的过滤、剪枝等查询，因为这些属于通用计算的范畴，并不适合用矩阵运算来实现。

关联矩阵是一种典型的逻辑矩阵，它可以把两种不同的图中的元数据类型顶点和边关联在一起。例如每一行的行首对应顶点，每一列的列首对应边。以前面的有向图为例，我们可以设计一个 6×7 的二维带权重的关联矩阵，如表 3-3 所示。

表 3-3　关联矩阵示意图

IM	E1	E2	E3	E4	E5	E6	E7
0	3	5					
1			2				
2				1			
3					8	4	
4							6
5							

表 3-3 中的二维矩阵仅能表达无向图或有向图中的单向图，如果要表达反向边或者属性，这种数据结构显然是有缺陷的。

事实上，真正工业界的图数据库极少用以上 3 种数据结构，因为它们都无法解决真实场景中图数据库必须要面对的几个问题：

❑　无法表达点、边的属性。
❑　无法高效利用存储空间（降低存储量）。
❑　无法进行高性能（低延迟）的计算。
❑　无法支持动态的增删改查。
❑　无法支持复杂查询的高并发。

综合以上几点原因，我们可以对上面提及的各种数据结构进行改造，或许就可以更好地支持真实世界的图计算场景。下面结合计算效率来评估与设计图计算所需的数据结构。

2. 计算效率

存储低效性或许是相邻矩阵或关联矩阵等数据结构的最大缺点，尽管它有着 $O(1)$ 的访问时间复杂度。例如通过数组下标定位任何一条边或顶点所需的时间是恒定的 $O(1)$，相比而言，相邻链表对于存储空间的需求要小得多，在工业界中的应用也更为广泛。例如 Meta 的社交图谱（其底层的技术架构代码为 Tao/Dragon）采用的就是相邻链表的方式，链表中每个顶点表示一个人，而每个顶点下的链表表示这个人的朋友或关注者。

这种设计方式很容易被理解，但是如果遇到热点问题，例如如果一个顶点有 1 万个邻居，那么链表的长度有 10 000 步，遍历这个链表的时间复杂度为 $O(10\ 000)$。在链表上的增删改查操作都是一样的复杂度，更准确地说，平均复杂度为 $O(5000)$。另一个角度来看，链表的并发能力很糟糕，你无法对于一个链表进行并发（写）操作。事实上，Meta 的架构中限定了一个用户的朋友不能超过 6000 人，微信中也有类似的对朋友人数的限制。

现在，让我们思考一个方法，设计一种数据结构可以平衡以下两件事情。

- ❑ 存储空间：相对可控的、占用更小的存储空间来存放更大量的数据。
- ❑ 访问速度：低访问延迟，并且对于并发访问友好。

在存储空间维度，我们要尽量避免使用对于稀疏的图或网络来说利用率低下的数据结构，因为大量的空数据占用了大量的空闲空间。以相邻矩阵为例，它只适合用于拓扑结构非常密集的图，如全连通图（所谓全连通指的是图中任意两个顶点都直接关联）。前面提到的有向图，如果全部连通，则至少存在 30 条有向边（$2 \times 6 \times 5/2$），如果还存在自己指向自己的边，则存在 36 条边，那么此时相邻矩阵的存储空间是 100% 被利用的。

然而，在实际应用场景中，绝大多数的图都是非常稀疏的。如果我们设定图的密度 =（边数 / 全连通图的边数）× 100%，大多数图的密度都远低于 5%，因此相邻矩阵就显得很低效了。另外，真实世界的图大多是多边图，即每对顶点间可能存在多条边。例如交易网络中的多笔转账关系，这种多边图不适合采用矩阵数据结构来表达（或者说矩阵只适合作为第一层数据结构，它还需要指向其他外部数据结构来表达多边的问题）。

相比于相邻矩阵，相邻链表在存储空间上是大幅节省的，然而相邻链表的数据结构存在访问延迟大、并发访问不友好等问题，因此突破点应该在于如何设计可以支持高并发、低延迟访问的数据结构。在这里，我们尝试设计并采用一种新的数据结构，它具有如下特点：

- ❑ 访问图中任一顶点的时间复杂度为 $O(1)$。
- ❑ 访问图中任意边的时间复杂度为 $O(2)$ 或 $O(1)$。

以上时间复杂度假设可以通过某种哈希函数来实现，最简单的例如通过点或边的 ID 对应的数组下标来访问具体的点、边元素来实现。顶点定位的时间复杂度为 $O(1)$，边仅需定位出发点（Out-node）和到达点（In-node），时间复杂度为 $O(2)$。在 C++ 中，以上特点的数据结构最简单的实现方式是采用向量数组（Array of Vector）来表达点和边：

```
Vector <pair<int,int>> a_of_v[n];
```

动态向量数组可以实现极低的访问延迟，并且存储空间浪费很少，但并不能解决以下几个问题：

- ❑ 并发访问支持。
- ❑ 数据删除时的额外代价（如存储空白空间回填等）。

在工业界中，典型的高性能哈希表的实现有谷歌的 SparseHash 库，它实现了一种叫作 dense_hash_map 的哈希表。在 C++ 标准 11 中实现了 unordered_map，它是一种锁链式的哈希表，通过牺牲一定的存储空间来获取快速寻址能力。但是以上两种实现的问题是，它们都没有和底层的硬件（CPU 内核）并发算力同步的扩张能力，换句话说是一种单线程哈希表实现，任何时刻只有单读或单写进程占据全部的表资源，这或许可以算作对底层的计算资源的一种浪费。

图（数据集）的存储最主要是处理两种基础（元）数据结构：顶点和边，其他所有的数据结构都是在这两者的基础上衍生而来的，例如各类索引、中间、临时的数据结构，用来实现查询与计算加速等，以及那些需要异构返回的数据结构，如路径、子图等。

我们来分析一下顶点和边的数据结构及其适合的存储方式。

❑ 顶点。每个顶点可以看作内部元素有着某种规则排列的数组，多个顶点的组合就是一个二维数组。如果考虑到顶点的动态变化（增删改查等涉及读、更新、插入等操作）的需求，向量数组是一种可能的方式。

❑ 边。边的数据结构较顶点更为复杂，因为边不仅有一个唯一标识 ID，还有起点、终点的 ID，边的方向以及其他可能的属性，如权重、时间戳等。显然，用二维数组也可以满足边的存储，剩下需要关注的问题是效率，如存储空间利用率、访问效率、索引数据结构的效率等。

支持点、边结合的数据类型如果是完全静态的，也就是说点或边的数量不会变化，不会增加、减少或更新，也不会发生它们各自属性的变化，那么映射到文件系统上的数据结构就可以作为图存储的核心数据结构。如果真的是这样的话，我们可以复用传统数据库的存储引擎，例如 MySQL 的 InnoDB 或 MyISAM（ISAM 的变种）引擎，更有甚者，只使用磁盘文件就可以支持静态的图数据库。

然而，效率在大多数情况下是不可或缺的。前面"静态"数据的假设在商业化场景中是极少成立的，因为无论是交易系统还是业务管理系统，数据都是动态的、流动的。任何贴近真实业务场景的系统都需要支持对数据（存储引擎）的更新操作。

因此，图数据及其存储与计算引擎的架构设计中有一对重要的概念：非原生图与原生图。所谓非原生图是指它的存储与计算是以传统的表结构（行或列数据库）的方式进行的；而原生图则采用更能直接反映关联关系的方式构造而成，也因此会有更高效的存储和计算效率。

如果用关系型数据库 MySQL、宽列数据库 HBase 或二维的 KV 数据库 Cassandra 来作为底层存储引擎，也可以把点、边数据以表（或列表）的方式存储起来，它们在进行图查询与计算时的逻辑大体如图 3-9 所示。举个例子，查询某位员工隶属于多少个部门，返回该员工姓名、员工编号、部门名称、部门编号等信息。用关系型数据库来表达这个简单的查询，要涉及 3 张表：员工表、部门表和员工 ID- 部门 ID 对照表。

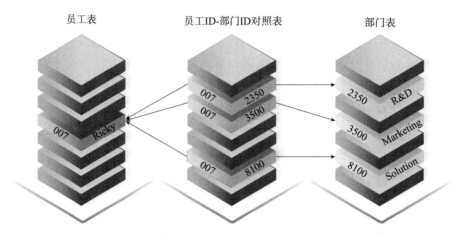

查询命令：JOIN、Lookup Table

图 3-9 非原生图（关系型、SQL 类数据库）存储查询模式示意图

整个查询过程分为如下几步：

①在员工表中，定位 007 号员工。

②在员工 ID- 部门 ID 对照表中，定位 ID=007 所对应的全部部门 ID。

③在部门表中，定位步骤②中的全部 ID 所对应的部门名称。

④组装以上①~③步骤中的全部信息，返回。

前面介绍过数据库存储加速的概念，上面每个步骤的时间复杂度如表 3-4 所示。

表 3-4 SQL 查询（时间）复杂度

步骤编号	步骤描述	最低复杂度	注释
①	定位员工	$O(\log N)+O(1)$	N 为表中行的数量；构造树状索引形成一棵扁平树，深度约为 4 层，即 $O(4)+O(1)$
②	定位 ID	$3 \times [O(\log N)+O(1)]$	通过索引定位复杂度为 $O(\log N)$，假设根据员工 ID 定位记录最低复杂度为 $O(1)$；该操作需要执行 3 次
③	定位部门	$3 \times [O(\log N)+O(1)]$	逻辑同上
④	数据组装	—	—
总计	—	$>O(35)$	—

表 3-4 的查询（时间）复杂度并没有考虑任何硬盘操作的物理延迟，或文件系统上的定位寻址的时间，实际的时间复杂度在这样简单的一个查询操作中，如果数据量在千万以上，可能会以分钟计。如果是更复杂的查询，涉及多表之间复杂的关联，则可能会造成多次扫表操作，试想在硬盘上这个操作的复杂度和时延会是何等量级。

如果用原生图的"近邻无索引"模式来完成以上查询，整个流程如图 3-10 所示。

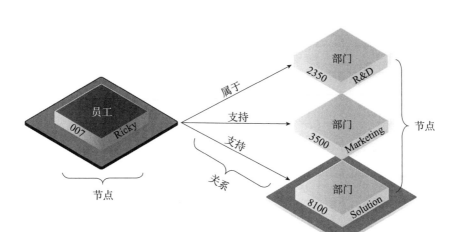

图 3-10　原生图查询逻辑示意图

原生图上的查询步骤细分如下：

①在图存储数据结构中定位员工。

②从该员工顶点出发，通过员工 - 部门关系，找到它所隶属的部门。

③返回员工、员工编号、部门、部门编号。

以上第①步定位的时间复杂度与非原生图（SQL）基本相当，但是第②步会有明显的缩短。因为近邻无索引的数据结构，员工顶点通过 3 条边直接链接到 3 个部门。如果 SQL 查询方式的最优解是 $O(35)$，原生图则可以做到 $O(8)$，分解如表 3-5 所示。

表 3-5　原生图查询（时间）复杂度

步骤编号	步骤描述	最低复杂度	注释
①	定位员工	$O(\log N)+O(1)$	假设索引逻辑同 SQL，$O(5)$
②	定位部门	$3O(1)$	因从员工到部门间的边（关联关系）采用近邻无索引结构，定位每个部门复杂度为 $O(1)$
③	数据组装	—	—
总计	—	$>O(8)$	

从以上例子可以看出，原生图与非原生图在时间复杂度上存在较大的性能差异。如表 3-6 所示，以较简单的一度（1-hop）查询为例，原生图比非原生图有 330% 的性能提升。如果是更为复杂、深度更大的查询，则会产生乘积的提升效果，也就是说，随着深度增加而性能差异指数级飙升。

表 3-6 非原生图与原生图性能落差示意

查询复杂度	非原生	原生	性能落差
0 层	$O(5)$	$O(5)$	0%
1 层	$O(35)$	$O(8)$	330%
2 层	$>>O(100)$	—	1000%（10 倍）
3 层	$>>O(330)$	—	3300%（33 倍）
5 层	无法返回	—	33 000%（330 倍）
8 层	无法返回	—	1 万倍以上
10 层	无法返回	—	10 万倍以上
20 层	无法返回	—	100 亿倍

那么，在原生图存储与计算的数据结构下，如果采用顶点 ID 与属性一体化的设计，可以把所有的顶点（含属性）看作一张大表（Map 或类似的复合型数据结构），如表 3-7 所示。当然，顶点及其属性也可以分离存储，这样处理的优点在于，一方面，分离意味着以顶点 ID 为骨架的数据结构非常精简，可以获得极高的索引加速、读写加速的效果；另一方面，属性因为可能有很多个（列），分离后更方便在分布式架构中以分布式的方法存放，如以多文件、多实例多文件等方式存放，以此获得更高的并发写入速度。缺点在于增加了额外的寻址、跳转等操作的耗时，以及数据结构与架构的整体设计的复杂度。

表 3-7 原生图元数据（实体）存储结构

顶点	属性 1	属性 2	属性 3	……
顶点 1	属性值	属性值	属性值	……
顶点 2	属性值	属性值	……	……
顶点 3	属性值	……	……	……
……	……	……	……	……
顶点 N	属性值	……	……	……

边及其属性也可以用类似的逻辑，无论是整体存储还是分离存储。边的存储比顶点存储更复杂的地方在于，边的属性设计更为复杂（表 3-8），我们可能需要考虑如下几点：

❑ 边是否需要方向？

❑ 边的方向如何表达？

❑ 边的起点和终点如何表达？

❑　边能否关联多个起点或多个终点？

❑　边为什么需要其他属性？

表 3-8　原生图元数据（关系）存储结构

边	属性 1	属性 2	属性 3	……
边 1	属性值	属性值	属性值	……
边 2	属性值	属性值	……	……
边 3	属性值	……	……	……
……	……	……	……	……
边 N	属性值			

以上问题没有唯一的标准答案。例如边的方向问题，我们可以通过在一条以行存储模式（Row-store）连续存储的边记录中向后放置起点 ID 与终点 ID 的方式来表达边的方向。当然，这个问题很快就会触发另一个问题，如何表达反向边（逆边）的概念？这是图计算、图数据库的存储与计算中一个非常重要的概念。假设我们在记录中存放了一条如下的边：

边 ID	起点 ID	终点 ID	其他属性	其他属性……

当我们通过索引加速数据结构找到边 ID 或起点 ID 时，我们可以顺序读取其后的终点 ID，然后在图中继续进行遍历查询。但是，如果我们先找到终点 ID 时，如何反向（逆向）读取到起点 ID 来同样地进行遍历查询呢？这个问题的答案也不止一个，我们可以设计不同类型的数据结构来解决，例如，在边记录中设置一个边方向标识属性，然后每一条边记录会正反方向各存储一遍：

边 ID-X	点 A	点 B	边方向标识	其他属性……
边 ID-Y	点 B	点 A	边方向标识	其他属性……

当然，还有其他很多种解决方案，例如以顶点为中心的方式存储，包含点自身的属性，以及与它关联的顶点及属性的序列，这种方式同样也可以被看作近邻无索引存储，并且不再需要设置单独的边数据结构了。这种方式的优缺点不在此展开论述，有兴趣的读者可以进行独立的延展分析。

反之，我们也可以以边为中心设计存储数据结构。实际上这种结构在学术界和社交网络图分析中非常常见，例如 Twitter 用户之间的关系网络仅使用一个边文件即可表达，文件中的每一行的记录仅两列，其中第一列为起点，第二列为终点，每一行的记录表达为第二列用户关注第一列用户，如表3-9所示。

表 3-9 边中心存储结构（以 Twitter 用户之间的关系网络为例）

用户 1	用户 2
用户 1	用户 3
用户 1	用户 10
用户 2	用户 3
用户 2	用户 5
用户 3	用户 7
用户 5	用户 1
用户 10	用户 6
……	……

在表3-9的基础上，每一行记录的存储逻辑可以得到大幅扩展，例如加入边的唯一ID来进行全局索引定位，加入更多的边的属性，加入边的方向，或者以自动扩展的方式对每一条原始的表达关注关系的边自动增加一条反向的表达被关注关系的边。

在表3-7所表达的顶点实体列表中，细心的读者一定会提出一个问题：如何存放异构类型的实体（顶点）数据？因为在传统的数据中，不同类型的实体会以不同的表的形式聚合，如我们之前讨论的员工表、部门表、公司实体表，以及不同实体间的关联关系映射表等。在图数据库的存储逻辑中，异构的数据（以实体或关系为例）通过定义Schema可以很好地对数据进行结构化区分，进而能够实现查询加速。如果不支持Schema（比如图数据库Neo4j就并不支持Schema，它是通过一种类似于标签的方式来实现数据类型结构化的），那么所有的数据就只能通过属性字段来区分。尽管图数据库经常被归类为NoSQL类型的数据库，并且NoSQL的特点之一就是支持Schema-free，但是从数据分类管理以及查询效率的角度上看，定义Schema是有其积极意义的，因此也会产生一种兼容并蓄的设计实现方式，例如嬴图数据库通过Demi-schema来同时支持Schema或Schema-free。

3.3 并发设计与加速

在高性能云计算环境下，通过并发计算可以获得更高的系统吞吐率，这也意味着底层的数据结构是支持并发的，并且能利用多核 CPU、每核多线程，并能利用多机协同，针对一个逻辑上的大数据集进行并发处理。传统的哈希实现几乎都是单线程、单任务的，意味着它们采用的是阻塞式设计，第二个线程或任务如果试图访问同一个资源池，它会被阻塞而等待，以至于无法（实时）完成任务。

在 3.2.2 节中提及的单写单读类型的哈希 Map 数据结构向前进化，很自然的一个小目标是单写多读，我们称为 single-writer-multiple-reader 的并发哈希，它允许多个读线程去访问同一个资源池里的关键区域。当然，这种设计只允许任何时刻最多存在一个写的线程。

在单写多读的设计实现中，通常会使用一些技术手段，比如下面几种。

- ❏ Versioning：版本号记录。
- ❏ RCU（Read-Copy-Update）：读 - 复制 - 更新。
- ❏ Open-Addressing：开放式寻址。

在 Linux 操作系统的内核中首先使用了 RCU 技术来支持多读。在 MemC3/Cuckoo 哈希实现中则使用了开放式寻址技术，如图 3-11、图 3-12 所示。

沿着上面的思路继续向前迭代，我们当然希望可以实现"多读 - 多写"这种真正意义上的高并发数据结构。但是，这个愿景似乎与 ACID（数据强一致性）的要求相违背——在商用场景中，多个任务或线程在同一时间对同一个数据进行写、读等操作可能造成数据不一致而导致混乱的问题。下面把以上的挑战和问题细化后逐一解决。

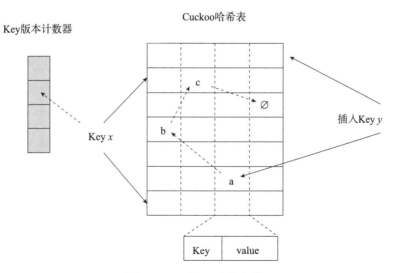

图 3-11　Cuckoo 哈希实现

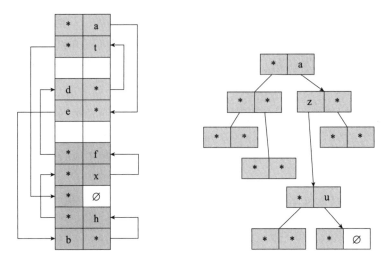

图 3-12　随机放置与基于 BFS 的双向集合关联式哈希

实现可扩展的高并发哈希数据结构需要克服上面提到的几个主要问题：

❑　无阻塞或无锁式设计。
❑　精细颗粒度的访问控制。

要突破并实现上面提到的两条（两者都和并发访问控制高度相关），有如下要点需要考虑。

1）核心区域（访问控制）。

❑　大小：保持足够小。
❑　执行时间（占用时间）：保持足够短。

2）通用数据访问。

❑　避免不必要的访问。
❑　避免无意识的访问。

3）并发控制。

❑　精细颗粒度的锁实现：例如 lock-striping（条纹锁）。
❑　推测式上锁机制：例如交易过程中的合并锁机制（Transactional Lock Elision）。

对于一个高并发系统而言，它通常至少包含如下三套机制协同工作才能实现充分并发，此三者在图数据库、图计算与存储引擎系统的设计中更是缺一不可。

　　❑　并发的基础架构。

　　❑　并发的数据结构。

　　❑　并发的算法实现。

　　并发的基础架构包含硬件和软件的基础架构，例如英特尔的中央处理器的 TSX（Transactional Synchronization Extension，交易同步扩展）功能是硬件级别的在英特尔 64 位架构上的交易型内存支持。在软件层面，应用程序可以将一段代码声明为一笔交易，而在这段代码执行期间的操作为原子操作。像 TSX 这样的功能可以实现平均达到 140% 的性能加速。这也是英特尔推出的相对于其他 X86 架构处理器的一种竞争优势。当然，这种硬件功能对于代码而言不完全是透明的，它在一定程度上也增加了编程的复杂度和程序的跨平台迁移复杂度。此外，软件层面更多考量的是操作系统本身对于高并发的支持，通常我们认为 Linux 操作系统在内核到库级别对于并发的支持要好于 Windows 操作系统，尽管这个并不绝对，但很多底层软件实现（如虚拟化、容器等）降低了上层应用程序对底层硬件的依赖。

　　有了并发的数据结构，在代码编程层面，依然需要设计代码逻辑、算法逻辑来充分利用和释放并发的数据处理能力。特别是对于图数据集和图数据结构而言，并发对程序员来说是一种思路的转变，充分利用并发的能力，在同样的硬件资源基础、同样的数据结构基础、同样的编程语言实现上，性能可能会获得成百上千倍的提升，永远不要忽略并发图计算的意义和价值。

　　图 3-13 展示了在赢图数据库上，通过高并发架构、数据结构设计实现的 k 邻查询的性能。图 3-13 中的数据集有千万级的点、边，且为点、边数量比约 1∶8 的全连通图（仅存在一个连通分量），在 3 层以下从任意点出发的平均 k 邻计算耗时都在微秒级（<1ms），3～6 层耗时在 200ms 以内，7～17 层耗时稳定在 200～250ms 以内，全图最大深度（最长的最短路径）为 17 层。需要注意的是，按照 k 邻遍历的逻辑，在图上遍历每深一层的理论复杂度增大 8 倍（点边比），然而通过高并发及动态剪枝，可以实现耗时随深度亚线性增加的效果。

　　在商用场景中，图的大小通常在百万、千万、亿、十亿以上的数量级，而学术界中用于发表论文的图数据集经常仅在百、千、万的数量级，两者之间存在着由量变到质变的区别，特别对于算法复杂度和数据结构的并发驾驭能力而言，读者需要注意区分和甄别。以 Dijkstra 最短路径算法为例，它的原生算法完全是串行的，在小图中或许还可以通过对全图进行全量计算来实现，在大图上则完全不具有可行性。类似地，鲁汶社区识别的原始算法是通过 C++ 代码串行实现的，但是对于一张百万以上量级的点、边规模的图数据集，如果用串行的方法迭代 5 次，使得模块度达到 0.0001 后才停止迭代，可能需要数个小时或者 $T+1$，甚至更长的时间（如 $T+2$、$T+7$）。

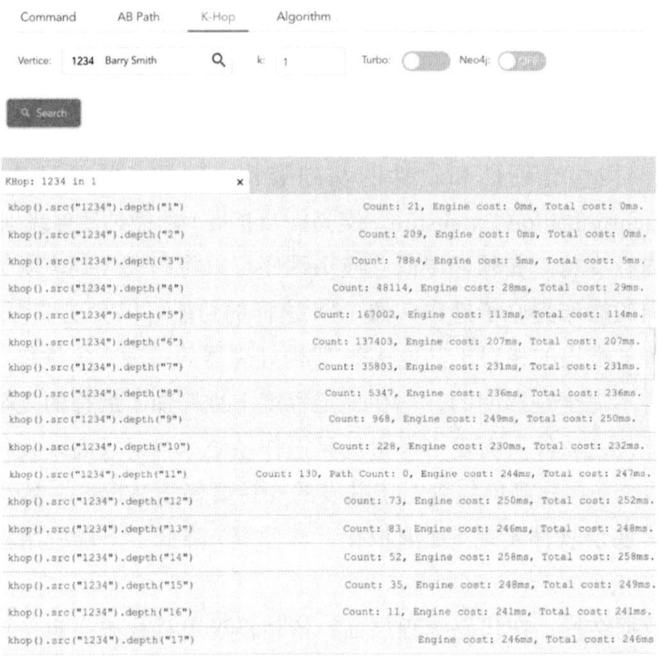

图 3-13　基于嬴图高密度并发图计算实现的实时深度图遍历

图 3-14 展示的是在一个 700 万的"点＋边"规模且高连通的图数据集上，通过高密度并发实现的鲁汶社区识别算法的运行效果，均在毫秒级完成鲁汶社区识别算法的全量数据的迭代运算（Engine Time），且 1～2s 内完成数据库回写以及磁盘结果文件回写等一系列复杂操作（Total Time）。

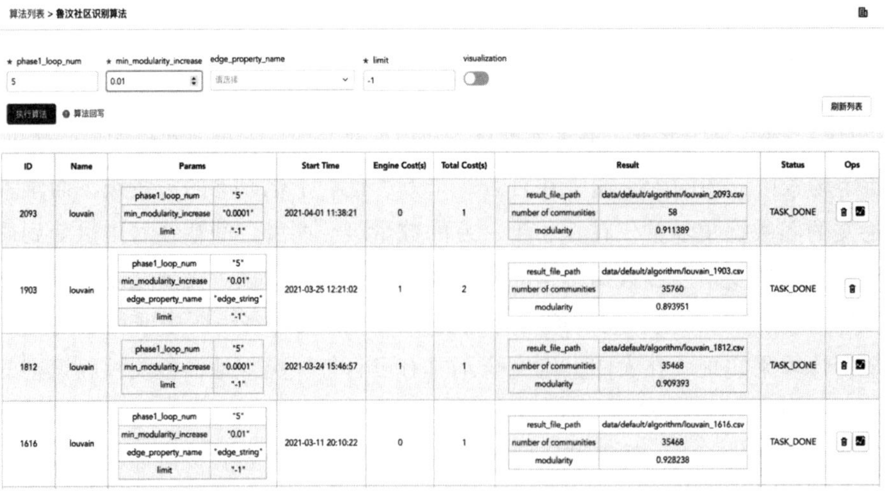

图 3-14　鲁汶社区识别算法

表 3-10 很好地示意了不同版本的系统进行矩阵乘法的速度比较，是两位图灵奖获得者大卫·帕特森（David Patterson）与约翰·轩尼诗（John Hennessey）于 2018 年在图灵会议的演讲中所展示的：

表 3-10　用不同版本的系统进行矩阵乘法的速度比较

系统版本（18 核 Intel）	速度提升倍数	优化项
Python	1	—
C/C++	47	使用了静态、编译后的语言
并行 C/C++	366	进行了并发处理
内存优化、并行的 C/C++	6727	进行了并发处理、内存访问
AVX 指令集	62 806	使用了特定领域的硬件

❑　以基于 Python 实现的系统的数据处理速度为基准。

❑　C/C++ 系统的处理速度为其 47 倍。

❑　并发实现的 C/C++ 系统的处理速度为其 366 倍。

❑　增加了内存访问优化的、并发实现的 C/C++ 系统的处理速度为其 6727 倍。

❑　利用了 X86 CPU 的 AVX(高级向量扩展) 指令集的系统的处理速度为其 62 806 倍。

回顾前面的鲁汶社区识别算法，如果从 $T+1$（约 100 000s），提升 6 万倍的性能，就可以实现完全实时（约 1.7s）。这种指数级的性能提升与耗时的相应减少所带来的商业价值是不言而喻的。

图 3-15 形象地解析了如何在图中实现 BFS 算法并发。以基于 BFS 的 k 邻算法为例，为读者解读如何实现高并发。

1）在图中定位起始顶点（图中的中心顶点 A），计算其直接关联的具有唯一性的邻居数量。如果 $k=1$，直接返回邻居数量；否则，执行下一步。

2）$k \geqslant 2$，确定参与并发计算的资源量，并根据第一步中返回的邻居数量决定每个并发线程（任务）所需处理的任务量大小，进入下一步。

3）每个任务进一步以分而治之的方式，计算当前面对的（被分配）顶点的邻居数量，以递归的方式前进，直到满足深度为 k 或者无新的邻居顶点可以被返回而退出，结束。

基于以上的算法描述，我们再来回顾一下图 3-13 中的实现效果，当 k 邻计算深度为 1～2 层的时候，内存计算引擎在微秒级内完成计算。从第 3 层开始，返回的邻居数量呈现指数级快速上涨（2-Hop 邻居数量约为 200，3-Hop 邻居数量约为 8000，4-Hop 邻居数量接

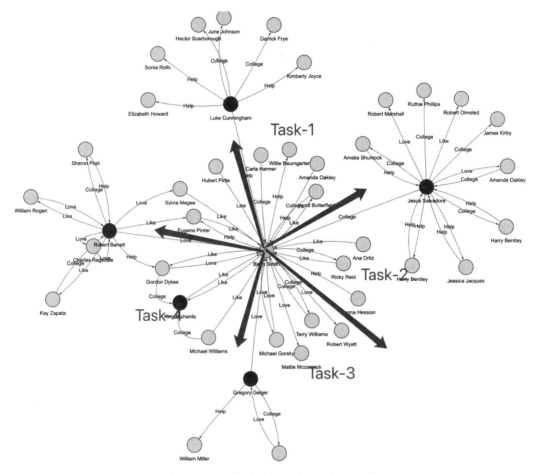

图 3-15 *k* 邻算法并发实现的逻辑示意图

近 5 万）的趋势，这就意味着计算复杂度也等比上涨。但是，通过饱满的并发操作，系统延时保持在了相对低的水平，并呈现了线性甚至亚线性的增长趋势（而不是指数级增长趋势），特别是在搜索深度为 6～17 层的区间内，系统延时几乎稳定在约 200ms。第 17 层返回的邻居数量为 0，由于此时全图（连通子图）已经遍历完毕，没有找到任何深度达到 17 层的顶点邻居，因此返回结果集合大小为 0。

如果我们做一个 1∶1 的对标，同样的数据集在同样硬件配置的公有云服务器上用经典的图数据库 Neo4j 来做同样的 *k* 邻操作，效果如下。

❑ 1-Hop：约 200ms，比赢图慢了 1000 倍。

❑ 从 5-Hop 开始，几乎无法实时返回（系统内存资源耗尽前未能返回结果）。

□　*k* 邻操作的结果默认情况下没有去重，有大量重复邻居顶点在结果集中。
□　随着搜索深度的增加，返回时间和系统消耗呈现指数级（超线性）增长趋势。
□　最大并发为 400%（4 线程并发），远低于赢图的 6400% 并发规模。

基于 Neo4j 的实验（图 3-16）只进行到 7-Hop 后就不得不终止了，因为 7 跳的时候系统耗时超过 10s，从 8 跳开始 Neo4j 几乎不可能返回结果。而最大的问题是计算结果并不正确，这种不正确包含两个维度：重复顶点未被去重、顶点深度计算错误。

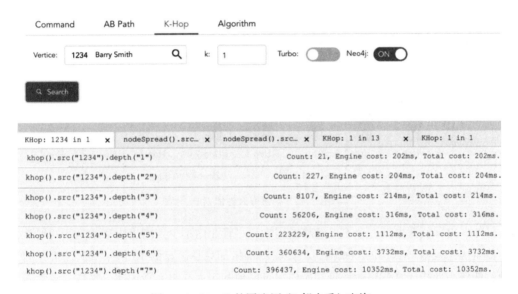

图 3-16　Neo4j 的图遍历（*k* 邻去重）查询

k-Hop 中返回的应该是最短路径条件下的邻居，那么在第一层中已经被返回的顶点不可能也不应该出现在第二层、第三层或其他层级的邻居列表中。目前市场上的一些图数据库产品在 *k*-Hop 的实现中并没有完全遵循 BFS 的原则（或者是实现算法的代码逻辑存在错误），也没有实现去重，甚至没有办法返回（任意深度）全部的邻居。

在更大的数据集中，例如 Twitter 的 15 亿条边、6000 万顶点、26GB 大小的社交数据集中，*k*-Hop 操作的挑战更大，已知的很多开源甚至商业化的图数据库都无法在其上完成深度（≥3）的 *k*-Hop 查询。

图 3-17 中列出了两款图数据库在运行图查询时随探索深度增加而体现出的性能差异。

到这里，我们来总结一下图数据结构的演化：更高的吞吐率可以通过更高的并发来实现，而这可以贯穿整个数据的全生命周期，如数据导入和加载、数据转换、数据计算（无论是 *k* 邻、路径还是其他）以及基于批处理的操作、图算法等。

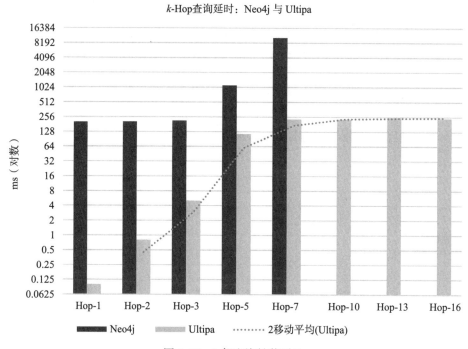

图 3-17　k 邻查询性能对比

　　另外，内存消耗也是一个不可忽略的因素，尽管业内不少人指出内存就是新的硬盘，它的性能是固态硬盘或磁盘的 100 倍，但是它的价格却只是硬盘的 10 倍——从性价比的角度来看，任何高性能计算范畴的场景都应该尽可能地利用内存来实现加速。当然，它并不是没有成本的，因此，谨慎使用内存是必要的。减少内存消耗的策略有：基于数据加速的数据建模；数据压缩与数据去重；在算法实现与编程中避免过多的数据膨胀、数据复制等。

第 4 章 *Chapter 4*

中心性算法

在图论和网络分析中，中心性（Centrality）是用于节点（或边）排序的重要指标之一，排序的依据就是其重要性或中心性。中心性算法常用来回答诸如"图中哪些节点最为重要""哪些节点处于网络中的关键位置"等问题。对于重要性的评判，中心性算法囊括了很多数学指标，每种指标从不同角度描述节点（或边）在网络中所起的作用。中心性算法早期应用和发展于社交网络分析，后来被广泛应用到更多的领域。出于历史原因，大部分中心性算法分析的对象是图中的节点（边作为一种比顶点更复杂的数据结构，在相当长的时间，并没有得到对等的重视，因此面向边的中心性算法较少），本章我们将介绍一些常用的中心性度量标准。

4.1　节点度中心性

4.1.1　算法历史和原理

最早出现的中心性度量标准就是节点度，我们一般将节点度简称为度（Degree）。

度是图论中的一个基本概念，是指与一个节点直接相连的边的数量。如图 4-1 所示，节点 A、B、C、D、E 的度分别为 2、4、4、2、0。其中，节点 B 有一条自环边（Self-loop Edge），自环边与节点相连两次，因此在计算度的时候，每条自环边算两次。尽管实际应用中自环边并不十分常见，但读者也应了解如何处理这种特殊情况。节点 E 是一个孤点

（Lonely Node 或 Isolated Node），没有任何边与之相连，因此它的度为 0。在进行网络分析时，有时数据科学家会先拿掉图中的孤点或度比较小的节点以排除噪声，因为它们对于网络的影响力通常非常小。度的概念在不同的网络中具有不同的实际意义。例如，在社交网络中，节点代表人，边代表朋友关系，度就表示一个人的朋友数量；在航线交通网络中，节点代表城市，边代表两个城市之间有通航（边的权重值可以用来表达距离，等等），度就表示从某城市可直达多少个其他城市。

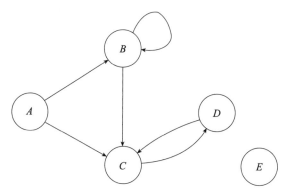

图 4-1　度的计算

细心的读者很快发现，图 4-1 中的边是有方向的，当我们区分边的方向时，度可进一步细分为入度（以节点为起点的边的数量）与出度（以节点为终点的边的数量）。那么，图 4-1 中节点 A、B、C、D、E 的入度分别为 0、2、3、1、0，出度分别为 2、2、1、1、0（此时节点 B 的自环边算作一条入边和一条出边）。不难看出，每个节点入度与出度的和即为度。区分方向有时是必需的，例如在一个存在"关注"关系的社交网络中，用户的入度与出度即粉丝数与关注的人数，显然前者才是判断用户影响力的硬核指标。

早在图论的肇始——哥尼斯堡七桥问题中，欧拉就用到了度的概念。欧拉证明从任意顶点出发，如果要经过每条边一次并回到原点，连接每个顶点的边的数量（度）一定得是偶数。感兴趣的读者可以回顾第 1 章中的图 1-10，抽象图中所有顶点的度均为奇数。

在同一篇论文中，欧拉还证明了著名的握手引理（Handshaking Lemma）——在有限的无向图中，所有顶点的度之和等于边的数量的 2 倍。这个理论很容易理解，因为每条边都与两个顶点相连（自环边与同一顶点相连 2 次），产生 2 个度，就像必须要有两只手的参与，才能完成握手这个动作一样。

请看图 4-2，图中边的粗细表示边权重（Edge Weight）的大小。在复杂网络中，边权重表示节点之间相互关系的强弱，通常是一个大于 0 的数字，其值存储在边的某一属性中。如此我们得到节点度的另一种分类——加权度（Weighted Degree）和未加权度（Unweighted Degree）。顾名思义，加权度在计算时不仅要考虑边的数量，也要兼顾边的权重。我们规定

图 4-2 中节点 *A*、*B* 之间的边的权重为 5，其余边
的权重为 1，则节点 *A*、*B*、*C*、*D* 的加权度分别
为 6、6、1、3。节点的加权度通常也称为节点权
重（Node Weight），即与节点相连的所有边的权
重之和。

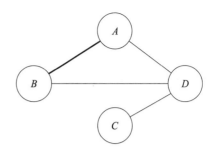

节点度中心性（Degree Centrality）算法根据
节点度的大小来描述节点的重要性，一般认为度
越大的节点对网络的影响也越大。由所有节点的

图 4-2　加权度的计算

度的大小构成的度的分布（Degree Distribution）也常用来表征网络结构的特性。例如，无
标度网络（Scale-free Network）的度分布（即对复杂网络中节点度数的总体描述）就服从幂
律分布 ⊖（Power-law Distribution），如图 4-3 所示，即大多数节点的度很小，而少部分节点
的度很大。这种结构的网络既脆弱又健壮：脆弱之处在于，一旦枢纽（Hub）节点被攻击，
影响面甚广；而健壮性在于，从概率的角度来看，枢纽节点出问题的可能性很小，而某个
随机节点的影响力甚微。

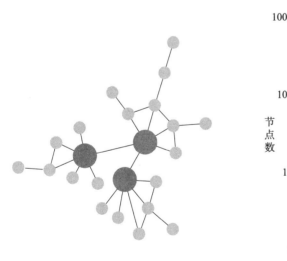

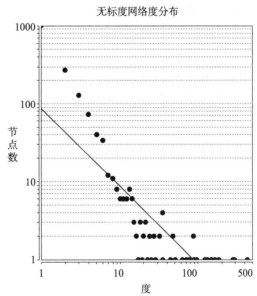

图 4-3　无标度网络及其度分布

⊖　幂律分布：指某个具有分布性质的变量，其分布密度函数是幂函数的分布。统计物理学家习惯于把服从
　　幂律分布的现象称为无标度现象。

4.1.2 算法复杂度与算法参数

1. 算法复杂度

节点度是面向节点的浅层（≤1层）计算，该算法的时间复杂度取决于两点：一是具体的数据结构，二是并发实现的逻辑与效果。如果我们可以实现所有节点的全部邻边都以近邻无索引的方式存储，则获取任一节点的全部邻居（遍历其邻边）的复杂度为 $O(|E|/|V|)$，假设 $|E|$ 为全图边的数量，$|V|$ 为全图节点的数量，则 $|E|/|V|$ 为平均每个节点的邻边的数量。那么，遍历全图所有节点的度的计算复杂度则为 $O(|E|)$。在具体实现中，如果可以通过并发计算来进行加速，假设 64 个线程并发计算全图的度，则算法运行时间理论上可以缩短至原来的 1/64。

在节点度的计算过程中，因为算法一般直接输出节点度的数值作为结果，并不需要关注具体的邻居节点或边的细节信息，因此该算法的计算逻辑可以进一步简化——从任意一个节点出发，其全部邻居的存储空间的占用在当前时点是确定的，可以以 $O(1)$ 的时间复杂度获得，因此在实际的全图节点度的计算过程中的耗时可以达到 $O(|V|/|P|)$，假设 P 为并发规模，也就是说即便是 10 亿量级的数据集，也可以在亚秒级至秒级完成度的统计计算。

关于本算法的结果一致性，只要数据集未产生动态变化，计算结果就是确定的、唯一的，即任何两次计算的结果应该是相等的、不变的。在性能评测过程中，为了确保度计算的结果不是预先计算并缓存的，可以通过动态改变某个（或多个）节点的邻居结构，并再次运行该算法以检验结果是否正确变化，来判断是否存在作弊的情形，如图 4-4 所示。

图 4-4　全图节点度计算（通过可编辑命令行运行度算法）

2. 算法参数

节点度中心性算法的常用参数见表 4-1。

表 4-1　节点度中心性算法的常用参数

名称	规范	描述
节点 ID（ids）	节点的 ID 列表	指定待计算的节点；忽略表示计算全部节点
边权重（weight）	边权重名称	指定一个或多个边属性作为边权重，指定多个属性表示将这些属性的值相加作为边的权重；忽略表示不加权
方向（direction）	入（in）或出（out）	指定边的方向；忽略表示忽略方向

4.1.3　行业应用：零售信贷消费预测

网络通常是不断变化的，新的节点加入产生新的连接，旧节点之间的连接也可能会增加或减少，节点与网络相互影响和演化。因此，节点的度中心性也是不断改变的。

单个节点的中心性的变化可以反映该实体的用户行为的改变，而全图的中心性的变化（如平均值、中间值、方差等的增多或减少）则可以反映某种全局性的变化。

比较典型的行业应用有信用卡消费预测。传统意义上的信用卡消费预测一般采用特征工程（即机器学习），但是存在 3 个典型的挑战：一是效率低；二是预测误差大；三是可解释性差。

效率低主要体现在预测未来某个时间段内（例如下个月）的消费总额上，但是因为机器学习的数据采样与训练时间动辄以周为单位进行，所以经常无法在限定时间内完成预测，进而导致只能降低采集的数据精度和维度，从而使得预测的误差进一步增大。

预测误差的一个主要问题是，机器学习所采用的算法与逻辑基本上忽略了用户行为，它单纯地、暴力地使用特征值都是元数据的属性值，即低维（0 维）数据特征，而不会沿数据间的关联关系延展特征的分析，用这样的低维度数据再进行训练，在面对实际数据时的误差难免会飘忽不定。

可解释性指的是通过特征工程所形成的一些参数（系数），会作为入参进行多元多次方程运算，这些参数本身的含义的可解释性差，例如下面的方程中入参 a、b、c、d 与最终的函数 $f()$ 之间的关联关系并不具备直观性、可解释性。

$$f(x, y, z, \cdots) = a + bx^1 + cy^2 + dz^3 + \cdots$$

引入高性能图算法以及图计算可以有针对性地解决基于机器学习的特征工程的以上三大挑战，并实现效率大幅提升，预测精确度大幅提升（数据建模逻辑清晰，更直接反映真实世界场景与需求），以及算法的可解释性好。

效率提升主要体现在两点：一是数据采样与训练的过程中，数据建模以及 ETL 速度大幅提升；二是图算法的运行耗时短。

　　第一点指的是在信用卡消费预测中，数据建模只依赖信用卡交易数据，该交易数据本身是异构类型数据，交易对手为商家与信用卡持有者，它们是两类实体，交易作为关系。以上实体与关系分别有一些属性字段，如卡类型、开卡时间、交易时间、交易金额、交易环境信息等。一旦以上交易数据的关联关系模型确定，从数仓或指定的数据源中可以快速、按需或定时地抽取数据，导入图数据库进行处理。以每个月全量的信用卡交易数据量有 10 亿为一个数据集，假设平均每秒导入 20 万条交易，则每导入 1 个月的全量数据所需时间为 5000s（约 1.5h）。

　　第二点是图算法的运行时间，以带边权重的全图节点度算法为例，通过最大化并发，10 亿个数据的数据集的度算法运行的耗时在秒级（以嬴图实时图数据库为例，平均每秒可以实现约 10 亿个点、边的遍历）。相比于数据 ETL 时间，此类低复杂度算法的运行时间可忽略不计。如果进一步抽样数据，减少全量数据的规模，则 ETL 的时间会相应地线性缩短，或可进一步降低耗时并提升效率。

　　预测精确度提升的关键在于数据建模的逻辑，该数据集是否直接反映的是用户行为，即网络化的交易行为，如果数据集是一个月的全量信用卡交易数据，其中边的交易金额作为度计算的权重，那么计量带权重的全图度中心性，得到的是当月全部交易总额的 2 倍（因为每条边及权重会被两次计量，如果只取一次，则需要按照某个单一方向进行度中心性计量）。用该总额数据除以全部顶点数量，则可近似地得出每个用户的当月平均消费金额（实际的金额还需要扣除其中的商户类型节点，因此也会稍高一些，但是因为商户数要远少于卡数，可以忽略不计）。交易总额除以交易笔数（全部边的数量）即为平均每笔信用卡交易的金额。通过度中心性计算出的结果（及其变种），结合其他图算法（例如 PageRank、社区识别等算法）的结果，可以作为入参提供给下游的特征工程——显然，这些参数本身的获取过程都是相对白盒化、可解释的。在实操过程中，也会让预测的精确度获得大幅提升。

　　以某商业银行信用卡消费预测为例，在没有引入图特征算法之前，误差经常在 1%～2%，业务部门希望误差可以降低到 0.5%～1%，通过多种图算法在用户交易行为数据集上运行，误差大幅下降了 50%，且预测耗时大幅降低，从之前的 $T+N$ 有效降低到 $T+0$。

4.2　接近中心性

4.2.1　算法历史和原理

　　接近中心性（Closeness Centrality）的原始概念是美国心理学家巴维拉斯（Alex

Bavelas）于 1950 年提出的。图中一个点 x 的接近中心性可表示为 $CC(x) = \dfrac{1}{\sum_y d(x,y)}$，其中 $d(x,y)$ 表示点 x 与点 y 之间的最短距离，分母中包含一个求和符号，因此一个节点的接近中心性就是该点与图中所有其他节点的距离之和的倒数，是一个 0 到 1 之间的值。距离意味着远近，距离越小，其倒数越大，表示越"接近"。接近中心性有时也被称作邻近中心性、紧密中心性。

　　计算接近中心性的主要目的是找出两点之间的最短路径（Shortest Path）并计算其长度。如果不考虑边权重（相当于所有的边权重值为 1），最短路径是指所经过的边数最少的路径；考虑边权重的话，最短路径是指所经过的边的权重之和最小的路径（仅考虑权重值大于等于 0 的情况）。我们尝试计算无向加权图 4-5 中点 B 的接近中心性，边上的数字就是边的权重值：B、A 两点间的最短距离为 1.5（注意不是 2），B、C 和 B、D 间的最短距离分别为 0.5 和 2，因此点 B 的接近中心性为 $CC(B) = \dfrac{1}{1.5 + 0.5 + 2} = 0.25$。

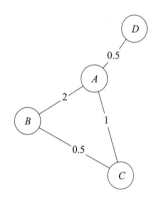

图 4-5　一个无向加权图

　　事实上，现在用得更为普遍的接近中心性的公式为 $CC(x) = \dfrac{N-1}{\sum_y d(x,y)}$，分子中的 N 是图中节点的数量，取 $N-1$ 是因为每个点都可与图中其他点组合形成 $N-1$ 个点对。$\dfrac{\sum_y d(x,y)}{N-1}$ 实际上代表某点到其他所有节点距离的算术平均数，接近中心性取其倒数从而对结果进行归一化处理，使结果落在 [0,1] 的范围内。按照这个公式，图 4-4 中点 B 的接近中心性为 $CC(B) = \dfrac{4-1}{1.5 + 0.5 + 2} = 0.75$。

　　在一些场景中，我们可能需要考虑边的方向，就是计算入接近中心性（In-closeness Centrality）或出接近中心性（Out-closeness Centrality）。如图 4-6 所示，点 B 出方向的接近中心性为 $CC(B) = \dfrac{4-1}{2 + 0.5 + 2.5} = 0.6$，读者可自行验证。值得注意的是，考虑方向时，最短路径上的每条边都必须是同一方向。

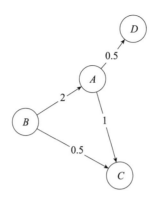

图 4-6   一个有向加权图

接近中心性算法的限制在于，如果图是不连通的，即存在孤点或多个连通分量，计算结果将不再准确。这是因为不连通性会造成两点之间的距离无法计算或无穷大，接近中心性取倒数后，其值则无限逼近 0。因此，在实际应用接近中心性算法前，读者应先了解图的结构，保证图是连通的，或者使用后来专门针对这一问题提出的调和中心性（Harmonic

Centrality）算法——调和中心性算法取所有距离的调和平均数的倒数，即 $H(x) = \dfrac{\sum_y \dfrac{1}{d(x,y)}}{N-1}$。

调和中心性很好地规避了距离无限大的情况，因为当 $d(x,y)$ 无穷大时，$\dfrac{1}{d(x,y)} = 0$。

4.2.2 算法复杂度与算法参数

1. 算法复杂度

由于需要计算从某个点出发到全图所有点的最短路径，接近中心性算法的计算复杂度非常高，会消耗较多的计算资源，其复杂度可能超过 $O(VE)$，V 为图中点的数量，E 为边的数量。

该算法相当于要计算从任一顶点出发到其余所有顶点（$N-1$ 个）集合的最短路径，假设平均最短路径为 k 步，则平均算法复杂度为 $O((|E| \div |V|^k \times (|V|-1))$。显然，在超过万级的点、边规模的图中计算资源消耗非常多，在实际工业化应用场景中几乎没有直接进行接近中心性计算的。

因此，近年来有一些快速估算节点接近中心性的算法被提出，旨在根据接近中心性的大小对节点进行排序，而非准确地计算出接近中心性的分值。即使在很大的图中，近似算法通常也能获得实时或近实时的计算结果。当然，因为采用的是近似算法，会造成结果值并非精确结果，会产生一定的浮动。

2. 算法参数

经典的接近中心性算法的常用参数见表 4-2。

表 4-2 接近中心性算法的常用参数

名称	规范	描述
节点 ID（ids）	节点的 ID 列表	指定待计算的节点；忽略表示计算全部节点
边权重（weight）	边权重名称	指定一个或多个边属性作为边权重，指定多个属性表示将这些属性的值相加作为边的权重；忽略表示不加权
方向（direction）	入（in）或出（out）	指定边的方向；忽略表示忽略方向

4.2.3 行业应用：功能性场所选址

接近中心性可谓是一个比较"宏观"的指标了，因为它考虑了从一个点出发到全图每个节点的距离，能反映节点触达其他节点的能力。

因此，当我们需要选择节点来提供服务、作为中转或枢纽时，会优先考虑接近中心性较高的节点。但需要注意的是，接近中心性假设网络中存在的传播行为总是沿着最短路径进行，当然这符合我们的成本最低、速度最快的要求。

在图 4-7 表示的物流配送示意图中，节点表示位置（配送地或集散中心），边表示配送路线，边带有的距离属性作为权重。物流公司为集散中心选址时可以使用节点的接近中心性作为重要参考，以此达到节约配送成本的目的。

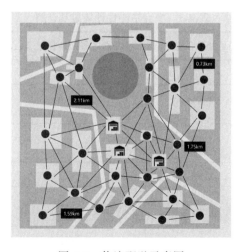

图 4-7 物流配送示意图

4.3 中介中心性

4.3.1 算法历史和原理

中介中心性（Betweenness Centrality）衡量节点处于其他任意两点间最短路径之中的概率，有时也称为介数中心性、中间中心性。1977 年，美国社会学家林顿·C. 弗里曼（Linton C. Freeman）首次正式给出了中介中心性的定义。

我们一起计算图 4-8 中点 C 的中介中心性。顾名思义，"中介"一词意味着非起点、非终点。因此，要计算点 C 的中介中心性，需考虑除 C 外所有点对点的最短路径。如表 4-3 所示，如果不考虑方向，这样的点对有 6 对。更一般地，对于有 N 个节点的无向图，存在 $(N-1)(N-2)/2$ 个点对；而对于有向图，则需考虑 $(N-1)(N-2)$ 个点对。接着，列出每个点对的所有最短路径，有些点对之间有不止一条最短路

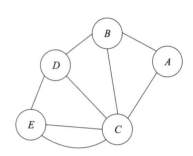

图 4-8　计算中介中心性

径，它们的长度都一样，但会经过不同的点、边，我们用 σ_{ij} 表示任意两点之间最短路径的数量。然后，数一数每对节点的最短路径中有几条经过目标节点 C，并记为 $\sigma_{ij}(C)$，点 C 出现在每对节点的最短路径上的概率即可表示为 $\dfrac{\sigma_{ij}(C)}{\sigma_{ij}}$。

表 4-3　中介中心性计算过程详解

点对	最短路径	最短路径数 σ_{ij}	经过 C 的最短路径数 $\sigma_{ij}(C)$	最短路径经过 C 的概率
AB	$A—B$	1	0	0
AD	$A—B—D$ $A—C—D$	2	1	$\dfrac{1}{2}$
AE	$A—C—E$ $A—C—E$	2	2	1
BD	$B—D$	1	0	0
BE	$B—C—E$ $B—C—E$ $B—D—E$	3	2	$\dfrac{2}{3}$
DE	$D—E$	1	0	0

图中任意点 v 的中介中心性可用如下公式表示，即该点经过其他各点间最短路径的概率之和：

$$BC(v) = \sum_{i \neq j \neq v} \frac{\sigma_{ij}(v)}{\sigma_{ij}}$$

更常见的做法是，对上式进行归一化处理，使用除目标节点外的点对总数作为归一化因子，因此，对于无向图，点 v 的中介中心性计算公式为：

$$BC(v) = \frac{\sum_{i \neq j \neq v} \frac{\sigma_{ij}(v)}{\sigma_{ij}}}{(N-1)(N-2)/2}$$

将数值代入上式，可得图 4-8 中点 C 的中介中心性为 $\left(\frac{1}{2} + 1 + \frac{2}{3}\right)/6 \approx 0.36$。中介中心性的取值范围被缩小到 [0,1]，但没有精度的损失，数值越大，中心性越大。

按同样的方法计算图 4-8 中其他节点的中介中心性，得到的结果如表 4-4 所示。

表 4-4　图 4-8 中所有点的中介中心性

点	中介中心性值	排名
C	0.36	1
B	0.08	2
D	0.05	3
A	0	4
E	0	4

我们做个小实验，依次将点 C、B、D、A、E 从图 4-8 中取出来，观察对剩余的网络结构有什么影响，实验结果如图 4-9 所示。从左到右，当我们依次从图中取出中介中心性越来越小的节点，剩余网络的结构从线形、"三角 + 拖尾" 形变成环形。如果网络中存在某些传播行为，不论是虚拟的信息、信号、影响，还是实体的包裹、病毒等，线形网络中的串行传播效率肯定是最慢的，而相连紧密的环形则是最快的。如果定量地来解释，我们计算这 5 个网络的图平均距离，依次是 1.67、1.33、1.33、1.17 和 1.17。

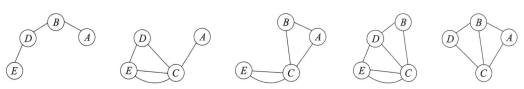

图 4-9　依次取出图 4-8 中的一个节点后的剩余网络

因此，可以看出，中介中心性大的节点在网络中充当了"桥"或"媒介"的角色，控制着网络的连通度，把持着传播通道。如果大中介中心性节点拒绝沟通或被移除，网络的连通度就会大大降低，甚至可能变成不连通的。典型地，在如图 4-10 所示的无标度网络结构中，实心的枢纽或中心（Hub）节点的中介中心性很大。

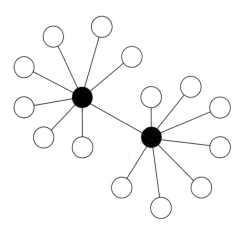

图 4-10　一个简单的无标度网络

4.3.2　算法复杂度与算法参数

1. 算法复杂度

中介中心性算法因需要计算全图节点间的所有最短路径，所需的计算资源与复杂度甚至超过接近中心性算法。即便是在无向（忽略方向）单边图（简单图）条件下，全图所有节点间的组合也有 $(V-1)(V-2)/2$ 种可能性，假设平均每条最短路径的深度为 k，则中介中心性的算法复杂度为 $O((|E| \div |V|)^k \times (|V|-1) \times (|V|-2) \div 2)$。由该算法复杂度可知，为接近中心性算法复杂度的 N 倍，实际的计算复杂度可能远超 $O(|V||E|)$，V 为图中点的数量，E 为边的数量。

因此，在实际的应用场景中，几乎没有在较大的图集（超过 1 万个节点）上计算中介中心性的可能性。通常的做法是在抽样的小数据集上以批处理的方式进行计算，以期得到全量数据的估算（近似）值，或者通过近似算法来大幅降低算法复杂度，以在有限的计算资源条件下实现该算法。

2. 算法参数

经典的中介中心性算法的常用参数见表 4-5。

表 4-5 中介中心性算法的常用参数

名称	规范	描述
节点 ID（ids）	节点的 ID 列表	指定待计算的节点；忽略表示计算全部节点
边权重（weight）	边权重名称	指定一个或多个边属性作为边权重，指定多个属性表示将这些属性的值相加作为边的权重；忽略表示不加权
方向（direction）	入（in）或出（out）	指定边的方向；忽略表示忽略方向

4.3.3 行业应用：交通枢纽评估

中介中心性体现了节点对网络传播行为的控制能力和作用大小，我们自然联想到交通网络。交通枢纽站一般位于道路、铁路、航线、水路的交汇处，大型的综合交通枢纽站甚至承担多种交通工具转换乘以及城市生活资源配给的功能，十分像人的心脏。中介中心性不仅有助于这些交通枢纽的选址，在评估交通枢纽的压力时，也是常用的指标。

4.4 网页排名

4.4.1 算法历史和原理

网页排名（PageRank）大概是所有做搜索引擎优化的专业人士最关心的事，提升网页排名意味着提高网页的质量和权威性，使其出现在搜索引擎的搜索结果中更靠前的位置。

PageRank 是谷歌联合创始人拉里·佩奇（Larry Page）和谢尔盖·布林（Sergey Brin）于 1997 年在斯坦福大学创建的网页排名算法，算法名称中的 Page 一语双关，既指网页（Web Page），又指代拉里·佩奇（Larry Page）。

尽管目前 PageRank 算法已不再是谷歌公司用来给网页进行排名的唯一算法，但它是最早也是最著名的算法。

PageRank 算法的优势在于用一个简单的方法解决了一个复杂的问题。我们使用搜索引擎是为了找信息、找答案，互联网给了所有人发言的机会，但言论质量良莠不齐，因此，用最快的速度找到可靠的信息成为一种重要的能力。

PageRank 算法在衡量网页的权威性时用了一个大多数人都认可的方法。在消费场景里，就叫作"口碑"。PageRank 算法的核心思想可以表达为：网页的后链（Backlink）越多或越重要，网页就越重要。所谓后链，指的是能链接到本网页的网页。在图 4-11 中，网页 A 和 B 中都含有指向网页 C 的超链接，因此网页 A 和 B 就是网页 C 的后链；反过来说，网页 C 是网页 A 和 B 的前链（Forward Link）或外链（External Link）。同理，网页 D 有后链网页 C。

在网页中，一般会以来源、引用、参考、推荐、灵感、相关等形式提到别的网页（当然还有一些情况下是广告），通常代表对该网页的肯定与赞许，网页收获的后链（肯定）的数量越多，自然侧面反映该网页的质量越高。不仅如此，如果给你肯定的人本身十分权威，则无疑更有分量。因此，网页的后链越重要，网页也会被认为更重要。PageRank 算法的思想就是如此。

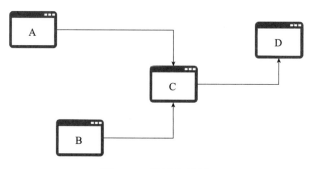

图 4-11　后链和前链

深入看看算法细节。在 PageRank 算法中，将网页视为节点，如果网页 A 中包含指向网页 B 的超链接，就加一条从节点 A 指向节点 B 的边，很显然，本算法中边的方向十分重要。给所有节点分配一个初始分值用于计算，然后进行分值传递：每个节点的分值被节点的所有出边平分，并传递给各个前链节点。这一过程相当于模拟用户浏览一个网页时通过网页中包含的外链跳到另一个网页上的行为，如果网页没有外链，其分值全部清零。每个节点接收从各个后链传来的分值，将这些收到的分值相加即可得到节点在本轮传递中的得分。图 4-12 演示了这个传播过程，所有节点的初始分值为 1（左），一轮传播后（中），所有节点的分值更新（右）。

在图 4-12 中，最下方的节点只有出边、没有入边（即没有后链的网页），因此第一轮传播后该点的分值就降为 0。在实际情况中，没有后链的网页不代表没有价值，用户即使无法从别的网页跳转过来，也可能以直接输入网址的方式访问。

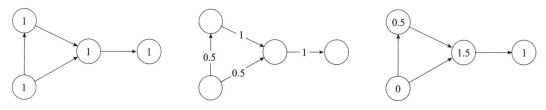

图 4-12　PageRank 算法的一次传播过程

PageRank 算法循环重复进行多轮上述传播过程（算法迭代），如果读者使用图 4-11 继续验算会发现，由于图中存在一个只有入边、没有出边的节点（即没有外链的网页），这个节点的分值每轮都会清零，最终导致所有节点的分值为 0。清零的设置相当于假设用户浏览网页时势必会跳来跳去，没有外链的网页相当于把跳转机会给了其他所有网页，而由于网页数量较多，每个网页分到的分值便以 0 记。但还有一种可能是，用户认为网页内容十分有趣而停留许久，抑或是他忽略网页本身提供的外链而去寻找其他网页。

因此，完整的 PageRank 算法还引入了一个阻尼系数 d，大小在 $(0,1)$ 的范围内。在每轮传播中，每个节点总保留大小为 $1-d$ 的分值，而传播出去被后链吸收的分值为原分值与阻尼系数的乘积。仍以图 4-12 为例，规定阻尼系数为 0.8，如图 4-13 所示，从第 3 次传播开始，每次传播结束时分值不再改变的节点数量增多，直到第 4 次传播结束时达到稳定状态，到第 5 次传播结束时，已没有任何节点的分值发生改变。

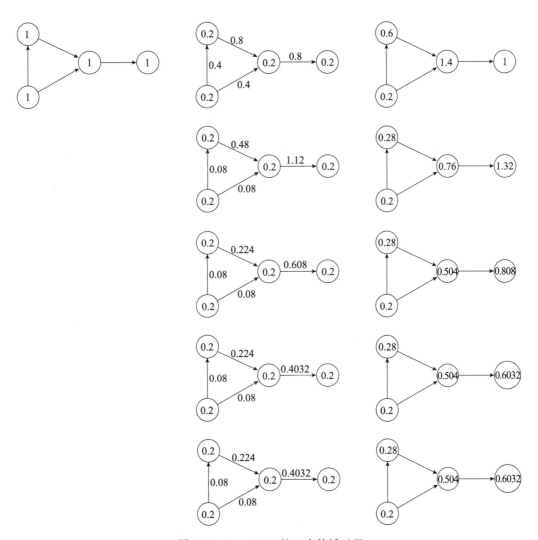

图 4-13　PageRank 的 5 次传播过程

4.4.2 算法复杂度与算法参数

1. 算法复杂度

在 PageRank 算法的每轮迭代中，每个节点的排名分值都根据其入边邻居传递过来的分值进行更新，因此每轮迭代的复杂度一般与图中边的数量成正比，即 $O(E)$。

算法达到收敛状态总共需要的迭代轮数取决于图的大小和结构，当然也受设定的收敛阈值的影响。在实际运行过程中，一般需要设置算法的最大迭代轮数，算法会在运行完最大轮数后终止，或是在达到收敛阈值时提前终止。

因此，PageRank 算法的复杂度约为 $O(IE)$，其中 I 为算法终止时的迭代次数。当然这只是一个估算，实际的计算时间可能会受到各种因素的影响，例如具体的实现细节、图的结构和可用的计算资源等。

2. 算法参数

PageRank 算法的常用参数详见表 4-6。

表 4-6　PageRank 算法的常用参数

名称	规范	描述
初始分值（init_value）	一般取 0～1 之间的数字	所有节点的初始分值
迭代次数（loop_num）	整数	算法迭代次数，即分值传递轮数
阻尼系数（damping）	0～1 之间的数字	阻尼系数

4.4.3　行业应用：互联网网页排名

2000 年，谷歌发布了一个 PageRank 工具，让用户可以查看网页的 PageRank 分值，分值范围为 0～10（图 4-14）。这使得很多网站站长过度沉溺于关注其 PageRank 分值，导致很多试图操纵 PageRank 的链接销售、链接农场等出现，谷歌也不得不长期与垃圾链接进行拉锯战。

图 4-14　谷歌 PageRank 工具

谷歌在 2016 年正式关闭了 PageRank 工具，不再对公众开放 PageRank 数据，但这并不意味着 PageRank 的消亡，它仍被谷歌公司内部使用以作为网页排名的重要依据，但已不是原始的算法形式，经过多年的发展和改进，该算法的复杂度和准确度都已大大提升。

4.5　虚假账号排名

4.5.1　算法历史和原理

2002 年，微软研究院的 John R.Douceur 在其论文"The Sybil Attack"中首次将在点对点（Peer-to-Peer，P2P）网络中的单个节点伪造并控制多重身份，从而获得影响力，以便在系统中进行非法操作的攻击行为称为"Sybil 攻击"。

Sybil 的原意是女巫，该名称据说来自于美国 1976 年的一部电视迷你剧《Sybil》，讲述了一位女性由于悲惨的童年经历，以至于发展出 16 种不同人格的故事。如今，Sybil 一词也被用来指代在线社交网络（OSN）中的虚假账号。随着社交网络的飞速发展，来自 Sybil 的攻击和滥用日益增多，例如向其他账号发送垃圾信息，恶意增加广告或网页链接的点击次数，爬取私人账户信息来充当水军或实施网络暴力等。

SybilRank 算法由杜克大学 Qiang Cao 等人于 2012 年提出，该算法具有良好的计算性价比和大图可扩展性（可并行），能帮助社交平台或相关企业更高效地定位虚假账号。算法建立了一个威胁模型（Threat Model）：构建一个无向图，每个节点代表一个用户，边则代表某两个用户之间的双边社交关系。将这些用户划分为由真实用户（Non-Sybil）和虚假用户（Sybil）构成的两个集合，分别记作 H 和 S；在集合 H 中，挑选少数信任种子（Trust Seed），即确定是真实用户的节点；由真实账号集合 H 形成的诱导子图记作 G_H，即 G_H 只包含真实用户与真实用户之间的关系；由虚假用户集合 S 形成的诱导子图记作 G_S，即 G_S 只包含虚假用户与虚假用户之间的关系。G_H 与 G_S 之间的边则视为攻击边（Attack Edge），也就是由虚假用户向真实用户发起的攻击。SybilRank 算法是为大规模攻击而设计的，由于现实中伪造账户并维护也需要成本，因此算法假定攻击边的数量应远远少于真实用户之间（即子图 G_H）边的数量，虚假账户应该无法与许多真实用户建立社交关系成为朋友。图 4-15 是该威胁模型的示意图。

接着，SybilRank 算法使用一种短程随机游走（Short Random Walk）的方式计算每一个用户的可信度。算法初始化时，指定一个全图可信度总分（Total Trust），该值在各个可信种子节点之间平均分配。然后，从可信种子节点出发在图中进行经典的随机游走——即访问节点的所有 1 步邻居的概率相同，算法的做法是将各个可信节点的可信度分值平均分配给

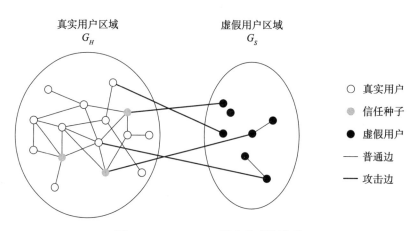

图 4-15 SybilRank 算法的威胁模型

节点的各个邻居，相当于一种信任传递（Trust Propagation）。

如图 4-16a 所示，节点 1、2、5 为真实用户，黑色节点 6～9 为虚假用户，灰色节点 3 和 4 为信任种子，初始全图可信度总分为 3456，因此 3 号和 4 号节点均分别得到 1728。第一步随机游走时，3 号节点将分值平均传递给邻居 1、2、4，同时 4 号节点将分值平均传递给邻居 3、5 和自身（因为有自环边），于是得到有边的传播结果。

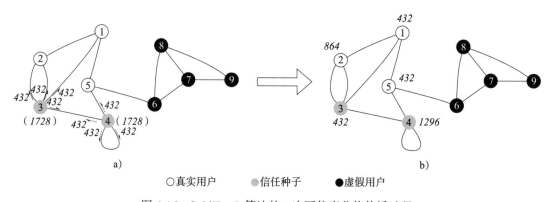

图 4-16 SybilRank 算法的一次可信度分值传播过程

算法会进行迭代，重复上述的随机游走过程，每次游走一步，之后的传播过程不再只有可信节点参与，只要是获得了可信度分值的节点，都将参与后续的随机游走和分值传递。直观地思考一下，由于随机游走出发于可信种子节点，并且 G_H 和 G_S 之间的攻击边数量有限，如果算法迭代结束得早，真实用户账号节点获得的分值应普遍高于虚假用户账号节点，甚至可能不会在虚假用户账号节点上着陆。对每个节点的可信度进行排名，可信度越低的节点是虚假用户账号的可能性越大。但如果算法持续迭代直至达到全图稳定，真实用户账号节点与虚假用户账号节点的分值可能非常接近且不容易区分身份。

理想情况下，算法应在 G_H 区域达到稳定时提前中止，这时所需的游走步数也称混合时间（Mixing Time），也就是所需的迭代次数。SybilRank 算法的迭代次数通常取为 $\log N$（向上取整），其中 N 为全图节点的数量。在实际应用中，G_H 区域的混合时间受很多因素影响，因此 $\log N$ 只是一种参考，但它必定小于全图稳定的混合时间。

4.5.2 算法复杂度与算法参数

1. 算法复杂度
SybilRank 算法的复杂度主要取决于信任值传递和节点排序两个阶段，加在一起是 $O(N\log N)$，其中 N 为全图节点的数量。SybilRank 算法的结果主要受可信种子节点的选择、混合时间的影响。

2. 算法参数
SybilRank 算法的常用参数详见表 4-7。

表 4-7 SybilRank 算法的常用参数

名称	规范	描述
全图可信度总分（total_trust）	数字	全图可信度总分，初始时平均分配给各个可信节点
可信种子节点（trust_seeds）	节点的 ID 列表	指定可信节点，如果图中有多个社区，建议为各个社区均设置可信节点
迭代次数（loop_num）	数字	算法迭代次数，即可信度分值传递轮数或随机游走步数

4.5.3 行业应用：社交网络恶意账号识别

SybilRank 的原作者在西班牙最大的在线社交网络 Tuenti 中部署及应用了这一算法，他们在截止到 2011 年 8 月的完整 Tuenti 社交关系网络上运行了 SybilRank——包括 14 亿条边和 1100 万个节点，Tuenti 的安全团队之后检查了可信度分值最低的 2000 名用户，发现他们都是虚假用户。进一步检查排名最低的 100 万用户时，以 5 万用户作为一组，每组随机选择 100 个用户进行检查，发现排名最低的 20 万用户中约 90% 都是虚假的。而 Tuenti 在 2011 年基于滥用报告的方法的命中率只有约 5%，这表明 Tuenti 处理可疑账户的效率能够提高 18 倍。

相似度算法

在图网络中，我们常常需要通过比较和寻找具有一定相似度的节点，对图数据进行筛选和分析。节点相似度算法可以被称为图算法中应用最广泛也最基础的算法，常用于复杂网络、信息检索、模式匹配等场景。

如果两个节点的相似度越高，则表明它们之间具有的相互参考价值就越大。比如，社交媒体将同样的推荐内容推送给浏览过相同博主主页的用户；再如，电商平台给购买过某类产品的账户推送类似的商品或同价格区间的商品，通过精准预判用户的潜在需求提高成交额。那么我们该如何通过算法得到两个用户之间的相似情况呢？本章将介绍几个计算和衡量节点相似度的经典指标及算法，如杰卡德相似度、重叠相似度、余弦相似度、欧几里得距离和皮尔森相关系数。

5.1 杰卡德相似度

5.1.1 算法历史和原理

1901 年，瑞士植物生理学教授保罗·杰卡德（Paul Jaccard）在一篇研究阿尔卑斯山脉附近植物分布状况的论文中首次提出了"coefficient de communauté"（该词来自法语，直译为"社群系数"）的概念，后被命名为杰卡德相似度（Jaccard Similarity Coefficient），或杰卡德指数（Jaccard Index）。杰卡德相似度的通俗名称是交并比，即一个元素集（A）和另一个元素集（B）的交集对并集的比例。

$$\text{Jaccard}(A,B) = \frac{|A \cap B|}{|A \cup B|} = \frac{|A \cap B|}{|A| + |B| - |A \cap B|}$$

如图 5-1 所示，集合 A 和 B 的杰卡德相似度为 3/9=0.33。杰卡德相似度的计算结果在 0 到 1 之间；越接近 1 相似度越高，等于 1 时表示两个集合完全相同，等于 0 时表示两个集合没有任何共同元素。

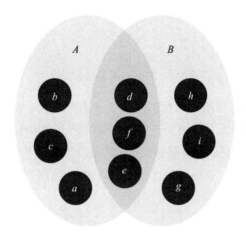

图 5-1　集合 A、B 及其元素

在图上，杰卡德相似度的计算是基于两个节点的共同邻居。也就是说，我们将两个节点的共同邻居分别收集为两个集合，通过比较这两个集合来确定这两个节点的杰卡德相似度。关于如何收集邻居集合，不同厂商的杰卡德算法可能有一些差异，以赢图的杰卡德算法为例，需注意以下几点：

- ❑ 邻居集合中没有重复的节点。
- ❑ 忽略自环边。
- ❑ 忽略两个目标节点之间的边。
- ❑ 忽略边方向。

以图 5-2 为例，当计算目标节点 u 和 v 之间的杰卡德相似度时，它们的邻居集合分别为：

$$N_u = \{a,b,c,d,e\}$$

$$N_v = \{d,e,f\}$$

因此，它们的杰卡德相似度为 2/6=0.3333。

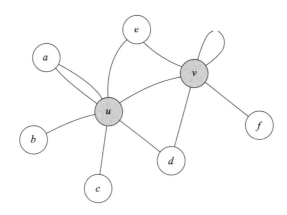

图 5-2　图上的杰卡德相似度

在实践中，我们有时需要通过属性的重叠程度来辨别两个实体的相似度。假设我们要判断两份信贷申请表的相似度，申请表包含的各项信息（如申请人姓名、电话、邮箱、家庭住址、身份证号等）很可能是以节点属性的形式存在于数据库中的。此时，如果要计算两个申请表节点的杰卡德相似度，就需要将这些属性转换为节点并入图。

5.1.2　算法复杂度与算法参数

1. 算法复杂度

杰卡德相似度算法的复杂度与要比较的两个集合的尺寸相关。对于尺寸分别为 m 和 n 的两个集合，计算它们的交集和并集的复杂度一般均为 $O(m+n)$，因此杰卡德相似度的复杂度一般也是 $O(m+n)$。

2. 算法参数

杰卡德相似度算法的常用参数详见表 5-1。

表 5-1　杰卡德相似度算法的常用参数

名称	规范	描述
第一组节点 ID（ids）	节点的 ID 列表	指定待计算第一组的节点
第二组节点 ID（ids2）	节点的 ID 列表	指定待计算第二组的节点

杰卡德相似度算法可以有两种计算模式：

- ❏ 当指定两组节点时，将这两组中的节点两两配对，分别计算相似度。
- ❏ 当仅指定一组节点时，对于其中的每个节点，计算图中所有其他节点与这个节点的相似度，目的是选出与它最相似的若干节点。

5.1.3　行业应用：度量学习模型的预测准确性

在深度学习的模型训练中，杰卡德相似度可用于量化模型预测值与实际值之间的相似程度，也就是模型的预测误差，旨在判断模型的训练程度或可靠性。

以一个医学诊断中针对特定疾病的二元分类器（Binary Classifier）为例，将案例的症状作为特征输入模型，模型可预测出该案例是阴性（用 0 表示）还是阳性（用 1 表示）。

如果模型正确地预测案例为阳性，这种情况称为真阳性（True Positive，TP）；如果模型正确地预测案例为阴性，则称为真阴性（True Negative，TN）。当然，模型在训练阶段肯定会出现误诊，如果阳性的案例被诊断为阴性，此错误称为假阴性（False Negative，FN）；如果阴性的案例被诊断为阳性，称为假阳性（Flase Positive，FP）。

获得训练数据后，一般而言，模型预测的正确率（c）计算公式为：

$$c = \frac{TP + TN}{TP + FP + TN + FN}$$

表 5-2 展示的是 10 个案例（即并集）的实际值和预测值，其中实际值与预测值一致（即交集）的有 7 例，因而杰卡德相似度为 7/10=0.7，可以说模型预测的正确率为 0.7。

表 5-2　10 个案例的实际值和预测值

案例	1	2	3	4	5	6	7	8	9	10
实际值	0	0	0	1	1	0	0	1	0	1
预测值	1	1	0	0	1	0	0	1	0	1

在这种医学诊断的二分类问题中，通常更为关注的是包含阳性的情况，也就是实际值或预测值是阳性的情况；而对于实际值与预测值都是阴性的情况，则有意地弱化它对模型正确率的贡献。因而，更普遍采用的正确率计算公式为：

$$c = \frac{TP}{TP + FP + FN}$$

仍以表 5-2 为例，10 个案例中实际值或预测值包含 1 的有 6 例（即并集），其中实际值与预测值出现同时为 1 的有 3 例（即交集），因而杰卡德相似度为 3/6=0.5。

5.2　重叠相似度

5.2.1　算法历史和原理

重叠相似度（Overlap Similarity）与杰卡德相似度非常类似，都用于衡量两个集合的相似程度，读者可参考 5.1 节了解在图上使用重叠相似度的基本原理和注意事项。与杰卡德相似度不同的是，重叠相似度计算时所用的分母为两个集合中相对较小的集合，而非两个集合的并集：

$$overlap(A, B) = \frac{|A \bigcap B|}{\min\{|A|, |B|\}}$$

重叠相似度的计算结果也在 0 到 1 之间，越接近 1 相似度越高；等于 1 时表示其中一个集合是另一个集合的子集，等于 0 时表示两个集合没有任何共同元素。

分母的差异可能造成杰卡德相似度与重叠相似度的计算结果有很大不同，尤其是当两个集合的大小差异较大时。如图 5-3 所示，节点 u 和 v 之间的重叠相似度为 2/3=0.67，杰卡德相似度则为 2/15=0.13。一般而言，如果两个集合的大小差异较大，它们之间的杰卡德相似度不会很高，而重叠相似度则未必，如果小集合近似为大集合的子集，它们的重叠相似度就很高。

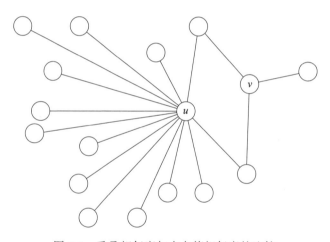

图 5-3　重叠相似度与杰卡德相似度的比较

5.2.2　算法复杂度与算法参数

1. 算法复杂度
与杰卡德相似度算法类似，重叠相似度算法的复杂度也通常取决于要比较的两个集合的大小。对于两个大小分别为 m 和 n 的集合，重叠相似度算法的复杂度一般是 O(m+n)。

2. 算法参数
重叠相似度算法的常用参数与杰卡德相似度类似，详见表 5-3。

表 5-3　重叠相似度算法的常用参数

名称	规范	描述
第一组节点 ID（ids）	节点的 ID 列表	指定待计算第一组的节点
第二组节点 ID（ids2）	节点的 ID 列表	指定待计算第二组的节点

5.2.3　行业应用：文本相似度比较

一般而言，杰卡德相似度比重叠相似度的应用更为广泛。然而，在一些场景中，我们可以使用重叠相似性来着重计算事物之间的包含关系，而不强调两个事物的数量级一致。这里我们介绍一个简单的应用——文本相似度，就是两个文本（句子、短语、文章）之间的相似程度，它在搜索引擎、论文查重、智能客服等领域有广泛的应用。

在比较两段文本的相似度时，可采取以下步骤：

❏　按照单词或词语对两段文本进行分词，形成两个独立的单词语料库（集合）。
❏　求两个集合的并集以及重叠相似度。

以下面两个句子为例。

句子 A：站在使用者的角度，我们可以对多家图数据库厂商的图查询语言进行对比。

句子 B：作为使用者，我们应对比各图数据库厂商的图查询语言。

1）对句子进行分词。

句子 A：[站在 使用者 的 角度 我们 可以 对 多家 图数据库 厂商 的 图查询语言 进行 对比]

句子 B：[作为 使用者 我们 应 对比 各 图数据库 厂商 的 图查询语言]

2）将所有的词向量去重后组合成一个并集。

[站在 使用者 的 角度 我们 可以 对 多家 图数据库 厂商 图查询语言 进行 对比 作为 应 各]

3）按照词频对两个集合进行统计：

单词	站在	使用者	的	角度	我们	可以	对	多家	图数据库	厂商	图查询语言	进行	对比	作为	应	各
句子 A	1	1	1	1	1	1	1	1	1	1	1	1	1	0	0	0
句子 B	0	1	1	0	1	0	0	0	1	1	1	0	1	1	1	1

集合 $|A|=13$，集合 $|B|=10$，它们的交集 $|A \cap B|=7$，因此这两句话的重叠相似度为 $7/10=0.7$。

应用时须注意，重叠相似度与文本中单词的顺序无关，例如"开发工具"与"工具开发"的相似度是 1，"一九九一"与"一九一九"的相似度也是 1，虽然这些短句在语义上是有差别的。因此，重叠相似度更适合篇幅较长的两个文本进行比较，例如判断两篇论文的相似度。

另外，重叠相似度只关注某个单词是否出现，而不关注词频。例如，"我非常非常非常喜欢晴天"与"我非常喜欢晴天"的相似度也是 1，但它们表达感受的强烈程度却不同。如果将词频考虑在内，则要使用余弦相似度。

5.3　余弦相似度

5.3.1　算法历史和原理

余弦相似度（Cosine Similarity）在机器学习和信息回溯等方向应用广泛，顾名思义，余弦相似度计算的就是向量之间夹角的余弦值，并通过比较余弦值的大小判断两者的相似度。如图 5-4 所示，两个向量的夹角越接近 0°（即方向相同），它们夹角的余弦值越大；两个向量的夹角越接近 180°（即方向相反），它们夹角的余弦值越小。可以看出，余弦相似度更强调两个向量在方向上的差异。

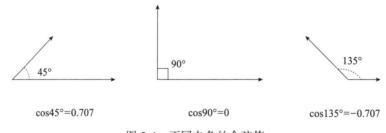

图 5-4　不同夹角的余弦值

那么，我们该如何在图中计算两个节点的向量余弦夹角呢？首先需要明确的是向量的概念。向量（Vector）的拉丁词源是 vehere，意为"携带、承载、传输"，非常生动地表达了向量的概念，即携带一定的量从某点定向移动到另一点。

由此可得，向量是一个既有大小（Magnitude）又有方向（Direction）的量，通常可以用带箭头的有向线段来形象地表示，箭头所指方向就是向量的方向，而线段的长短代表向量的大小。

向量首先被发明和运用于物理学，古希腊著名学者亚里士多德（Aristotle）于公元前350 年就知道了力可以用向量表示。而在经历漫长的历史空白后，"向量"这一概念在 19 世纪末才被学者吉布斯（Gibbs）和奥利弗·海维塞德（Oliver Heaviside）引入分析和解析几何领域中，向量空间也由此发展起来，成为一套完整成熟的运算体系。

　　现在我们来分析如何将图中的点转换为向量空间中的向量的问题。假设我们要比较表 5-4 所示的甲、乙、丙、丁的基本信息，首先需要将人的每个属性与向量空间中的维度相对应，将属性值作为向量空间每个维度的坐标值。此例中我们有 3 种可用于对比的数据属性，分别是年龄、体重和身高（ID 是点的唯一标识符，不具备比较意义，故此处排除），那么理论上我们可以构造一个三维空间向量，并应用三维向量空间内的余弦计算公式来进行计算：

表 5-4　示例人员基本信息表

属性	甲	乙	丙	丁
ID	1	2	3	4
年龄	23	45	29	14
体重 /kg	72	53	76	40
身高 /cm	175	150	186	144

$$\cos\theta = \frac{x_1 x_2 + y_1 y_2 + z_1 z_2}{\sqrt{(x_1)^2 + (y_1)^2 + (z_1)^2} \cdot \sqrt{(x_2)^2 + (y_2)^2 + (z_2)^2}}$$

　　如图 5-5 所示，每个人各自和坐标轴原点形成向量，我们可以计算出这些向量之间的余弦夹角值，也就是余弦相似度。经计算，甲与乙、丙、丁的余弦相似度分别为 0.9868、0.9997、0.9926。可以看出，这三人都与甲有相当高的余弦相似度，比如非常相似的年龄和体型特征。可以想象，如果将人的体型特征与别的物种进行比较，余弦相似度将会低得多。

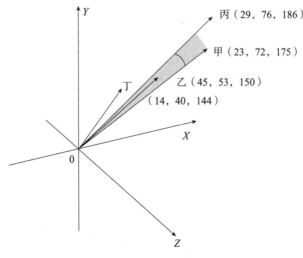

图 5-5　示例人员信息的空间向量及夹角

推广到 n 维向量空间，向量 $\textbf{\textit{A}}(a_1, a_2, \cdots, a_n)$ 和 $\textbf{\textit{B}}(b_1, b_2, \cdots, b_n)$ 的余弦相似度计算公式如下，即用两个向量的点积除以两个向量的模的乘积：

$$S_c(A,B) = \cos\theta = \frac{A \cdot B}{\|A\| \cdot \|B\|} = \frac{\sum_{i=1}^{n}(a_i \cdot b_i)}{\sqrt{\sum_{i=1}^{n}(a_i)^2} \cdot \sqrt{\sum_{i=1}^{n}(b_i)^2}}$$

使用余弦相似度时，需注意以下几点：

- ❑ 需采用数值类型的属性作为特征维度。如果原本的属性并非数值类型，也可通过编码等方式将其转化为数值类型后再通过余弦相似度进行比较。
- ❑ 与杰卡德相似度、重叠相似度不同，余弦相似度并不依赖节点间的关联关系。
- ❑ 余弦相似度对数值大小不敏感。例如，两个用户对于 3 家餐厅的评分（满分 10）分别是（9，6，8）和（4，3，4），则他们的余弦相似度为 0.9983。这是否说明他们的品味相似呢？显然不是，第二位用户有着更为"严格"的评价标准。这类情况可使用减去均值（本例中均值为 10/2=5）的方法先调整评分，调整后两位用户的评分分别为（4，1，3）和（−1，−2，−1），再计算他们的余弦相似度则为 −0.7206。或者也可以采用其他类型的相似度度量标准，例如后面会介绍的欧几里得距离。

5.3.2 算法复杂度与算法参数

1. 算法复杂度

余弦相似度算法的复杂度与要比较的两个向量的维度有关。对于两个 n 维向量，计算余弦相似度的复杂度一般是 $O(n)$。在实际应用中，要比较的向量维度可能会非常高，尤其是在文本分类或图像识别等应用中，因此通常需要使用高效的算法和数据结构来加速余弦相似度计算，例如将原始向量预处理为稀疏向量（即大多数维度坐标值为 0 的向量）。

2. 算法参数

余弦相似度算法的常用参数详见表 5-5。

表 5-5 余弦相似度算法的常用参数

名称	规范	描述
第一组节点 ID（ids）	节点的 ID 列表	指定待计算的第一组节点
第二组节点 ID（ids2）	节点的 ID 列表	指定待计算的第二组节点
节点属性（node_schema_property）	节点的属性列表	必须指定至少两个数值类的点属性来构成向量

5.3.3　行业应用：人脸识别

余弦相似度的应用领域非常广泛，包括信息检索、推荐系统、文本分类、图像识别以及协同过滤等。在图像识别任务中，人脸识别是通过分析人脸图像来进行判断，可用于访问控制、视频监控等。由于人脸在表情、年龄、环境和清晰度等方面都会有所变化，因此识别任务其实是非常具有挑战性的。

使用余弦相似度进行人脸识别的一种流行方法是结合深度学习算法，如卷积神经网络（Convolutional Neural Network，CNN）。利用 CNN 学习人脸图像并采集面部特征，再将这些特征经过转换（如通过一个转换矩阵）生成一个特征向量。这个特征向量的每个维度代表人脸的某个特征，通常维数很高，因此需要在保证精确度的同时进行降维处理。接着，就可以使用余弦相似度比对要衡量的两个特征向量之间的相似度，以确定两张脸是否属于同一个人。

5.4　欧几里得距离

5.4.1　算法历史和原理

欧几里得距离（Euclidean Distance）或欧氏距离是指在一个欧几里得空间内两个点（Point）之间的直线距离。欧几里得距离最初来源于古希腊几何学中的欧几里得空间（或称欧氏空间），这两个概念都以古希腊数学家欧几里得来命名。

欧几里得空间是指一个可以代表现实世界的三维几何空间，但在现代数学和物理学体系中，它可以是一个任意正整数维度的几何空间，这种高维性与图的高维表达能力相结合，赋予了我们快速进行复杂计算的可能性，也是高等数学的基础理论框架之一。欧几里得距离计算的值越高，代表两个节点距离越远，则节点相似度越低；反之节点相似度越高。

经常和欧几里得距离一并提起的还有曼哈顿距离（Manhattan Distance），我们可以通过和曼哈顿距离的对比来解释欧几里得距离的含义。

曼哈顿以整齐划一、四四方方的城市规划而闻名，每个街区的面积和它们之间的距离都是一样的，这就给出租车司机带来了一个有趣的问题：在这个城市里驾驶，根本没有"抄近道"这一概念，有区别的只是转弯还是直行路线的选择。如图 5-6 所示，黑虚线是曼哈顿距离，两个灰虚线都是等价的曼哈顿距离。当然也有一种最快的办法：如果我们有一架私人直升飞机，就可以在城市低空越过图上的街区，走两点之间最短的直线距离（如图 5-6 中的黑实线），以最短的时间从起点到达终点。我们可以分别把一条纵向和横向靠近图上边缘的街道想象成 X 轴和 Y 轴，曼哈顿距离就是沿着 X 轴和 Y 轴走过的节点距离，如果把这

个图想象成 一个二维向量空间，黑实线所代表的概念就是欧几里得距离。

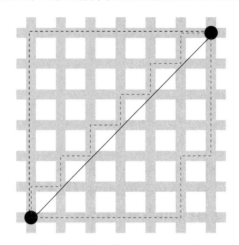

图 5-6 计算 n 维向量空间余弦值

如果是在一个高维向量空间里，欧几里得距离指的就是两个节点之间的绝对空间距离。在一个 n 维空间中，对于点 $A(a_1,a_2,\cdots,a_n)$ 和点 $B(b_1,b_2,\cdots,b_n)$，它们之间的欧几里得距离的计算公式为：

$$d = \sqrt{\sum_{i=1}^{n}(a_i - b_i)^2}$$

欧几里得距离的计算结果范围是 $[0,+\infty)$，数值越大，代表两个节点距离越远，也就越不相似。在实际应用中，更多使用的是归一化的欧几里得距离，即将计算结果缩放到 $(0,1]$ 范围内，数值越大则两个点越相似。将欧几里得距离归一化有很多种方法，使用时可根据实际情况进行选择，以下是一种归一化的方法：

$$d_n = \frac{1}{1+\sqrt{\sum_{i=1}^{n}(a_i - b_i)^2}}$$

与余弦相似度类似，计算图中两个节点的欧几里得距离时，我们需选择 n（$n \geqslant 2$）个数值类的节点属性构成 n 维欧几里得空间，将属性值作为每个维度的坐标值，即得到节点在欧几里得空间内的位置。如图 5-7 所示，三维欧几里得空间中有 A、B 两点，如果将它也看成向量空间，A、B 分别与原点构成两个向量，我们在 5.3 节提到过，A、B 之间的余弦相似度仅与它们对应向量之间的夹角有关，即仅考虑两个向量的方向；对比来说，欧几里得距离则与两点的坐标大小息息相关。

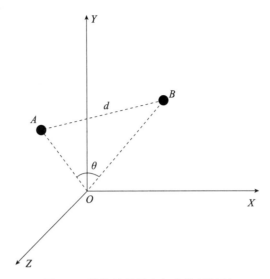

图 5-7　欧几里得距离与余弦相似度

5.4.2　算法复杂度与算法参数

1. 算法复杂度

欧几里得距离算法的复杂度与两点所处的欧几里得空间的维度有关。对于在 n 维欧几里得空间的两个点，欧几里得距离算法的复杂度一般是 $O(n)$。如果我们有 m 个这样的点，要计算它们两两之间的距离，则算法复杂度为 $O(m^2n)$。

2. 算法参数

欧几里得距离算法的常用参数与余弦相似度类似，详见表 5-6。

表 5-6　欧几里得距离算法的常用参数

名称	规范	描述
第一组节点 ID（ids）	节点的 ID 列表	指定待计算的第一组节点
第二组节点 ID（ids2）	节点的 ID 列表	指定待计算的第二组节点
节点属性（node_schema_property）	节点的属性列表	必须指定至少两个数值类的点属性来构成向量

5.4.3　行业应用：异常检测

欧几里得距离是常用的距离度量标准，与节点度算法相似，它常作为其他算法的组成部分。例如，在 k 均值（k-Means）算法中，欧几里得距离被用于度量节点到每个质心的距离，以此为凭将节点划分至不同的社区。

数据分析中的一项关键技术是异常检测（Anomaly Detection）。异常检测就是识别异常或明显偏离常态的观察结果或事件的过程，在欺诈检测、网络入侵检测和预测性维护等领域都有应用。例如，在信用卡欺诈交易检测中，我们将每笔交易（Transaction）以一组特征来表示，如交易金额、交易时间、交易次数、客户等级、商户类别等。对于一批交易数据，计算出每笔交易与其他交易的欧几里得距离，然后设定一个距离阈值（如平均值 +3 倍标准差），超过阈值的交易即可被标注为异常而进行审查。

当然，这是一个简单的例子，仅说明了使用欧几里得距离进行异常检测所涉及的基本步骤。在实践中，使用欧几里得距离进行异常检测通常更为复杂，并且需要结合聚类等技术以及一些分析模型。

5.5 皮尔森相关系数

5.5.1 算法历史和原理

皮尔森相关系数（Pearson Correlation Coefficient）是一种统计度量，是社会科学、心理学、经济学和金融学等领域中使用最广泛的统计度量之一。"相关"指的是线性相关，该系数可量化两个变量之间线性关系的强度和方向。

皮尔森相关系数最初是由英国数学家和统计学家卡尔·皮尔森（Karl Pearson）在 1895 年提出的，他发现，两个 n 元变量 x 和 y 之间的相关性可以用它们的协方差除以标准差的乘积来表示：

$$ r = \frac{\sum_{i=1}^{n}(x_i - \overline{x}) \cdot (y_i - \overline{y})}{\sqrt{\sum_{i=1}^{n}(x_i - \overline{x})^2} \cdot \sqrt{\sum_{i=1}^{n}(y_i - \overline{y})^2}} $$

其中，$\overline{x} = \dfrac{\sum_{i=1}^{n} x_i}{n}$，$\overline{y} = \dfrac{\sum_{i=1}^{n} y_i}{n}$。

皮尔森相关系数的取值范围为 [-1,1]，其中各范围的含义如表 5-7 所示。

表 5-7　皮尔森相关系数的取值范围及含义

皮尔森相 关系数	关系类型	解释	举例
$0<r\leqslant1$	正相关	一个变量值变大，另一个变量 值也会变大；一个变量值变小， 另一个变量值也会变小	失业率与犯罪率、身高与体重、受教育 程度与收入、运动时间与身体健康
$r=0$	没有线性相关	但可能存在其他相关性	压力程度与健康（U 形关系）
$-1\leqslant r<0$	负相关	一个变量值变大，另一个变量 值反而会变小；一个变量值变小， 另一个变量值反而会变大	烟瘾程度与健康、睡眠时间与压力、温 度与羽绒服销量、通勤时间与工作满意度

　　读者可以推理，计算图中两个节点的皮尔森相关系数时，也需选择 $n(n\geqslant2)$ 个数值类的节点属性作为 n 个变量。与前几节介绍的相似度度量不同的是，皮尔森相关系数度量的是两个节点的线性相关性。

5.5.2　算法复杂度与算法参数

1. 算法复杂度

对于两个 n 元变量，皮尔森相关系数算法的复杂度为 $O(n)$。如果采用并行处理或使用更高效的算法来计算均值、标准差和协方差，整体的计算复杂度可进一步降低。

2. 算法参数

皮尔森相关系数算法的常用参数与余弦相似度类似，详见表 5-8。

表 5-8　皮尔森相关系数算法的常用参数

名称	规范	描述
第一组节点 ID（ids）	节点的 ID 列表	指定待计算的第一组节点
第二组节点 ID（ids2）	节点的 ID 列表	指定待计算的第二组节点
节点属性（node_schema_property）	节点的属性列表	必须指定至少两个数值类的点属性来构成向量

5.5.3　行业应用：构建相关性网络

　　除了衡量两个变量之间的相关性，皮尔森相关系数还可用于构建相关性网络（Correlation Network）——网络中的节点代表变量，边代表节点之间的相关性。相关性网络可用于识别社区或发现高度相关的功能模块，适用于多种数据类型，包括生物、社会、财务等。

假设有一个生物系统包含 10 种不同表达水平的基因，计算所有基因对之间的皮尔森相关系数。由此构建一个相关性网络，其中节点代表基因，边代表不同基因表达水平之间的相关性。入图（将图数据注入数据库）时，我们可以设置一个阈值（即最小绝对相关性，如 0.5），则相关性在 [–1,–0.5] 和 [0.5,1] 范围内的基因对之间才会存在边，并且我们将相关性作为边的权重。这个相关性网络可用于识别彼此高度相关的基因簇，以及识别可能对生物系统的整体结构和功能影响较大的基因。

连通性和紧密度算法

对于无限连续空间中的两个区域，如果它们是相交的，或相切的，或一个包含另一个，就称这两个区域是连通的。而图中的数据是有限且离散的，图的连通性也不使用相交、相切等词汇来描述。在一张图中，如果任意两个点之间都有路径存在，那么就称这张图是连通的，否则这张图就是不连通的，这就是图的连通性的定义。

图的紧密度则通常以图的连通性为前提，描述图的整体或局部的连通程度。如果说图的连通性能让图"牵一发而动全身"，那么图的紧密度就助长了这种"迅雷不及掩耳"之势。图的连通性和紧密度涉及图论中的很多概念及名词，接下来我们将逐一介绍这些概念。

6.1　全图 *k* 邻

6.1.1　算法历史和原理

k 邻（*k*-Hop Neighbor）即 *k* 跳邻居，是基于广度优先搜索（BFS）的方式对起始节点周边的邻域进行遍历的一种算法，广泛应用于关系发现、影响力预测、好友推荐等预测类场景。第 3 章已经给出了不少关于 *k* 邻的介绍，包括 *k* 邻的计算逻辑、算法复杂度等。在本节中，我们来补充一些更详细的知识点。

首先来重温一下 *k* 邻的定义：从某个顶点出发，查找和该顶点最短路径距离为 *k* 跳（步、层）的所有不重复的顶点集合。这里有几个关键词是值得注意的：最短路径、*k* 跳、所有、不重复。我们先从最短路径开始探讨。

最短路径是指从起点到终点的边数最少的路径，而边数是诸如 1、2、3 这样的自然数，如果把一个给定点的邻居按照它们距离这个点的最短路径的边数（k 值）进行分组，并由近到远地摆放在这个点周围，那么这个点和它的邻居们会呈现出类似图 6-1 所示的情况。

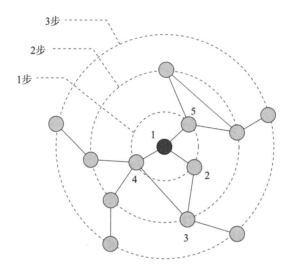

图 6-1　k 邻步数层级示意图

位于正中央的 1 号节点就是被讨论的起点，由它向外的三层线圈依次代表 1 步、2 步、3 步距离，所有邻居节点已经正确地放置在了相应的圈上。这里的 1 步、2 步、3 步就是最短路径的边数，我们称为 k 值。从图 6-1 中能看出一个显而易见的特性，就是每个邻居节点都只处于某一个圈上，而不会同时处于多个圈上，这意味着每个点的 k 值是唯一确定的（当然这取决于最短路径的筛选条件，稍后会对此做出说明）。也就是说，如果一个点是另一个点的第 5 步邻居，那么它就不可能在第 4 步、第 6 步或其他步数中出现。

k 值的唯一性无论是从理论上讲还是从图中看都是一目了然的，但由于算法实现时可能会出现去重、数据同步等问题，错误的计算结果经常会违背 k 值的唯一性，也就是一个邻居点同时出现在不同的步数中。例如，虽然采用了 BFS 算法来保证从最近的邻居也就是从 1 步邻居开始，对每一步邻居都充分搜索之后再对下一步进行搜索，但当遍历至图 6-1 中的 3 号节点时，由于它具有两个父节点（2 号点和 4 号点），从任意一个父节点经过 3 号节点向第 3 步邻居发起搜索时都会回溯到另一个父节点，此时如果未对回溯到的浅层节点进行剔除，则会错误地将 2 号点和 4 号点的 k 值记录为 3，与它们真实的 k 值相冲突。

违背 k 值唯一性的另一种体现是完全错误的 k 值结果，比如错误地使用了 DFS 算法进行计算，则图 6-1 的一种可能情况是从 1 号点出发，第 1 步到达 2 号点，第 2 步到达 3 号点，第 3 步到达 4 号点，如此则会直接将 4 号点的 k 值记录为 3。又或者是使用 BFS 算法时并没有对每一步邻居进行充分查找，产生了"漏网之鱼"，进而导致它们在更深的步数中出现。这也是为什么前面 k 邻的定义中强调了"所有"。

k 值的唯一性常常引发另外两个思考：k 值什么时候会变化呢？有没有可能 k 值根本就不存在呢？先来回答第二个问题。由于 k 邻计算反映的是一个点的 k 步范围内的连通情况，所以对于不连通图来说，或者准确地讲是对于和起点不连通的那些点来说，它们的 k 值是不存在的，原因是从该点出发永远也无法到达这些点。

要回答第一个问题就需要考虑"最短距离"的限制条件了。前面讨论时，最短路径都是没有附加任何条件的，即不对路径中的点、边做任何限制，也不要求边的方向，只要求路径中的边数最少。可想而知，这种过于简单的设定是难以应对实际应用中的需求的。比如路面交通场景中需要考虑行车方向，那么在构图时就可以用边的方向代表路段的行车方向，两点之间如果为单行线就只创建一条边，如果可以双向行驶就创建两条方向相反的边。此时，如果需要从某点单向行驶到其周边各点并计算这些点的 k 值，就必须限制最短路径中边的方向为"出"方向。

在图 6-2 最左侧所示的有向图中，从 1 号点开始，分别沿着任意边、出边、入边的方向寻找各步邻居，得到的结果大相径庭。整体趋势可以总结为：由于限制边方向时改变了起点和邻居之间的连通性，邻居的 k 值普遍变大了，甚至不存在了（被驱逐出了原点的连通区域）。当然，该例构图较为简单，不包含 k 值不变的情况，感兴趣的读者可以自行构图并进行验证。

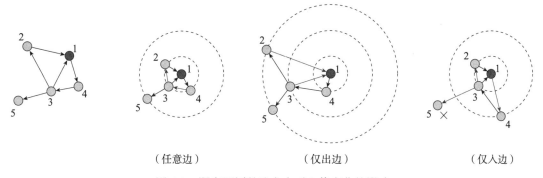

（任意边）　　　　　　（仅出边）　　　　　　（仅入边）

图 6-2　限定不同的边方向对 k 值变化的影响

除了边的方向，很多时候点、边的类型、属性也需要进行适当筛选，再给出符合场景需求的计算结果。很多实际应用中的构图是多模的，多种点、边同时存在的，比如一张由用户、状态、评论 3 种点构成的社交网络，边的种类有互为好友（用户对用户）、发布（用户对状态、评论）、关于（评论对状态）这 3 种。如果想研究用户之间因朋友关系而形成的连通性，以便将拥有共同好友但尚未成为好友的两个用户推荐为好友，那么一般思路是先从原始图中提取出由用户点、好友边构成的子图，再对每个用户进行 2 步邻居计算。如果所实现的 k 邻算法本身就能对点、边的类型进行筛选，自动过滤掉不在讨论范围内的点、边，则可以跳过子图提取的步骤，直接开展 k 邻计算，从而有效地节省计算和存储资源。

图 6-3 足以描述当限制邻居点的类型时图中各点 k 值的变化情况，要么保持不变（如点 2、5），要么变大（如点 6），更有甚者变为不存在（如点 3、4、7）。一言以蔽之，当最短路径的过滤条件较之前更为严格时，抵达邻居点所需的步数（也就是 k 值）趋于增加，邻居会被向着远离原点的方向驱赶（可以将 k 值变为不存在的情况想象为驱赶到了无穷远），原因是苛刻的过滤条件使原点与邻居之间的连通性变差了。

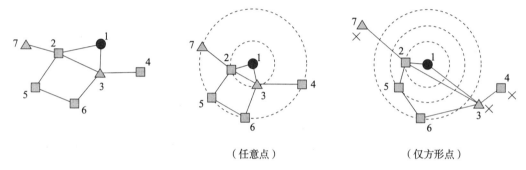

图 6-3　限定点类型对 k 值变化的影响（一）

需要额外强调的是 k 邻计算中浅层邻居对深层邻居的意义和影响。尽管 BFS 遍历方式的原理已经清楚地表明了遍历浅层节点是遍历更深层节点的前提，但这一点在限制了最短路径过滤条件的 k 邻计算中仍然容易被忽略。比如很多初次接触 k 邻概念的人会困惑：为什么图 6-3 中最右侧只查找方形邻居点时找不到 4 号点？原因就是曾经作为其唯一父节点的 3 号点由于不是方形而被剔除了。如图 6-4 所示，将图 6-3 中原始图的三角形点剔除之后再给出 k 邻结果，可以看到当剔除了所有三角形点之后，4 号点变成了孤点，自然也就不可能出现在 k 邻计算的结果中了。

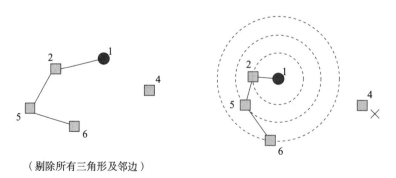

图 6-4　限定点类型对 k 值变化的影响（二）

　　由于浅层邻居是深层邻居的基础，我们还能得出这样一个结论：如果第 k 步的邻居数量为 0，那么第 $k+1$、$k+2$ 以及更深步数的邻居数量也必定为 0。相信已经不需要进一步解释了。

　　我们从最原始的 k 邻定义讨论到了对最短路径进行各种过滤，背后的话题其实是 k 邻算法如何才能灵活地满足各种业务需求。这种面向实际需求的算法定制可以进行得更为彻底，例如：

- ❑ 允许用户对最短路径进行分段描述以达到更精准的计算目标。比如希望查找某一个嫌疑人的多位亲友的资金转账链条，起点是该嫌疑人，第一步邻居是其各位亲友，从第二步开始才是银行账户，这就相当于将原来的最短路径拆分成了前面一段只有一步的路径和后面一段真正意义上的多步最短路径。虽然从实际操作的角度，也可以引导用户将最短路径的"拆分描述"工作还原为算法的"手工多步、多次执行"，但正如前文所说的，如果能替用户将他们的一部分工作实现为算法功能，同时还能适当进行优化以提高计算效率，何乐而不为呢？
- ❑ 可以计算某一步数范围内的邻居。第 3 章曾经图文并茂地阐述了 k 为 1～3 步的查询结果应等于 k 为 1～2 步的查询结果加上 k 为 3 步的查询。如果算法的实现仅支持返回第 k 步邻居，或仅支持返回从第 1 步至第 k 步的邻居，那么像"第 2～4 步"邻居这种需求就需要进行多次计算再对结果求并集或差集。
- ❑ 可以对查询结果进行后续运算，如聚合等。很多 k 邻计算最终的目的就是要统计邻居点的数量、求某属性的平均值等，k 邻算法需要从设计上帮助用户完成这最后一步。

　　最后来简单讨论一下全图 k 邻。全图 k 邻可以理解为等效于、但又不完全等同于单个节点的 k 邻的批量执行。等效是指两者应该得出完全一致的查询结果，不完全等同是指全图 k 邻算法应该是经过高并发性能优化的，而这仍然不能掩盖它在大图（超过千万顶点及边）或有很多超级节点的图中运行时会消耗大量系统资源的事实，这也是为什么全图 k 邻会成为衡量图算法性能的一项重要指标。用户应该对引起高度关注的少量点进行 k 邻查询，而过深、条件过于简单（指针对最短路径的过滤条件）的全图 k 邻应被尽量避免。

6.1.2　算法复杂度与算法参数

1. 算法复杂度

　　全图 k 邻算法的时间复杂度可以分解为它进行最短路径查询时每一步的时间复杂度。每一步的任务是为了找到当前节点的所有一步邻居并施以过滤条件，因此每一步的时间复

杂度就等于当前节点的度计算的复杂度，即 $O(|E|/|V|)$，其中 E 为全图边的集合，V 为全图点的集合。将每一步的时间复杂度相乘就得到了从一个节点出发的具有 k 步的最短路径的时间复杂度，即单一节点的 k 邻复杂度为 $O((|E|/|V|)^k)$，进而可得知全图所有节点的 k 邻时间复杂度为 $O(|V|) \times O((|E|/|V|)^k)$。

2. 算法参数

全图 k 邻算法的常用参数详见表 6-1。

表 6-1　全图 k 邻算法的常用参数

名称	规范	描述
节点 ID（ids）	节点的 ID 列表	指定待计算的节点，可以针对图中部分节点进行计算，不使用此参数时可表示计算所有节点
深度范围（range）	表示 k 值范围的数组 [k_start, k_end]	k_start 小于 k_end 时可以计算某一步数范围内的邻居，k_start 等于 k_end 时则计算某一确定步数的邻居
含起点（src_include）	是（true）或否（false）	可以选择是否将起点一起返回，将直接影响到后续聚合运算的执行
方向（direction）	入（in）或出（out）	指定边的方向，不使用此参数时可表示任意方向
点模式（schema）	点模式名称列表	指定一个或多个点的 schema，图中不属于这些 schema 的点将不参与计算
路径模板（template）	最短路径模板	用于分段描述最短路径，使用此参数时之前的方向和点模式两个参数无效
点属性（property）	点属性名称列表	指定一个或多个点属性进行聚合运算，需对应指定一个或多个聚合运算；查询到的点如果无某个属性则不参与相应的聚合统计
聚合运算（aggregation）	聚合运算列表（max, min, mean, sum, var, dev）	指定每种点属性需进行的聚合运算

6.1.3　行业应用：企业影响力分析（工商和供应链图谱）

接下来所讨论的企业影响力不是指一家公司或一个集团对其所属的工业领域有哪些卓越贡献或起到了怎样的领航作用，而是指在金融市场中，一个或多个公司实体的某个金融行为可能会在短期、中期、长期等不同时效范围内，对哪些与之相关的其他实体产生影响。

一般来说，工商图谱至少包含企业实体、股东、法人、董监高等信息，用来研究和呈现集团企业、家族企业等相互之间的持股全貌。供应链图谱则是通过公司实体间的资金流转来反映各行各业之间错综复杂的资金流向。这两类图谱一直是各国政府、金融机构的研究重点，原因是它们能通过持股方向、资金流向等，清晰、直观地反映出当一个实体出现危机时，会朝着哪个方向、对哪些实体造成危机。

危机传递的过程就是典型的 k 邻搜索的过程，以发生危机的实体为起点，顺着或逆着（取决于边的具体定义）边的方向进行 1 步、2 步、3 步直至更深的查询，得到的就是先后会被危机波及的实体。不过这个看似最基础的 k 邻应用在很多实践中并不是用图计算来实现的，而是纯手工计算完成的，其计算效率和准确率的低下程度可想而知。比如很多银行的 KYC（Know Your Client）部门在计算它对公客户的最终受益人（Ultimate Beneficial Owner，UBO）时，仍在使用 Excel 表进行计算。这和很多金融机构的 IT 系统陈旧、工作方法落伍、业务开展受限是有直接关系的。

一方面，出于技术原因，企业影响力分析普遍得不到恰当、有效的开展，另一方面，大部分人对于企业的影响力缺乏大胆想象。企业影响力分析的内容远不止探讨持股关系、生产供求关系等传统问题，凡是和企业相关的金融行为、事件，以及与这些事件行为有直接关联的事务都应被列在研究范围内，就连分析的出发点都不应局限于一个企业实体，而应扩展延伸至企业发布的产品、债券等。

图 6-5 分析的核心为一家企业的某个债券，该债券价格的下跌可能直接影响该企业发布的其他债券的价格。

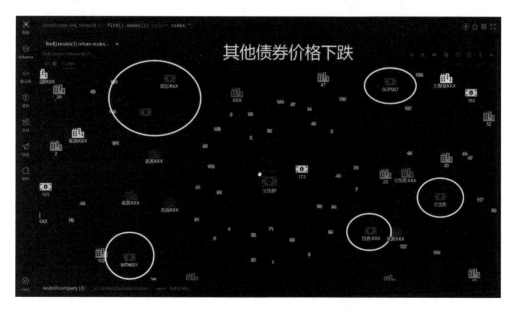

图 6-5　某债券价格下跌影响该企业其他债券的价格

图 6-6 标出的则为持有该债券的、可能被影响到的省内其他企业。

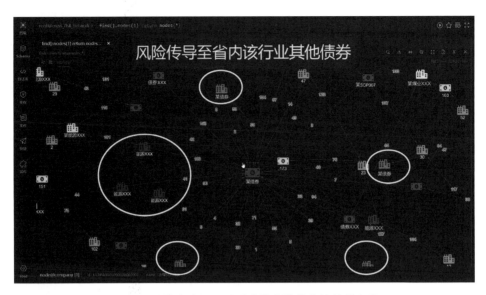

图 6-6　某债券价格下跌影响持有该债券的其他企业

图 6-5、图 6-6 所示均为该债券的 1 步邻居，从这些邻居继续向外探寻就能得到该债券价格下跌后产生的效应，如图 6-7 所示。

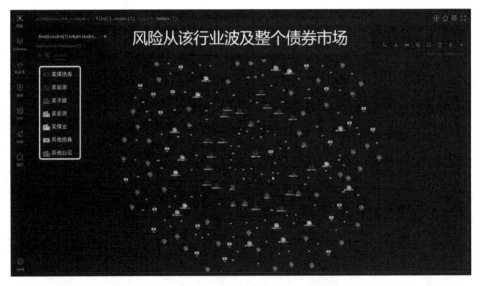

图 6-7　某债券价格下跌影响整个债券市场

之所以将企业影响力分析作为 k 邻算法的行业应用举例，是因为很多亟待解决的行业问题都是这种多模态的异构图，是将很多张信息单一的图融合到一起的综合性的图谱。这不仅对相关人员的数据收集能力、构图能力提出了较高的要求，也对 k 邻算法在灵活性、功能性等方面是否满足业务需求提出了更高的要求。如果你在很多公开资料中所看到的关于 k 邻应用的例子都是同构图（只有单一种点、一种边），比如社交网络好友推荐，那多半是因为作者想通过简单的例子来阐明自己的观点，或当时所用的 k 邻算法不足以对异构图进行恰当的处理。k 邻的应用应该是更为广泛的、实际的、能解决现实问题的，因构图能力或算法功能不足而限制了算法的使用才是各图计算厂商应该努力克服与提高的。

6.2　三角形计算

6.2.1　算法历史和原理

　　三角形计算（Triangle Counting）也称为三角形计数，是对三角形基于按点构成或按边构成进行数量统计的一种算法，常用于社区紧密度分析、稳定性分析、链接分类与预测、生物功能信息研究等应用场景。三角形之所以能获得如此高的关注，以至于人们为它设计了独立的算法，是因为三角形能够很好地反映图中任意三点之间形成环路的能力，也就是所谓的全图的紧密连接程度。由于很多初学者常常把图上的三角形误解为学生时代所学的平面几何三角形，下面从图上三角形的特征出发，逐渐展开本节内容。

　　仔细阅读过第 1 章的读者一定还记得那道关于三角形的面试题——图中原有 5 个三角形，再添一笔（一条边）就变成 10 个三角形。很多面试者其实没有闯过"读懂题"这第一关，因为他们对三角形的认知局限在了平面几何中，认为三角形的三条边必须是直线，所以无法想象两点之间有多条边这种"不合理"的现象。他们当中的一小部分人依靠"多个三角形可以共用一条边"这个唯一的灵感来寻求答案，于是给出了虽然与题目描述相吻合，但要耗费很多点、边的答案，让我们用图 6-8 来感受一下这类答案和最佳答案的对比。

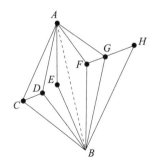

现有三角形：ACD、BCD、AFG、BFG、BGH
连接 AB 加 1 条边，新增三角形：ABC、ABD、ABE、ABF、ABG

a)

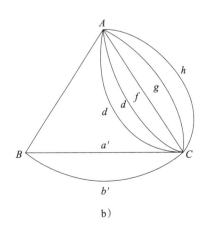

b)

图 6-8　非最佳答案与最佳答案

可以发现，图 6-8a 中的新、旧各 5 个三角形之间没有明显的对应关系，相互最多只共用了一条边（如旧三角形 *ACD* 和新三角形 *ABC* 共用了边 *AC*），而图 6-8b 中的新、旧三角形一一对应，且全部共用了两条边（如旧三角形 *ABa'C* 和新三角形 *ABb'C* 共用了边 *AB*、*AC*），相对应的两个三角形各自的第三条边必然连接了同一个节点对（边 *a'* 和 *b'* 均连接了点 *B* 和点 *C*）。这也正是前文反复提到的复杂多边图的设定，接受这个设定标志着迈出了由平面思维转变为图思维的关键一步。

图论中的很多基本概念和算法都是基于单边图进行发现和研究的，之后再随着实际需求逐渐演化发展到多边图上。三角形计数早先应用在无向单边图中，而且是以三元组的方式出现的。三元组（Triplet 或 Triple）在学术界的不同领域中有不同的定义，在无向单边图中，我们把三元组定义为通过 2～3 条边连接的 3 个点，并规定为无序三元组。

图 6-9 展示了两种不同类型的三元组，仅由两条边相连的三元组称为开放三元组，由 3 条边相连成环的三元组称为封闭三元组。注意，每个三元组的身份是以中间点来确定的，图 6-9 中点 1、2、3 构成的三角形包含 (1, 2, 3)、(2, 3, 1)、(3, 1, 2) 这 3 个封闭三元组，之所以规定为"无序"三元组，指的也是组内首尾两个点可交换，即 (1,2,3) 等同于 (3,2,1)，而并非指组内 3 个点的顺序可打乱。

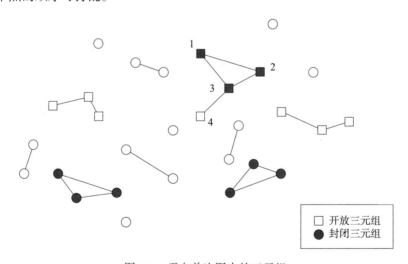

图 6-9   无向单边图中的三元组

还要注意的就是不同三元组之间的部分重叠性，图 6-9 中的点 1、2、3 既构成了前面提到的 3 个封闭式三元组，又在不同程度上参与构成了 (1,3,4) 和 (2,3,4) 这两个开放式三元组。

如何通过三角形，或者说通过三元组来体现图的连通性和紧密性呢？答案是聚类系数（Clustering Coefficient），用来衡量图中节点的聚集程度。让我们通过一个社交网络的例子来理解这种聚集程度。考虑一张用户和用户之间为好友关系的社交网络，观察网络中某个用户与其周围的好友所构成的局域子图并列举两种可能出现的情形，如图 6-10 所示。

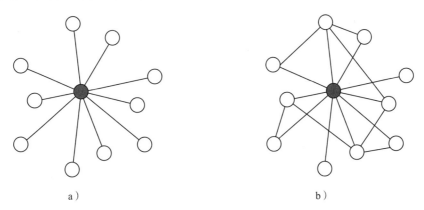

a）   b）

图 6-10   某用户局域子图的两种情形

位于局域子图中心的深色节点就是被讨论的用户节点，在图 6-10a 中，该用户的好友好像互相都不认识，相比之下，在图 6-10b 中，除了两个看似"孤僻"的好友之外，其他好友之间都存在私下联系，这才像是我们生活中的人际关系。敏感的读者可能已经体会到了其中的奥妙：一个节点的 1 步邻居是否也互为 1 步邻居，直接反映这个节点的周边环境是否紧密连接，这群人是否真正地"聚集"在一起。

为了衡量这种聚集性，人们定义了聚类系数：某点 i 的邻居两两配对后，有边相连的邻居对的数量除以所有邻居对的数量。该定义中的分子其实就是点 i 与其邻居构成的三角形的数量，分母其实就是以点 i 为中心的所有三元组的数量。假设点 i 的邻居数量为 k，则分母为 $k(k-1)/2$，分子的数值不超过分母，该系数范围为 0～1。

图 6-11 展示了聚类系数是如何随着节点周围的紧密度一起变化的：深色节点表示中心点 i，其 4 个邻居之间从没有任何边到有 1 条边、2 条边，直至 6 条边，各种情况下的聚类系数已经给出。当 4 个邻居之间没有任何边时，它们和点 i 构成的放射状形态称为星形（Star）。4 个邻居之间每增加 1 条边，以 i 为顶点的三角形个数就加 1，聚类系数的分子也就加 1。当邻居两两之间都各有 1 条边时，已经达到了单边图的边饱和状态，它们和点 i 构成的网状形态称为团（Clique）。

这里介绍的聚类系数其实是一种局部聚类系数，因为它和 k 邻类似，反映的都是图中某个点周围的连通紧密程度。我们还可以将全图每个点的聚类系数的平均值作为全图的聚类系数，并称它为平均聚类系数，同样的，这个系数的取值范围为 0～1。至此，我们已经对如何在无向单边图上通过三角形计数的方法测量点（或全图）的聚集程度有了整体认知。

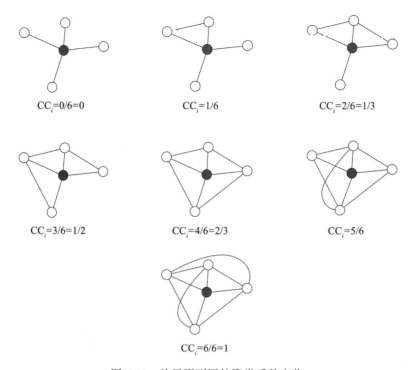

图 6-11　从星形到团的聚类系数变化

单边图中三角形计数的本质是对三角形按照其顶点的构成进行统计。如图 6-12 所示，按点构成的三角形只有 *ABC*。与按点构成的三角形相对应的是按边构成的三角形，图 6-12 中能找到 *dfe*、*dge* 两个按边构成的三角形。

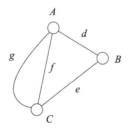

图 6-12　构成三角形的点和边

无论是按点构成还是按边构成，这两种统计方法都是完全无序的，即按点构成的三角形 *ABC*、*ACB*、*BAC*、*BCA*、*CAB*、*CBA* 是完全等同的，统计按边构成的三角形时也是同理。从图 6-12 中还能看出，多边图中按点统计得到的三角形数量少于按边统计得到的三角形数量，除非这张图是一张货真价实的单边图。

当实际应用的构图为多边图时，该怎样测量点或全图的聚集程度呢？首先，要判断这张多边图是不是能合理地简化为单边图。比如，社交网络中的两个用户之间可能同时存在同事、亲友、竞争等多种关系，而社交网络的研究目标常常是群体的特征或单纯以分群聚类为目的的社区划分，具体到某两个用户只需要知道他们是否相互熟识即可，那么这种情况下就可以将原图按照单边图来处理，也就是按点构成统计三角形。再如，本节一开始回顾的三角形面试题的出处——金融转账场景，其情况就大不相同。由于每一笔转账都如实地反映了账户之间的黏性或是某种供求关系的依赖性，因此该场景下的任何一条边都不能舍弃。

既然每一条边都不能舍弃，在很多实践中就直接对三角形进行按边构成统计，并将数量作为多边图紧密度的一个指标。当然，用三角形数量对不同图集进行横向对比时还需要进行相对化处理，比如计算出三角形数量之后再除以图集中所有三元组（按边构成）的数量，甚至为了简便而直接除以图集的规模（点、边数量等）。

单独提供的三角形计数算法需要能根据用户的输入进行按点查找三角形或按边查找三角形，可以返回三角形的数量，也可以返回三角形的点边构成。算法实现过程中要注意对查询结果进行去重，例如，按点查找时如果返回了三角形 ABC，就不能返回三角形 ACB。如果算法功能设计得再丰富一些，还可以将局部聚类系数、平均聚类系数以及一些厂家自定义的聚类系数也一并开发出来，让用户可以根据实际需要进行选择。

6.2.2　算法复杂度与算法参数

1. 算法复杂度

三角形计数算法的时间复杂度可以分解为每个节点进行的 2 步最短路径查询的时间复杂度。由 k 邻算法的时间复杂度可知，单一节点的 k 邻复杂度为 $O((|E|/|V|)^k)$，全图所有节点的 k 邻时间复杂度为 $O(|V|) \times O((|E|/|V|)^k)$，所以每个点的三角形计数的时间复杂度为 $O((|E|/|V|)^2)$，全图所有节点的三角形计算的时间复杂度为 $O(|V|) \times O((|E|/|V|)^2)$。

2. 算法参数

三角形计数算法的常用参数详见表 6-2。

表 6-2　三角形计数算法的常用参数

名称	规范	描述
计算类型 （compute_type）	计算三角形或计算局部聚类系数	指定计算图中的所有三角形还是计算节点的局部聚类系数
计算方式 （mode）	按边计算或按点计算	指定是按边构成三元组并计算，还是按点构成三元组并计算（此时多边图会被当作单边图处理）

（续）

名称	规范	描述
返回结果（result_type）	三角形的个数或三角形的点／边构成	本参数仅在 compute_type 为 1 时有效，指定返回三角形的个数还是点／边构成
节点 ID（ids）	节点的 ID 列表	本参数仅在 compute_type 为 2 时有效，指定待计算的节点，可以针对图中部分节点进行计算，不使用此参数时可表示计算所有节点

6.2.3 行业应用：社交网络紧密性

社交网络分析是基于图论开展的一种较早出现的实际应用，其分析的主要目的是根据网络结构进行社区划分、关系预测和推荐。网络紧密性是网络拓扑结构的一个重要特性，在网络连通的前提下能体现出连通程度，也就是聚类程度。网络紧密性可以有效地帮助实现社交网络分析的目标。

在研究如何划分社区时，如果将社区中心定义为网络紧密性局部较高的点，那么从这些点向着社区外的方向行走，图的紧密性大致是先保持在一个较高水平，再在社区边缘逐步下降，到了社区和社区之间的交界处时，图的紧密性应该达到局部最低水平。图 6-13 展示了一张社交网络的模型，并给出了每个点的局部聚类系数。根据这些数值的局部极值情况，我们能很快地从图中分辨出哪些点是社区的中心（深色节点）以及哪些点是社区的边界（其他节点），并且这一结果和肉眼直观的判断是基本一致的。

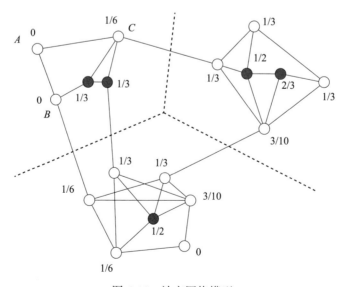

图 6-13　社交网络模型

对于社交网络中的关系预测与推荐可以沿用同样的思路。我们可以找一些紧密性较低的点，把它们的属于同一社区、但尚未成为好友的邻居互相推荐为好友，如图 6-13 中的点 A，其当前的局部聚类系数为 0，且 B、C 均为其邻居，故将 B、C 互相推荐为好友。如果 B 和 C 接受了推荐，成为好友，那么它们所在的小范围内的网络紧密性将得到提升，社区的中心也会发生变化，如图 6-14 所示。

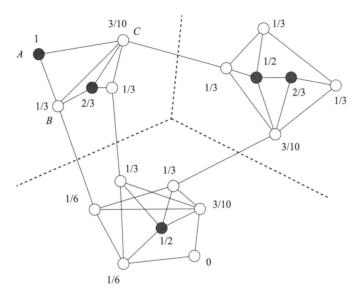

图 6-14　更新后的社交网络模型

6.3　二分图

6.3.1　算法历史和原理

二分图（Bipartite）也称二部图，是一种尝试将无向单边图中的节点划分为两个组，并确保同组内节点之间没有边的算法。二分图的判断及划分在资源分配、优化分组等场景中有着广泛应用。作为图论中一种独具特色的模型，二分图可以描述和解释生活中很多有趣的问题，从模型的本质来看，二分图讲述图的可聚类性（Clusterability）。接下来就从二分图开始逐渐深入地解释这种可聚类性。

将二分图的节点分成两组后，所有边均出现在两组之间，组内的节点之间没有边。如图 6-15 所示，将一张图的节点划分成两个部分并重新摆放节点的位置，能清楚地看到各部分内的节点是互不相连的，因而可以确定该图是一张二分图。

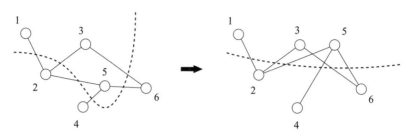

图 6-15 一张二分图的分组结果

二分图的判定准则可以概括为"偶数环"理论：将偶数环定义为含有偶数个节点（在单边图中也是偶数条边）的环路，将奇数环定义为含有奇数个节点的环路，则二分图中要么没有环路，有环路则每个环就必为偶数环。下面用两个比较生动的方法来验证该理论——穿线法和染色法。

先来看穿线法。如果能在图中画一条闭合曲线（也可以理解为一个形状奇特的圈），让该曲线把图中的每一条边都穿过且仅穿过一次，那么这张图就是二分图，位于圈内的节点为一组，位于圈外的节点为另外一组。

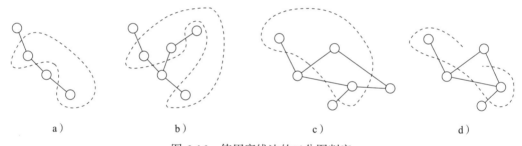

a)   b)   c)   d)

图 6-16 使用穿线法的二分图判定

图 6-16a 和图 6-16b 都是关于图中不含环路的情况。其中，图 6-16a 是一条没有分支的链路，在该链路上画曲线时，总能让曲线在链路的两侧来回穿梭，并在穿过所有边之后毫无阻碍地绕回到起点，因此无分支的链路天然就是一张二分图；而图 6-16b 在图 6-16a 的基础上添加了一条支路，那么当曲线在原来的主链路上往复穿梭到分支点时，可以暂停主链路剩余的部分，转而开始穿梭这条支路，等穿梭完支路上的所有边后，再绕回到刚才离开主链路的位置，继续穿梭剩下的边并最终绕回到起点。图 6-16a、图 6-16b 验证了偶数环理论的前半部分——没有环路的图是二分图。

图 6-16c 含有一个偶数环（4 条边），当曲线在该环的内、外侧来回穿梭时（过程中遇到支路时则先穿梭支路再恢复穿梭环路），由于环上有偶数条边，总能保证曲线的起点、终点要么全在环外（首先穿入环内并最终穿出环外），要么全在环内（首先穿出环外并最终穿入环内）；而对于图 6-16d 中含有的奇数环（3 条边）则刚好相反，曲线的起点、终点永远分

隔于环的内外两侧，如果强行将曲线闭合，势必会使其穿过环上某一条边两次。图 6-16c、图 6-16d 验证了偶数环理论的后半部分——二分图中的环路必须为偶数环。

再来看一看染色法。如果能用两种不同的颜色给图中的节点染色（每个节点染一种色），保证每条边的两个端点颜色不同，那么这张图就是二分图，颜色相同的点属于同一组。

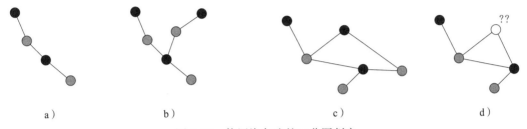

图 6-17　使用染色法的二分图判定

图 6-17 对图 6-16 中的 4 种情况分别进行了染色法尝试，其结果也非常明显：沿着链路、支路、偶数环对节点进行染色时，总能保证将各节点交替染成不同的颜色，而奇数环上的第一个被染色的节点和最后一个被染色的节点必然会被染成相同的颜色。

使用二分图来描述和解决的问题，其构图中通常包含两类实体，要解决的一般是如何进行不冲突的选择或实现最优化的匹配。例如，班主任给班上的 40 名学生准备了 40 份不同的新年礼物，并打算让同学们自己挑礼物。现在每个学生都在纸上写下了自己想要的礼物的编号，允许写多个编号，当班主任把这些小纸条收上来以后，该如何分配礼物呢？可以分别创建学生节点和礼物节点，在每个学生和自己想要的礼物之间创建边，那么这个问题的构图本身就是二分图了（图 6-18）。

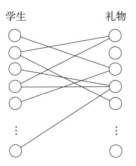

图 6-18　一个最优分配的二分图举例

接下来要计算该图的最大匹配（Maximum Matching），也就是选出尽可能多的边，使这些边不共用端点。这是一个典型的二分图最大匹配问题，该问题的解决能在保证每个礼物至多被分配给一个学生的前提下，让尽可能多的学生获得自己心仪的礼物。最大匹配并不意味着所有学生都有礼物，或所有礼物都能被分配，假设在写小纸条的环节中，1 号学生选择了全部礼物，2~40号学生都只选择了1号礼物，那么计算出来的最大匹配数就是2，即2~40号中的某一个学生获得1号礼物，1号学生获得2~40号礼物中的某一个，其他学生和礼物均未成功匹配。至于接下来班主任如何处理就是另一回事儿了。

除了上面提到的最大匹配，与二分图相关的概念和定理还有很多，如完美匹配（Perfect Matching）、最大独立集（Maximum Independent Set）、最小点覆盖数（Minimum Vertex Cover）、最小边覆盖数（Minimum Edge Cover）、交错路（Alternating Path）、增广路（Augmenting Path）、柯尼希定理（König's Theorem）、伯奇引理（Berge's Lemma）等，在此就不一一展开介绍了，感兴趣的读者可以自行查阅资料。

更为广泛的应用一定不会满足于二分图，而是需要描述像三分图、四分图（含有奇数环，本章统称为"k分图"）等更多分图的情况，这就是本节最开始提到的图的可聚类性，能够帮助判断一张图是否能基于给定条件分为两组、三组、四组或更多组，并进行求解。

图的可聚类性与符号图（Signed Graph）及其平衡性（Balance）这两个概念密不可分。符号图是指为单边图中的每条边都标记一个正号（+）或负号（-），如果能够将正号边的两个端点分到相同的组中，将负号边的两个端点分到不同的组中，就称该图是可聚类的；如果能找到一种分组方法，其组数不超过2，就称该图是平衡的。显然，符号图的平衡性比可聚类性有着更严格的要求，可聚类的符号图也称作是k平衡的（k-Balanced），k为分组最少时的组数。

图6-19a所示的符号图就是不可聚类的，原因是当根据图中AB、AC两条边上的正号将点A、B、C分到同一组后，会发现点B、C不该分在同一组，因为边BC上为负号。图6-19b首先是k平衡的，因为可以将点A分为第1组，点B、C分为第2组，点D分为第3组；如果再优化一下，将点A、D分为同一组，即把所有点分为两个组，则可确定其k值为2，也就是说该图是一张平衡图。

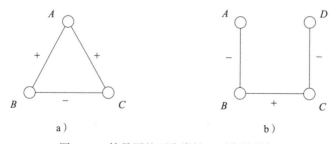

图6-19 符号图的可聚类性、平衡性举例

k平衡图和之前说的k分图之间有什么联系呢？图6-20a是一张k值为3的k平衡图，图中实线代表正号边，虚线代表负号边，出于方便我们已经将点的位置调整为分组后的样子，点1、2、3、4为一组，点5、6为一组，点7、8、9为一组，并且可以看出经过分组

后，所有正号边均处于组的内部，所有负号边均处于组之间。图 6-20b 是一张 k 值为 3 的 k 分图，点 A、B 为一组，点 C、D 为一组，点 E 为一组，该图之所以不是二分图，是因为它含有一个奇数环——三角形 ADE。

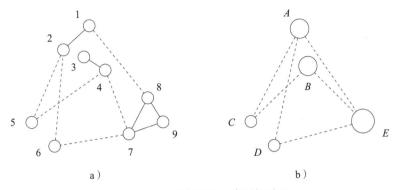

a）　　　　　　　　　　　b）

图 6-20　k 平衡图和 k 分图的对比

细心的读者可能已经猜到了笔者的用意，图 6-20 中的点 A 相当于点 1、2 的聚合体，类似地，点 B 相当于点 3、4 的聚合体，点 E 相当于点 7、8、9 的聚合体。由于 k 分图的组内节点之间没有边，故可将 k 分图理解为把 k 平衡图中的所有正号边及其两个端点聚合为点之后得到的图，鉴于此时图中只剩下了负号边，也就无所谓正负，不再是符号图了。

如果反其道而行之，给一张 k 分图中的边标上负号，再把一些节点各自扩展为多个由正号边相连通的点，就得到了一张 k 平衡图。k 分图和 k 平衡图之间的相互转换向我们暗示了在判别一张符号图是否 k 平衡时，只需要关注图中环路上负号的数量即可：k 平衡图中要么没有环路，有环路则每个环上的负号数量必定不为 1，而平衡图（k 值为 2）中要么没有环路，有环路则每个环上的负号数量必为偶数。本书对此就不展开解释了，感兴趣的读者可以自行验证。

符号图的正、负边在实际应用中通常代表两种互斥的关系，在学术研究中被举例最多的是人与人、国与国之间的三角敌友关系。根据平衡图的判断准则可知，当三人之间的关系是图 6-21a 所示的互为好友或图 6-21b 所示的两个好友有一个共同敌人时，关系是平衡稳定的；当三人之间的关系是图 6-21c 所示的互为敌人或图 6-21d 所示的两个敌人有一个共同好友时，关系是不平衡的。

后者的结论在真实生活中具有很强的实践意义，有句话叫"敌人的敌人是朋友"，三人互为敌人时，很容易演变成其中两人结盟一起针对第三人，即从图 6-21c 转变为图 6-21b，而当一个人的两个好友互为敌人时，该人也往往会迫于压力进行抉择，与其中一个好友决裂，即从图 6-21d 转变为图 6-21b，当然如果说此人极具人格魅力，以至于能让另外两个水火不容的人相安无事，从而转变成图 6-21a 的局势，也不是不可能的。从这个角度看，研究符号图中的三角关系可以分析出当前社交环境的总体稳定性，帮助进行局势预判或启用社交手段。

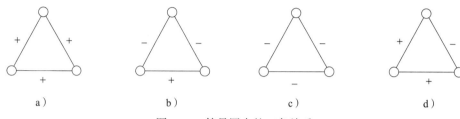

图 6-21　符号图中的三角关系

说回到二分图算法，如果是作为图数据库的一项计算功能，那么它可以不局限于对二分图的判定及划分，应该鼓励开发针对 k 分图的判定及划分的功能，最好还能兼容 k 平衡图的判定及划分。当然，能否做到这种灵活性，很大程度上取决于图数据库厂商的开发能力。

6.3.2　算法复杂度与算法参数

1. 算法复杂度

关于二分图算法的时间复杂度，如果使用染色法进行判定，那么最好的情况是存在以染色的起点为中心的封闭式三元组（三角形），即从起点进行 2 步最短路径查询后即可判定当前图不满足二分图的条件，此时的时间复杂度等同于节点的三角形计数的时间复杂度 $O((|E|/|V|)^2)$。最差的情况是需要从起点开始依次走完全图并染色，此时的时间复杂度为 $O(|E|)$。

2. 算法参数

二分图算法的常用参数详见表 6-3。

表 6-3　二分图算法的常用参数

名称	规范	描述
计算类型（compute_type）	计算 k 分图或计算 k 平衡图	指定进行 k 分图计算还是进行 k 平衡图计算
边属性（properties）	边属性名称	本参数仅在 compute_type 为 2 时有效，指定一个边属性作为边上的符号，该属性为数字 0 或为空字符串时边为负号，否则边为正号；无该属性的边不参与计算
返回结果（result_type）	分组的个数或每组的点构成	指定返回分组的个数（即 k 值）还是返回每组中点的 ID 列表；当不可分组时，返回的分组个数为 0，分组列表为空

6.3.3　行业应用：地图着色问题

地图着色问题（Graph Coloring Problem）是一个 NP 完全问题 ⊖。在了解地图着色问题之前，首先来了解一下与哥德巴赫猜想、费马定理并称为世界三大数学猜想的四色定理（Four Color Theorem）。该定理为：给一张平面地图中的各个地区着色，只用 4 种颜色就能保证任何两个边界相邻的地区使用的颜色不同。四色定理最早由英国数学家弗朗西斯·古瑟夫·戴维德于 1852 年提出，但证明过程中经历了漫长而复杂的历史，直到约 100 年后计算机问世。最终的证明由几位数学家合作完成，其中包括肖·阿佩尔和沃夫冈·哈肯等几位数学家，他们利用计算机的穷举能力演算了"没有一张地图需要 5 种颜色"这一结论。

四色定理要证明的内容可以转换为"在平面地图上不会有 5 个地区同时彼此相邻"这一命题。图 6-22 的上面一行是地区数量为 2、3、4 时的地图示例，下面一行是对应的将地区抽象为点、相邻关系抽象为边的单边图。由于在平面地图中地区之间不能相互交叠，因此抽象为单边图后，图中的边不会交叉（允许适当调整节点位置）。

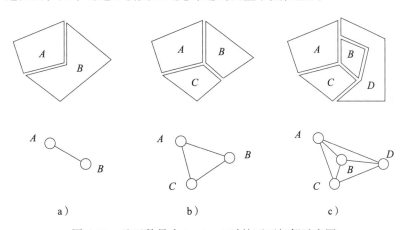

a）　　　　　　　b）　　　　　　　c）

图 6-22　地区数量为 2、3、4 时的两两相邻示意图

当 5 个地区彼此相邻时，无论它们的位置如何摆放，抽象出来的单边图上都会出现相交的边（图 6-23），在平面地图上也会出现地区交叠的现象。

地图染色的目标是用最少的颜色给一张地图上色（为了节省印刷成本），使任何两个边界相邻的地区的颜色都不相同。

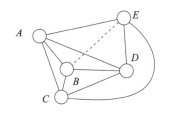

图 6-23　5 个地区两两相邻示意图

⊖　NP 完全问题：多项式复杂程度的非确定性问题。

将相邻的两个地区连边，并对得到的单边图进行 k 分图的 k 值求解。同样的方法还可求解任务统筹问题（将不能同时进行的任务连边，以求任务最少可以分为几个时间段执行）、化学品储存问题（将放在一起会发生反应的化学品连边，以求最少需要几个储存空间）等。k 分图的 k 值求解问题可以使用 Welch Powell 算法来获得近似解，或使用线性整数规划模型（Integer Linear Programming）来寻求最优解，两种都是较为成熟的算法。对于一些特殊场景构图不满足 k 分图的要求时，就转化成最大 k 染色子图（Maximum k-Colorable Subgraph）的问题，可以基于分支定界算法（Branch and Cut）来求解，并进行相关优化。

6.4 连通分量

6.4.1 算法历史和原理

连通分量（Connected Component）算法是一种分析无向图、有向图中连通分量构成的算法，多用于网络故障诊断、电路板设计、图像内容定位、固有社区结构识别等领域。连通分量是考查图连通性的一个基础指标，如果一张图的连通分量个数没有发生变化，从宏观上会认为该图的拓扑特性没有发生变化，可见连通分量是一种粗颗粒度的计量方式。

在本章开头指出了图的连通性和无限连续空间的连通性二者之间的不同。在纸上画两个相交的圆 $A1$ 和 $A2$（也可以是包含或相切），则称 $A1$、$A2$ 两个区域是连通的，如图 6-24 所示。

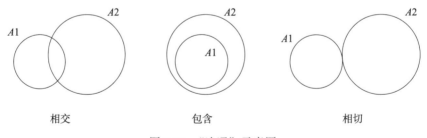

相交　　　　　　　　　包含　　　　　　　　　相切

图 6-24 "连通"示意图

如果在纸上画两个孤立的圆 $A1$ 和 $A2$——既不相交，又不包含或相切，那么就称这两个区域是不连通的，如图 6-25 所示。不但如此，我们还能在 $A1$、$A2$ 外画两个包含它们的圆 $B1$、$B2$，且保证 $B1$、$B2$ 也是不连通的。按照此法继续绘画，还会有 $C1$ 和 $C2$、$D1$ 和 $D2$、……总能保证后来的圆包含之前的圆且不连通。

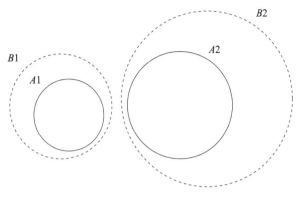

图 6-25 "不连通"示意图

这其实反映了"纸"这个平面空间的无限且连续性。生活中的很多事物都具有这种无限且连续性，如广播电台的模拟信号、电动机的无级调速、用水彩调出的渐变色等，这些信号、速度、颜色的编码被限定在了某个范围内，它们的数量究竟有多少个呢？答案是无数个。

图上的情况则不同，图中的元数据是有限且离散的，当一张图完成了建模、数据导入之后，图中点、边的数量就是确定的，图的结构也随之确定。在图 6-26 所示的单边图中，如果考虑各点到 A 的距离（步数），比 D 更近的就只有 B 和 C 两个点，并不是无数个；B、C 两点由一条边相连，它们是相邻的，它们之间也不会找到第三个点。

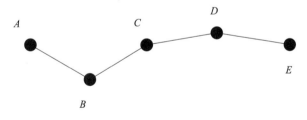

图 6-26 一个单边图的示例

判断图的连通性不需要使用"相交""相切"这样的字眼，而是看图上两个点之间是否有路径存在。在图 6-27 所示的无向图中，点 1、2 之间不存在路径，因此该图不是连通的。此外，我们还发现点 3、4 为孤点，它们和图中任何其他节点之间都不连通。

在有向图中讨论图的连通性时，需要注意区分强连通（Strongly Connected）和弱连通（Weakly Connected）两个概念。将图中节点配对，如果每个节点对的正反两个方向上都有路径，则称该图是强连通图；如果仅能保证每个节点对至少在一个方向上有路径，则称该图是弱连通图。

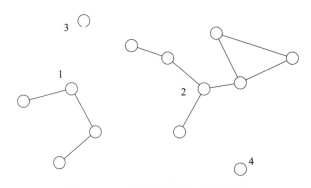

图 6-27　一个不连通无向图的示例

图 6-28 即为一个弱连通图。表 6-4 列出了该图中所有节点对在正、反两个方向上的路径。其节点对 1&4、2&4、3&4 在反方向上不存在路径。

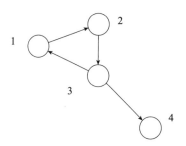

图 6-28　一个弱连通图的示例

表 6-4　弱连通图所有节点对的路径

节点对	正方向路径	反方向路径
1&2	1 → 2	2 → 3 → 1
1&3	1 → 2 → 3	3 → 1
1&4	1 → 2 → 3 → 4	无
2&3	2 → 3	3 → 1 → 2
2&4	2 → 3 → 4	无
3&4	3 → 4	无

如果给图 6-28 添加一条从点 4 指向点 3 的边，得到图 6-29，则可在表 6-5 中补全所有节点对的正反两个方向的路径，使原图变成强连通图。

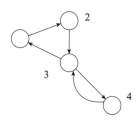

图 6-29　强连通图

表 6-5　强连通图所有节点对的路径

节点对	正方向路径	反方向路径
1&2	$1 \rightarrow 2$	$2 \rightarrow 3 \rightarrow 1$
1&3	$1 \rightarrow 2 \rightarrow 3$	$3 \rightarrow 1$
1&4	$1 \rightarrow 2 \rightarrow 3 \rightarrow 4$	$4 \rightarrow 3 \rightarrow 1$
2&3	$2 \rightarrow 3$	$3 \rightarrow 1 \rightarrow 2$
2&4	$2 \rightarrow 3 \rightarrow 4$	$4 \rightarrow 3 \rightarrow 1 \rightarrow 2$
3&4	$3 \rightarrow 4$	$4 \rightarrow 3$

　　强连通图需要考查节点之间的双向互通，其判定比仅考虑节点之间单向互通的弱连通图更严格。另外，初学者容易将有向弱连通图与无向连通图混为一谈，这是错误的，原因是无向连通图完全不需要考虑路径中边的方向。例如，图 6-30a 不是有向弱连通的，因为节点 1、3 间的正反两方向路径均不存在，但其拓扑结构相同的图 6-30b 则是无向连通的。

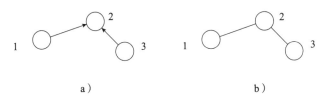

a）　　　　　　　　　　　　　　　　b）

图 6-30　有向图的弱连通性与无向图的连通性的对比

　　连通分量是指图中能够连通的极大子图，孤点自成一个连通分量。对于有向图而言，连通分量同样也分为强连通分量 SCC（Strongly Connected Component）和弱连通分量 WCC（Weakly Connected Component）。由于强连通分量内部必须是强连通的，且强连通性的判断比弱连通性更为苛刻，因此一张有向图的强连通分量的个数总是大于等于弱连通分量的个数，图 6-31 所示为一张有向图的 SCC 和 WCC 的划分对比。

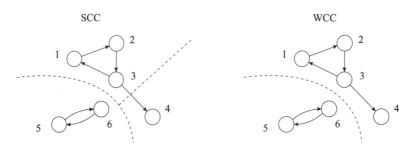

图 6-31 强连通分量（SCC）与弱连通分量（WCC）的划分对比

连通图的连通分量个数为 1，不连通图的连通分量个数大于 1，并且这个数字越大表示图的连通性越差，所以连通分量的个数实际体现的是图的不连通程度。若要描述一张图的连通程度，或是想要对连通图的内部展开更深层次的探讨，则可以从最小割（Min-cut）、最大流（Max-flow）等概念开始研究。最小割和最大流都是有向图上的成熟应用，简单起见，我们以无向图为例进行介绍。

首先来理解何为割（Cut）。"割"这一概念的研究对象既可以指点又可以指边。以边为例，将一张图的所有点分为两组，那么这两组点之间的边就是这张图的一个割，由于图的分组方法可能有很多种，故割也可能有很多个。对于无权图（边上无权重），割内边的数量称为割的容量，对于有权图，割内边的权重和称为割的容量。把容量最小的割称为图的最小割，显然，一张图的最小割可能不唯一。如果一张图的最小割的容量为 k，那么称该图的边连通度（Edge Connectivity）为 k，或称该图是 k 边连通的（k-Edge Connected）。

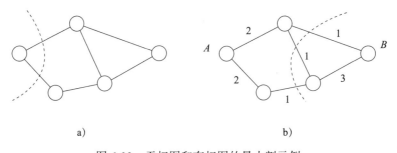

图 6-32 无权图和有权图的最小割示例

图 6-32a 和图 6-32b 的拓扑结构相同，图 6-32b 中边上的数字代表边权重，图 6-32a、图 6-32b 各自的最小割划分已经用虚线标出。对于连通图来说，由于割可以破坏其连通性，那么最小割就标志着这种"破坏"的最低成本。可想而知，一个最小割为 2 的 5 人社交群体和一个最小割为 4 的 5 人社交群体相比（图 6-33），前者只需要破坏其中两对关系就能瓦解该社交群体，显然前者的内部连通性差一些。

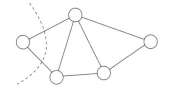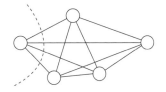

图 6-33　不同连通度的最小割容量对比

最小割还可以暗示连通图中的薄弱点，这个特征在有权图上一目了然。如果把前面的图 6-32b 看成一张机动车行驶线路图，边权重代表每段线路（可双向行驶）单方向上的车道数量，那么从 A 点向 B 点（或反向）行驶时的实际有效车道数量便是图上所标记的最小割的边权重的总和——3。观察图中最小割以外的边的权重可以发现，由于受到最小割路段的容量限制，其他路段的车道容量没有得到充分利用。这向我们提示了最小割中的路段是提高车流量的"瓶颈"，假如该区域有道路拓宽的计划，则可以从最小割的路段开始实施。

上面这个路段有效车道容量的例子其实就是最大流的一个具体应用，该例的讨论中直接使用了一条定理——最大流即为最小割。该定理是针对图中某两点而言的，即能够把图中某两点相分离的割的最小容量，等于图中这两点之间的通路的最大流量（有些文献中也称作两点间的独立轨数）。最大流最小割的计算在与"流量"相关的场景中有着广泛应用，如公路、铁路、供水、天然气、通信等，其本质都是将人、交通工具、物资、信息等从一个地区输送到另一个地区。于是，如何设计、优化它们所需的道路、管线、带宽等以便高效地完成输送任务，就成了工业界津津乐道的研究话题。

还有一个可以一笔带过的概念，就是与最小割相对的最大割（Max-cut）。最大割，顾名思义就是容量最大的割，求解一张无权图的最大割的过程可以近似为二分图的分组过程，其目的是将图中节点分为两组，使组间有尽可能多的边。有权图的最大割计算可以应用于统计物理的模型优化、超大规模集成（Very Large Scale Integration，VLST）电路设计等。由于最大割是一个典型的 NP 难问题 [注]（NP-hard Problem），有较高的计算复杂度，通常使用近似算法进行求解。

以上就是以边为研究对象的割的一些重要概念及应用，按照该思路将讨论对象换成点，就能如法炮制出一套关于点连通度（Vertex Connectivity）的理论以及 k 点连通（k-Vertex Connected）的概念。就连通度的 k 值来讲，值越大，图的连通程度越高，一张图的点连通度一般不超过边连通度，这是很容易理解的，因为删除边时就仅仅是删除边，而删除点的时候同时还会删除其他临边，所以删除点比删除边更容易让图变得不连通。但二者在本质上是一致的，都是讨论对一张连通图的连通程度起着最重要作用的那些点或边，可以根据实际应用的具体设定来选择进行使用哪种模型。

○　NP 难问题：需要超多项式时间才能求解的问题。

连通分量算法需要达到的最低计算要求是能够判断一张无向图是否连通、判断一张有向图是强连通还是弱连通，以及当这些答案为否时，计算并返回图中各连通分量的构成。除此之外，如果能定制针对 k 边（或点）连通度也就是最小割、乃至最大割等的计算功能，则可以作为算法的一个加分项。

6.4.2 算法复杂度与算法参数

1. 算法复杂度

基于原生图存储结构的连通分量查找的时间复杂度要远低于传统的基于邻接链表等存储结构进行的遍历。同样是从任意一个节点出发并使用 DFS 方法进行遍历，完成遍历及分组的过程就是走完图上的每一条边，期间如果当前连通分量已遍历完，则选择一个未遍历过的节点重新开始遍历，所以图上的连通分量查找的时间复杂度为 $O(|E|)$，低于使用邻接链表存储时的 $O(|V|+|E|)$。

2. 算法参数

连通分量算法的常用参数详见表 6-6。

表 6-6 连通分量算法的常用参数

名称	规范	描述
计算类型（compute_type）	计算连通分量或计算 SCC 或计算 WCC 或计算最小边割或计算最小点割	指定计算无向图连通分量，还是有向图 SCC 或 WCC，还是最小边割或最小点割
边属性（properties）	边属性名称	本参数仅在 compute_type 为 4 或 5 时有效，指定一个边属性作为边权重；无该属性的边不参与计算；不指定本参数时按无权图处理
返回结果（result_type）	各种连通分量的个数或割的容量或各连通分量的构成或割的构成	指定返回连通分量的个数或最小割的 k 值，还是返回每个连通分量中点的 ID 列表或最小割中的点或边的 ID 列表

6.4.3 行业应用：中继器网络安全系数计算

长距离的信号输送会使用中继器来对信号进行再生与还原，以抵消信号在传输过程中的衰减与损耗。网络中的各个中继器由于所处的拓扑结构位置不同，因此它们各自的结构安全性也不同。这里要讨论的是一个局部的或相对的安全系数，而不是前面所介绍的全图的连通度指标 k。

考虑一个中继器网络中的两个节点，把它们的相对安全系数定义为所有割中能使二者不连通的最小割的容量。图 6-34a 所示的网络已经将全图最小割标出，其 k 值为 2，为了使节点 3、4 不连通，在图 6-34b 中给出了一种最小割方案，其 k 值为 4。

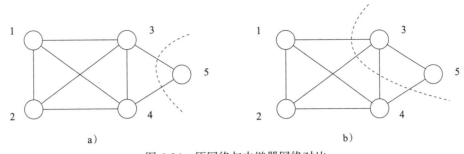

图 6-34　原网络与中继器网络对比

图 6-34b 所计算的其实就是点 3、4 之间的独立轨数，也就是前文提到的最大流。图 6-34 中的对比告诉我们，一个网络整体可能具有较低的连通度，但这并不影响其局部具有较高的连通度。在真实的应用场景中，不同节点的作用和地位也往往不同，比如有些是重点维护的节点，有些则可能是临时搭建的备用节点，在设计网络结构时通常要优先保证更重要的节点之间的连通性，那么就可以通过计算这种相对安全系数（局部 k 值）来调整和优化这些重要节点的拓扑结构位置。

中继器网络其实还有很多可以探讨的地方，例如其双向工作机制能帮助快速排查故障。中继器的工作原理是将网络节点之间的物理信号进行双向转发，这种双向转发功能是由每个中继器的接收器和发射器两部分共同实现的。这意味着在中继器的网络模型中，每两个节点之间的连接都是由两条传输方向相反的线路组成的。在无故障时，中继器网络可以简化成无向图，在进行故障维修时，往往需要将网络结构还原为有向图，再根据中继器相互之间的信息收发状态计算连通分量、进行故障定位与修复。

6.5　最小生成树

6.5.1　算法历史和原理

最小生成树（Minimum Spanning Tree，MST）是一种试图选出权重和最小的边，从而使全图节点尽可能连通的算法，主要应用于路径优化、寻求最低成本等"降本增效"场景的求解。MST 是图论中的一个基本概念，通过给边赋予某种大于零的数值来表示实际应用场景中的距离、费用、维护成本等，选择出来的边可以代表解决场景问题的必要条件。

在理解最小生成树之前，让我们先来了解何为生成树。对于一张含有 n 个节点的连通图来说，生成树是指图中所有 n 个节点以及能够将这些节点都连通起来的 $n-1$ 条边。这意味着，去掉生成树中的任意一条边都会使某个节点与其他节点不再连通，并且由此可以推知：

1）生成树中必然不会存在环路。

2）生成树中必然不会出现自环边。

3）任意两点之间最多只有一条边。

很多资料将生成树称为极小连通子图（Minimum Connected Subgraph），不管如何称呼，我们可以将前面的推论在图 6-35 中进行验证。只要去掉节点 2、3、4 之间三条边中的任意一条，去掉节点 4 上的自环边，去掉节点 4、6 之间的任意一条边，剩下的 6 条边就能将 7 个节点全部连通。同时，满足条件的边的取舍可以有多种组合，可根据取舍情况计算出该图的生成树共有 $3 \times 1 \times 2 = 6$ 种解。

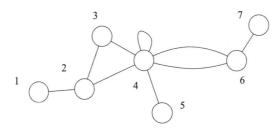

图 6-35　含有环路、自环边、多边的连通图的生成树有多种解

如果将话题从连通图扩展至不连通图，则会在有些资料中看到关于生成森林（Spanning Forest）的概念。对于一张含有 n 个节点、m 个连通分量的不连通图来说，生成森林是指图中所有 n 个节点以及能够将这些节点在其各自连通分量中都连通起来的 $n-m$ 条边。很显然，生成森林是相对于生成树而言的，即如果一个连通分量能产生一个生成树，那么多个连通分量对应产生的多个互不连通的生成树就是生成森林。

效仿之前生成树的分析方法，在图 6-36 中，节点 1、3 所在连通分量的生成树有 2 种解，树中有 1 条边，节点 2、4、5、6、7 所在连通分量的生成树有 3 种解，树中有 4 条边，因此全图的生成森林共 $2 \times 3 = 6$ 种解、$1+4 = 5$ 条边。

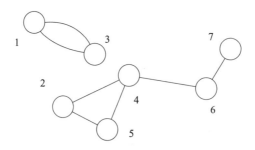

图 6-36　含有环路、自环边、多边的不连通图的生成森林有多种解

相比于连通图的最小生成树，不连通图的最小生成森林有着更广泛的实际意义。很多基于 MST 算法的应用，其真实数据就是不连通的，这可能是由其实际业务中的管辖分区、交通的天然阻隔等诸多因素造成的名副其实的"不连通"，或者是将图中一些边所代表的特殊路段列为必须经过或使用的基础设施，从而忽略对这些边的计算并使图显得好像"不连通"了，甚至在有些情况下，单纯就是把多个图的数据放在一起一并进行计算的"取巧"行为。

然而，图是否连通不应该影响生成树或生成森林的计算，原则上，生成树或生成森林应该能被自动计算，无论是使用基于全图的最小权重边进行遍历的克鲁斯卡尔（Kruskal）算法，还是使用基于当前树或森林的最小权重边进行遍历的普里姆（Prim）算法。这两种算法的精妙之处体现在它们对生成树或生成森林的计算过程中对于边权重的取舍，适合直接在权重图中进行探讨。

在一张连通权重图的生成树中，边的权重和最小的就是该图的最小生成树。有最小生成树也就有最小生成森林，即在一张不连通权重图的生成森林中，边的权重和最小的那些解。我们先来讨论连通图中的最小生成树问题。

图 6-37a 展示了一张电网布线规划图，图中每个节点代表一个需要供电的小区，每条边代表两个小区之间可以布线的路径，边上的数字代表在该路径上进行布线时的安装与运维成本。这是一个很典型的 MST 应用场景，图 6-37b 给出了该问题的一种解，没有被选择的路径已经进行了淡化处理，剩下的就是该区域的电网布线解决方案，其边的最小权重和为 2.5。

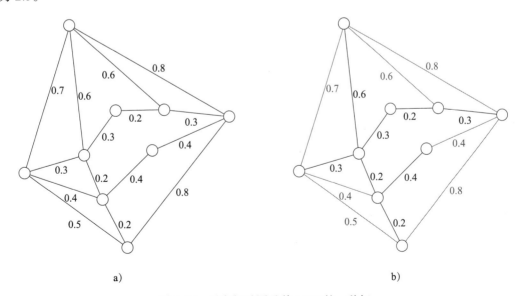

a)   b)

图 6-37 无向权重图及其 MST 的一种解

Kruskal 算法在一开始将图中所有节点看作一棵独立的树（最初时是树根），然后对图中所有边按照权重由小到大的顺序进行遍历，如果被遍历到的边的两个端点分别属于当前某两棵不同的树，那么就将该边以及所连接的两棵树合并为一棵更大的树，否则就舍弃该边。对于连通图来说，Kruskal 算法从最初的多个树根生长得到最终的一棵树，图 6-38 展示了使用 Kruskal 算法对图 6-37 中 MST 问题的求解过程。

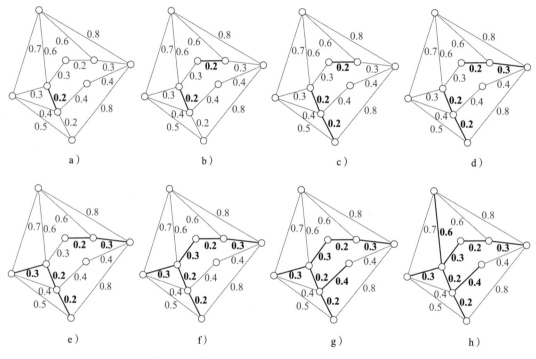

图 6-38　使用 Kruskal 算法的 MST 求解过程

Kruskal 算法对 MST 的求解过程是让一片森林合并生长为一棵树的过程。这样做有一个天然的好处就是特别适合处理不连通图的情况，对于不连通图，Kruskal 算法遍历完成之后得到的不是一棵树，而是分散的森林，这也刚好是最小生成森林的解。

Prim 算法就很不同，它以图中任意一个节点作为树的树根，每次都从与当前树相连接、尚未被遍历的边中选择权重最小的一条，如果该边的另一个端点不属于当前树，则将该边与该端点合并至当前树，否则就舍弃该边。对于连通图来说，Prim 算法从最初的一个树根生长得出最终的一棵树，图 6-39 展示了使用 Prim 算法对图 6-37 中 MST 问题的求解过程，由于算法原理不同，该解与图 6-38 所示的 Kruskal 算法的解不同。这也说明尽管 MST 是从生成树中选取边的权重和最小的解，一张图的 MST 个数必然小于等于其生成树的个数，但 MST 仍然可能有多个解。

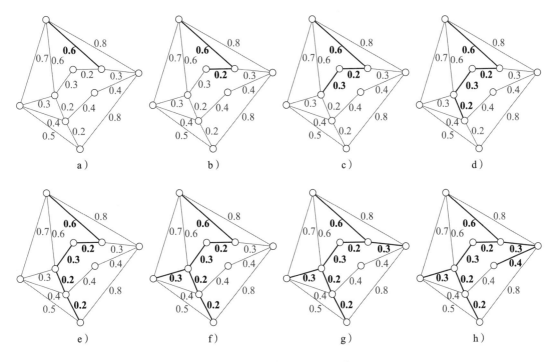

图 6-39　使用 Prim 算法的 MST 求解过程

　　Prim 算法对 MST 的求解过程是让一个树根逐渐生长为一棵树的过程。相比于 Kruskal 算法，Prim 算法在处理不连通图时就要费一番周折，因为从任意选取的某点得出的最小生成树仅仅是针对该点所在的连通分量而言的，其他连通分量的最小生成树会被"遗漏"，除非为每个连通分量各提供一个起点。当然，如果算法设计本身能够支持自动为每个连通分量选定起点并进行计算，那也不失为一个不错的功能加分项。

　　这种对比并不是说 Prim 算法逊于 Kruskal 算法，相反，Prim 算法的这种让树"逐渐生长"的特征能很好地解决有向权重图中的最小生成树问题。有向图的 MST 问题可以概括为在树的生长过程中，总是沿着当前树的某一条出边（out-edge）生长至一个新的节点。这种对树的生长方向的苛求来自于应用场景中的实际情况，比如以某地为源头向多地派发物资时，由地缘、海拔等诸多因素造成两地之间不能双向通行或不同方向的不同运输成本，再如某些废气、废水管道网络中特殊线路段上安装的止逆阀等。解决此类问题必须利用图中边的方向进行合理建模。

　　需要提醒的是，当使用 Prim 算法进行有向图的 MST 计算时，必须明确指定 MST 的树根，如果是有向且带权重的图，必须对沿出边得到的所有生成树进行计算后才能确定哪些是 MST。首先，在有向图中，从不同的树根出发计算会得到不同的 MST，图 6-40 对于这一点给出了很好的例证，以 6-40a 的节点 A、E 为起点，得到的 MST 如图 6-40b、图 6-40c

所示，权重和分别为9、6。

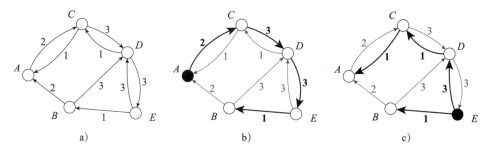

图 6-40   有向图中选择不同起点时的 MST

其次，在有向图中从某点开始计算生成树时，并不是每步都选取权重最小的出边就能保证得到的生成树的权重和最小。图 6-41 是以图 6-40a 的 E 为起点的某个生成树的求解过程，虽然该过程中的每一步都选择了当前树的权重最小的出边，但最终得到的树的权重和为 8（>6），并不是我们要找的 MST。

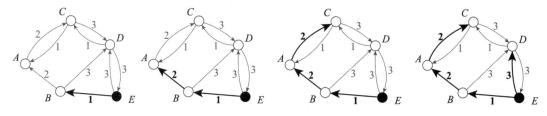

图 6-41   沿权重最小的出边未必得到 MST

MST 算法应允许用户指定边权重所在的属性，不指定属性时所有边的权重为 1，还应允许指定按无向图进行计算还是按有向图进行计算。无论是有权图还是无权图、有向图还是无向图，一张图的生成树或最小生成树都可能有多个解，MST 算法应至少计算并返回其中一种解。无向图可以使用 Kruskal 算法进行计算，有向图则可以使用 Prim 算法，并通过用户为多个连通分量指定的多个起点来进行计算，对于未指定节点的连通分量可以不进行计算，同一个连通分量如果指定多个起点时仅一个起点有效。由于 MST 本身包含图中所有的节点，因此该算法返回 MST 中的边即可。

6.5.2   算法复杂度与算法参数

1. 算法复杂度

以基于 Prim 算法来计算的连通图中的 MST 为例，对于无向图的计算，其时间复杂度为从起点开始生长每条边的时间复杂度的和，每生长一条边的时间复杂度与该边所处的迭代轮数相关。

1）第一轮迭代（即生长第一条边）时，寻找边的时间复杂度为一个节点度的复杂度，即 $O(|E|/|V|)$。

2）第二轮迭代时，寻找边的时间复杂度不超过两个节点的复杂度减 1，即 $2O(|E|/|V|)-1$。

3）第三轮迭代时，寻找边的时间复杂度不超过三个节点的复杂度减 2，即 $3O(|E|/|V|)-2$。

4）第 $n-1$ 轮迭代时，寻找边的时间复杂度不超过 $n-1$ 个节点的复杂度减 $(n-2)$，即 $(n-1)O(|E|/|V|)-(n-2)$。

其中，E 为全图边的集合，V 为全图点的集合，总迭代轮数 $n-1$ 为 $|V|-1$，所有轮的时间复杂度相加后为 $(|V|-1) \times (O(|E|)-V+2)$。对于有向图的计算，时间复杂度则为以上 $n-1$ 项相乘，并且每项中的 $O(|E|/|V|)$ 代表节点出度的计算复杂度，而非节点度的复杂度。

2. 算法参数

MST 算法的常用参数详见表 6-7。

表 6-7　MST 算法的常用参数

名称	规范	描述
计算类型（compute_type）	按无向图计算或按有向图计算	指定计算无向图的 MST，还是有向图的 MST
节点 ID（ids）	节点的 ID 列表	指定 MST 的起点；忽略表示将全部节点当作起点，此时可保证所有连通分量均被计算
边权重（weight）	边权重名称	指定一个或多个边属性作为边权重，指定多个属性表示将这些属性的值相加作为边的权重；忽略表示不加权

6.5.3　行业应用：电力、网络线路规划

前面已经举例说明了如何使用 MST 算法来解决路径的规划与选择等问题，常见的应用领域有电力、网络、公路、汽液输送等。由于 MST 的特点是不含环路，还可以对以太网中的环路成分进行排除，从而避免报文 ○（Message）在网络中无限循环形成广播风暴 ⊖（Broadcast Storm）。MST 不仅可以去除环路，还能去除冗余链路 ⊜，从而减少通信过程中的

○　报文：是网络中交换与传输的数据单元，即站点一次性要发送的数据块。报文包含将要发送的完整的数据信息，其长短很不一致，长度不限且可变。

⊖　广播风暴：由于网络拓扑的设计和连接问题，导致网络性能下降甚至瘫痪，这就是广播风暴。

⊜　冗余链路：为了保持网络的稳定性，在多台交换机组成的网络环境中，通常使用一些备份连接，以提高网络的健壮性、稳定性，这里的备份连接也称为备份链路或冗余链路。

信号干扰以及能量损耗。反过来看，在保留了冗余链路的以太网设计中，由于 MST 的解不唯一（尤其是在不考虑边权重的无权图中），因此冗余链路所构成的不同的 MST 则可以在数据转发过程中实现负载均衡的效果。

随着物联网的兴起，人们对于无线传感网络的研究与关注也日渐高涨。我们生活中常见的智能设备如摄像头、烟感器、移动型智能家电、智能穿戴、无人机，甚至无人驾驶车辆等，都需要依托无线传感网络才能正常发挥功效。在智能设备分布密集的区域需要搭建多个基站，这些基站都有相同的作用，它们接收并处理各个智能设备通过摄像头、麦克风、温度计、烟雾探测器等传感器读取到的环境信息，并根据处理结果相应地对其他设备发出信号，从而实现功能闭环。这些智能设备不仅能作为信息的原始发出者，还可以作为路由将其他设备发出的信息传递给基站。这些设备和基站所构成的网络就是一个较为复杂的 MST 应用，因为这个网络既要对其总能耗进行控制，即合理利用设备间的接力传递来减少基站的总数量，又要具备一定的系统鲁棒性，即保证每个设备的信息都能发送给不少于某一数量的基站。

该场景的挑战在于很多传感器设备都是无线可移动的，也就是说设备和设备之间、设备和基站之间物理距离是实时变化的，这个物理距离代表着图中边的权重，如果边的权重在实时更新，那么与边的权重相关的 MST 计算必然也要实时进行。

当然算法本身实现起来不是什么难事，只是在具体的场景中会有具体的问题出现。这个无线传感网络的具体问题在于无线设备内置的供电和计算资源是非常有限的。不同于有线传输的情况，无线传输中的设备供电一直都是比算法原理更棘手的事情。无线设备的电池容量通常不会太高，且内置的计算芯片也不会有较大的内存或较高的计算性能，不足以支持它们计算出自己该向哪个基站发送信号，有些较老的设备甚至没有定位功能，这些都给算法的具体应用带来了困难，即便这些算法本身已经相当成熟了。

第7章 *Chapter 7*

传播与分类算法

图作为能够描述真实世界中某个应用场景的形式,其内容一定不是完全随机化的,图中的节点虽然都有其各自独立的行为特征,但总能以某种方式体现出其所属群体的共同特性。人们对于图所能揭示的信息,从评价单个节点在图中重要程度的各类中心性指标,到关注节点之间共性的相似度算法,到探究节点的相互连接紧密度的连通性聚类指标,再到基于现有模型对潜在的节点行为或特征进行测算的拓扑链接预测,还有通过传播、模块度等方式进行的节点聚类划分,都是对挖掘实体间关联关系所做出的不懈努力。

本章将介绍一些较为著名的传播算法和社区划分算法,展示如何通过衡量节点间关联的强弱来明确节点的社区归属。

7.1 标签传播

7.1.1 算法历史和原理

标签传播算法(Label Propagation Algorithm,LPA)是一种以传播标签值并使其分布达到稳定为目标的点的迭代聚类过程,也被理解为一类社区识别算法。如果将标签值看作社区编号,那么当各点标签传播稳定时,即完成了社区划分。由于该算法在选取标签时可能用到随机化处理,因此社区划分的结果具有一定的随机性,其时间复杂度低,且无须事先指定社区数量,非常适用于大型复杂网络,常作为学术界和工业界基准测试中的重要一项。

标签通常选自节点的某一属性值，如消费品的类目、价格区间，理财产品的风险等级、收益水平等，这些标签从其自身所在节点传播至用户节点时，能间接体现用户的消费心理和购物习惯，从而帮助划分用户所属的消费群体。

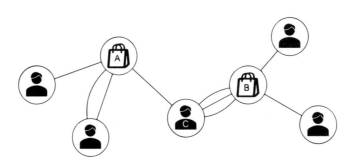

图 7-1　商品标签向用户节点传播

在图 7-1 所示的商品—用户模型中，边仅在商品节点和用户节点之间出现，表示用户对商品的浏览、收藏、购买等行为。考虑一次传播（迭代）时，商品 A、B 的标签 a、b 分别通过其邻边向邻居用户点进行传播。用户 C 和商品 A、B 之间分别有 1、3 条边，即接收到的标签 a、b 的权重分别为 1、3，如果将算法设计为每个节点仅允许拥有一个标签，那么用户 C 在本轮标签传播之后将持有权重更大的标签 b。从直观上讲，这种取舍是合理的，因为用户 C 似乎对商品 B 更感兴趣。

这种仅允许每个节点拥有一个标签及权重的传播模式称为单标签传播（Single Label Propagation）。在很多情况下，需要用户 C 同时保留权重为 1 的标签 a 和权重为 3 的标签 b，原因是相比于那些用户 C 从来没有浏览、收藏、购买过的商品来说，商品 A 仍然算是用户 C 感兴趣的，这就要求算法允许每个节点同时持有多个标签，这在 LPA 的实际应用中也是非常常见的，这种模式称为多标签传播（Multi-Label Propagation）。

举上面这个仅传播一次就得出结论的例子是为了简单地说明 LPA 的本质，更为典型的 LPA 应用则是标签在同类节点之间的多轮迭代传播。图 7-2 中各点的初始标签依次为 a～g，使用单标签传播模式经过了如表 7-1 所示的 4 轮迭代，我们能随着每轮迭代看到标签的传播情况，由于标签代表节点所属的社区，标签的传播也意味着社区范围的扩张。

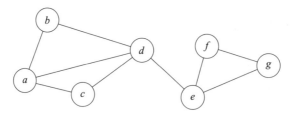

图 7-2　多轮迭代传播的各点及标签初始值

表 7-1　多轮迭代单标签传播过程

	本轮接收的标签	本轮选取的标签
初始状态	（无）	
第 1 轮迭代		
第 2 轮迭代		
第 3 轮迭代		
第 4 轮迭代		

第 4 轮迭代的结果确认了标签分布已呈稳定状态，原图最终被分成了分别具有标签 *a* 和标签 *d* 的两个社区。此外，在表 7-1 所记录的传播过程中，当一个节点接收到了多个标签并且权重最高的标签不止 1 个时，采用了按标签序号优先选取的原则。对此情况的另一种处理是从多个权重最高的标签中随机抽取一个标签，这同时也是前文中提到的造成 LPA 结果具有随机性（不一致）的原因之一。

表 7-1 的标签传播过程采用了同步更新模式，即在 LPA 的每轮迭代中先将所有节点的新标签全部计算出来，再一同进行更新。同步更新模式体现了某种公平性，即同一轮迭代中针对任意节点的标签计算都是基于该轮迭代初始时各点的标签状态。但也正因如此，同步更新模式的计算结果比较容易出现振荡发散的情况，图 7-3 中的左右两部分就互为同步更新时的标签传播结果。

图 7-3　同步更新时的标签振荡

对此，有些 LPA 的实施采用了异步更新模式，也就是在每轮迭代中，每计算出一个节点的新标签就将其更新，其后进行的标签计算都是基于它的新的标签状态。异步更新模式由于在更新标签时遵循了某种优先级，因此较好地改善了结果振荡发散的情况，但也使得标签分布乃至最终的社区划分结果依赖于这种优先级。通常认为，如果一个社区中较为关键的节点的标签先得到了更新，将会加速社区划分的形成，但如果相反，标签分布达到稳定状态的过程则可能会延长。

区别于单标签传播模式，多标签传播模式要注意其标签记录形式。当一个节点拥有多个标签时，为了能够区分出这些标签孰重孰轻，可以记录它们被接收时的权重比例。例如，当某节点接收到了权重分别为 3、2、1 的 3 个标签 *a*、*b*、*c* 时，如果规定每个节点最多可以持有 2 个标签，那么首先选取权重较高的标签 *a* 和 *b*，再计算它们各自的权重占比，分别为 3/(3+2) = 0.6 和 2/(3+2) = 0.4。

说到权重，LPA 可以在标签传播时将标签所在的邻居节点、传播时所经过的边的权重一同考虑进来，计算标签的权重。在图 7-4 所示的例子中，每个节点最多可以持有 2 个标签，节点和边上的数字分别表示节点和边的权重，节点上方小括号中的 1 个或 2 个数字及字母表示该节点当前所拥有的标签及权重比例。基于此时的状态进行一次迭代，则中间的深色节点将会：

- ❑ 接收到标签 a，权重为 $1 \times 3 \times 0.8 + 0.6 \times 2 \times 0.3 = 2.76$。
- ❑ 接收到标签 b，权重为 $0.4 \times 2 \times 0.3 + 0.3 \times 1 \times (0.5+1.2) = 0.75$。
- ❑ 接收到标签 c，权重为 $0.7 \times 1 \times (0.5+1.2) = 1.19$。
- ❑ 选取标签 a、c，权重比例分别为 $2.76/(2.76+1.19) \approx 0.7$ 和 $1.19/(2.76+1.19) \approx 0.3$。

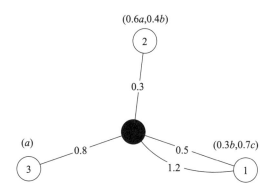

图 7-4 有点、边权重参与的标签传播

以上就是 LPA 的基本原理以及在具体应用中常采用的一些加权手段。然而，人们对于通过标签传播进行社区划分的探索并未就此止步，在 LPA 问世后，不少关于该算法的改进版相继发表。在此，我们介绍一个名为 HANP（Hop Attenuation & Node Preference）的 LPA 的扩展算法，希望能丰富读者对标签传播类算法的认知。

将 HANP 算法的名称翻译过来就是跳跃衰减和节点倾向性。跳跃衰减的字面意思是每一跳（hop，即标签的一次传播）都有所衰减，即标签的每次传播都应损耗一定的生命值，这样在多次传播后标签将会因为生命值被耗尽而不能继续传播。实现跳跃衰减需要算法给标签设定一个初始生命值，以及每次传播时的生命衰减值（也称衰减因子）。跳跃衰减能防止某些标签在图中无休止地传播下去，从而有效地避免产生过大的社区，或社区划分往复振荡的情况。

节点倾向性是指用标签所在的邻居节点的度的幂函数作为该邻居节点的权重，从而倾向于接收来自节点度更大或更小的邻居节点上的标签。幂函数的指数值（幂指数）可以由用户自由指定。由于连通图中的节点度都是大于等于 1 的，因此可知：当幂指数大于 0 时，节点度越大，幂函数的值越大，来自该节点的标签就越可能被选择；当幂指数小于 0 时，节点度越小标签越可能被选择；当幂指数等于 0 时，标签的选择倾向与邻居节点的节点度无关。

HANP 算法还有不少细节可以研究，比如当被选择的标签和节点原有的标签一致时，是采用被选择标签的生命值并进行衰减，还是沿用原有标签的生命值而不做任何衰减。我们认为，这种对于细节的处理不应形成明文规定，或者说 HANP 算法的意义在于启发我们对于 LPA 的应用思路——任何一个算法在真正的实践中都应该有其个性化的处理方式。

部分人容易将 HANP 和 PageRank 混为一谈，理由是它们都是传播类算法，都需要设置初始分值，都有阻尼衰减机制。这种混淆对于初学者来说也是在情理之中的。事实上无论是 HANP 还是 LPA，它们和 PageRank 的最大区别在于，它们所传播的标签是不可分割的，标签也无须沿着边的方向进行传播。

现在，我们针对 LPA 的具体功能提出一些要求：

- ❏ 支持单标签传播和多标签传播两种模式。
- ❏ 支持对点、边类型的过滤。
- ❏ 支持设置点、边上的权重属性。
- ❏ 指定标签所在属性后，允许有节点的标签值为空。
- ❏ 支持使用扩展的 LPA（HANP）以及设定相关参数。
- ❏ 支持设置最大迭代次数。

7.1.2 算法复杂度与算法参数

1. 算法复杂度

以单标签传播模式下的 LPA 为例，单个节点在一次迭代中需要先计算出来自其邻居节点的所有标签，再将这些标签的权重进行排序，才能选出最终的标签。其中计算所有标签的时间复杂度等同于节点度的计算复杂度，即 $O(|E|/|V|)$，之后的排序由于可以有很多种算法，我们姑且将这部分泛化为折中的排序算法复杂度 $O(|V|\log|V|)$，故单个节点在一次迭代中的计算复杂度为 $O(|E|/|V|+|V|\log|V|)$，进而可知全图所有节点的 K 次迭代计算复杂度为 $KO(|E|+|V|^2\log|V|)$。

2. 算法参数

LPA 的常用参数详见表 7-2。

表 7-2 LPA 的常用参数

名称	规范	描述
标签属性 （node_property）	点属性名称	指定一个点属性作为标签
标签数量 （k）	大于 0 的整数	指定为 1 时是单标签传播模式，大于 1 时是多标签传播模式

（续）

名称	规范	描述
最大迭代次数（max_iteration）	大于 0 的整数	算法最大的迭代次数，达到迭代次数后，算法停止
边权重（edge_weight）	数值类的边属性	计算标签权重时考虑边权重的影响，未指定表示不加权，即边权重为 1
计算类型（compute_type）	计算 LPA 或 HANP	指定按照经典的 LPA 进行计算还是按照扩展的 HANP 算法进行计算
点权重（node_weight）	数值类的点属性	该参数仅在 compute_type 为 1 时有效，计算标签权重时考虑点权重的影响，未指定表示不加权，即点权重为 1
幂指数（e）	浮点型	该参数仅在 compute_type 为 2 时有效，节点度幂函数的指数值，表示对邻居节点度的偏向性；$e=0$ 代表不考虑邻居的节点度，$e>0$ 代表偏向节点度高的邻居，$e<0$ 代表偏向节点度低的邻居
衰减因子（delta）	(0, 1) 内的浮点型	该参数仅在 compute_type 为 2 时有效，表示标签生命在每次传播后的衰减值，标签生命初始值默认为 1

7.1.3 行业应用：社交网络用户兴趣分类

任何一个社交网络平台的运营商都希望能从它所持有的用户数据中挖掘出有效信息，从而为营销推荐提供准确的依据。这种营销推荐必须是精准的、个性化的、千人千面的，比如某个用户喜欢什么类型的书籍、电影、明星，可能关注哪类新闻、名人账号，可能点击哪些广告链接等。很多社交网络在用户首次注册登录时要求用户勾选自己所属的职业类型、感兴趣的多个领域等，这些就是用户为自己打的初始标签，可以作为账号初期的营销推荐依据。

随着账号的使用，用户在平台上的社交行为，比如与其他账号间的关注、回复、点赞、转发等互动行为，以及用户发布的原创内容等，一方面使平台的内容日渐丰富，另一方面也形成了丰富的网络拓扑结构，以便通过实施各种图算法进行用户群体划分、事件影响传导分析、内容推荐等。

以 LPA 为例，可以给平台中某个时段内产生的内容各提取出一个或多个标签，比如从新闻中提取出新闻热词、从图片中提取出明星姓名、从音乐中提取出专辑名称等，这些标签会沿着某一时期内创建的发布、转发、评论等类型的边传播至内容周边的账号节点，再根据营销的目标决策为账号节点保留一个或多个这样的标签，就能获得某一时段内的用户对新内容的兴趣分类。这类似于本节一开始所举的从商品向用户进行的浅层的标签传播，如图 7-5 所示，将 LPA 的迭代次数设置为 1，那么所有与新内容有关联的账号都能获得新的兴趣标签。

还可以从整体出发、依赖账号之间的社交行为让标签稳定分布，这种标签传播只在账号节点之间进行。当图 7-5 中所有与新内容相关的账号都获得了新标签以后，针对账号类型的节点展开 LPA 计算，在达到迭代轮数限制或达到标签稳定分布时停止计算，就能得到全体账号的兴趣分类，并以此开展后续的营销推送。

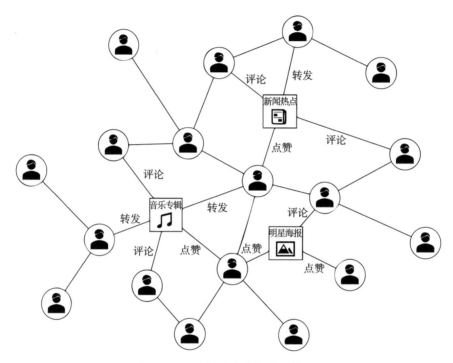

图 7-5　社交网络内容与账号结构

7.2　k 最近邻

7.2.1　算法历史和原理

k 最近邻（k-NearestNeighbor，k-NN）算法选取与当前节点最为相似的 k 个节点，不需要迭代即可预测当前节点的标签，是一种最简单、最常用的数据分类和回归技术。虽然名称中包含"邻居"（Neighbor）一词，但传统定义的 k-NN 算法在选取相似节点时并不依赖节点之间的边，也就是说图的拓扑结构并不影响该算法的运行结果。这是因为 k-NN 算法的本质是将众多样本数据映射成空间中的 n 维向量，并使用向量之间距离的远近来衡量向量的相似程度。因此，k-NN 算法非常适用于对尚未创建或无法创建关联关系的数据点进行分类，如广告邮件过滤、文本语气判断、图片内容分类等。

　　k-NN 算法的核心思想是"近朱者赤，近墨者黑"。判断"近"的依据通常是第 5 章中介绍的欧几里得距离。原则上，一切非拓扑结构类的相似度指标都可以作为这种"近"的准则，但前提是该相似度对数据维度的处理符合各个维度数据的实际意义。举个简单的例子，将城市的经度、纬度作为两个数据维度，将城市所处的华北、东北、华南、西南等地理区域作为标签，已知一些城市的经度、纬度和地理区域，求一个仅有经度、纬度而区域未知的城市所属的区域。这个应用场景就非常适合使用欧几里得距离来作为"近"的评判标准，因为在二维平面上两个城市间的距离就是欧几里得距离。

　　如图 7-6 所示，将学生的语文、数学两个科目的成绩作为两个数据维度，将学生在分科志愿中所填写的文科、理科作为标签，在已知所有学生的语文、数学成绩的基础上，根据已收上来的分科志愿推测还未提交的志愿。

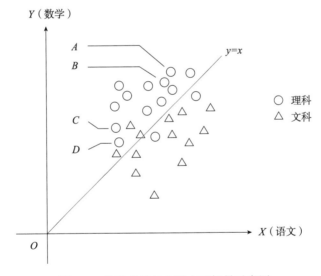

图 7-6　学科成绩与分科志愿场景示意图

　　这个场景比较有意思，学生的两门课程成绩在二维坐标系的第一象限中围绕函数 $y=x$ 进行分布，在其两侧越靠近 $y=x$ 数据点越密集，越远离该函数（明显偏科）时数据点越稀疏。从图 7-6 可以看出，当 x 轴表示语文成绩、y 轴表示数学成绩时，位于 $y=x$ 上方的数据点绝大多数选择了理科，位于其下方的数据点绝大多数选择了文科。

　　这是因为一般人选择文、理科的标准通常是出于个人喜好，或单纯看自己哪类学科学得更好（事实上，一般人对于更喜欢的科目通常能学得更轻松、愿意钻研且考分也更高）。

所以文、理科成绩的对比基本上与学生的分科意向一致，哪类学科分数更高就代表哪类学科的选择意向更强。

如果要使用 k-NN 算法解决此问题，可以将数据点的距离定义为数学、语文成绩比值的差，那么两个数据点 $(x1, y1)$、$(x2, y2)$ 之间的距离可以表示为 $\left| \dfrac{y1}{x1} - \dfrac{y2}{x2} \right|$，也就是二维坐标系中数据点和坐标轴原点连线的斜率差。由于两直线的斜率差与直线间的夹角有关，因此也可以使用第 5 章中介绍的余弦距离——两个数据点和坐标轴原点构成的夹角——来衡量两点的距离。

图 7-6 的场景之所以能用上面所述的斜率差或夹角大小来表达数据点的距离，是因为数据点的文、理二分类大致是根据斜率和夹角的变化来区分的，这也就不难想象，如果将欧几里得距离用在该场景中，预测的效果很可能就稍显逊色了，原因是欧几里得距离可以丈量任意方向上两点之间的距离，而对于图 7-6 的场景来说，经过坐标轴原点的直线方向上的两点很有可能是属于同一种学科分类的，尽管它们之间可能相去甚远。就像图中点 A、B 与点 C、D 之间的成绩差距很大一样，但这并不影响两个学生选择同一科。

图 7-7 中的数据点是 1000 个学生的语文、数学成绩，文科志愿的学生用加号"＋"表示，理科志愿的学生用乘号"×"表示。所有学生的分科志愿都是已知的，既用来当作样

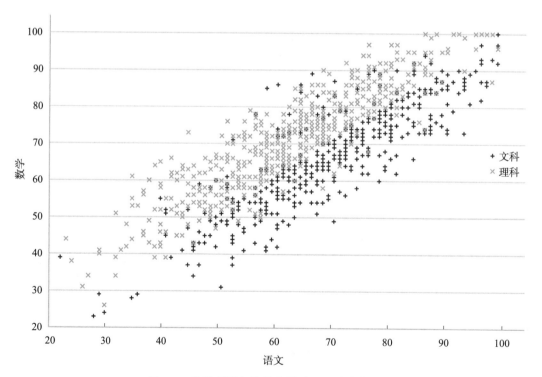

图 7-7　学科成绩与分科志愿（1000 个数据点）

本的标签，又用来验证算法的计算结果。我们分别用余弦距离和欧几里得距离的 k-NN 算法对每个学生的分科志愿进行计算，k 值从 1 到 50 分别进行计算。计算得出的结果和学生的原始志愿相比较计算错误率，并按 k 值分组，如图 7-8 所示，余弦距离不但错误率更低而且更加稳定。

整体而言，图 7-8 给出的两种距离方法的发挥都较为平稳，错误率也都较低，这是因为所计算出的 k 个最相似节点是从所有 1000 个数据点中选出来的，这能保证样本选取的均匀性和多样性。但在实际应用中，样本往往是少量的、不全面的，例如样本中的大部分节点都持有相同的标签，或者它们的 n 维数据都很相似，那么其他节点经由它们判断之后可能很难匹配到真正适合的标签。除了样本的选取至关重要之外，k 值过小或过大时，算法的正确性也会受到影响，通常可以先通过训练找到令结果最优的 k 值区间，再进行更多的分类计算。

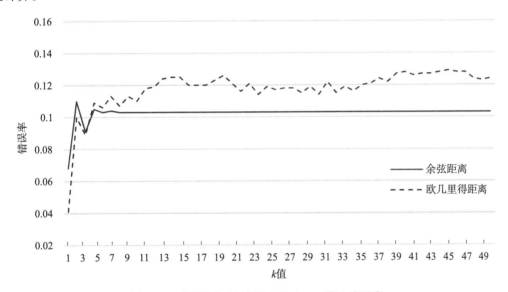

图 7-8 不同距离（相似度）的 k-NN 算法错误率

对于任何类型的标签值，k-NN 算法均可以进行分类测算，从选取的 k 个最相似样本中选择出现次数最多的标签作为被测算节点的标签。这一点和前文介绍的 LPA 很类似，可以根据不同场景的需求分别制定单标签预测、多标签预测的选取规则。

当标签值代表某种可量化的概念（如电影的评分、票房、上座率等）时，k-NN 算法则可以将选取的样本标签值的平均值作为被测算节点的标签，这就是 k-NN 的回归预测。求平均值的计算较为简单，不再举例。

总体来讲，k-NN 算法的原理是比较简单的，由于未引入迭代过程并且主要是节点相似度的计算，k-NN 算法也可以看成相似度算法的高级应用。k-NN 算法在选取相似节点时不依赖图的拓扑结构，但如果令其选取图上的"一步邻居"，那么 k-NN 算法就变成了只含一轮迭代的 LPA，这似乎在向我们暗示，所有不同的分类算法其本质上都是相同的。

在对非数字类型的数据点进行分类（如文本分类、图像分类等）时，需要先对数据进行特征提取（Feature Extraction），得到向量后再输入到 k-NN 算法中。这种得到向量的过程称为向量化（Vectorization），是一种从高维空间向低维空间进行映射的手段，详细介绍见第 9 章。

7.2.2 算法复杂度与算法参数

1. 算法复杂度

对于具有 N 维特征的 V 个已知样本，从中选出与给定数据点最相似的 k 个样本并选出最高频率的标签。计算每个样本与给定数据点的距离的时间复杂度依赖数据的维度，即 $O(N)$，那么计算所有 V 个样本的总复杂度就是 $O(VN)$，如果使用折中的排序算法复杂度 $O(V\log V)$，最终的复杂度为 $O(VN+V\log V)$。

2. 算法参数

k-NN 算法的常用参数见表 7-3。

表 7-3　k-NN 算法的常用参数

名称	规范	描述
计算类型 （compute_type）	分类计算或回归计算	指定计算节点的分类标签还是标签值的均值
计算方式 （mode）	按欧几里得距离计算、按余弦距离计算、按曼哈顿距离计算或按切比雪夫距离计算	指定按照何种距离计算最近的邻居节点
点属性 （properties）	数值类的点属性列表	指定至少两个点属性用作距离的计算，无该属性的点不参与计算
样本 ID （samples）	节点的 ID 列表	指定作为样本的节点
节点 ID （ids）	节点的 ID 列表	指定待计算的节点
k 值 （k）	大于 0 的整数	指定选取多少个相似节点进行标签计算
标签 （label）	点属性	指定一个点属性作为标签，compute_type 为 2 时标签必须为数字类型，无该属性的点不参与计算

7.2.3　行业应用：手写识别与离群点检测

手写识别与我们通常所说的光学字符识别（Optical Character Recognition，OCR）不同，后者的使用场景通常是对报刊、书籍等规范的印刷体进行扫描与识别，能够识别一种或多种语言的所有合法字符，并且识别的正确率非常高。手写识别虽然同样要达到文字识别的目的，但其正确率在很大程度上受到手写内容的工整性、规范性的影响，这些更多是用户在进行手写输入时需要把控的，对识别所用的算法并没有过于苛刻的要求。

手写识别首先要解决的是手写内容的向量化，如前所述，文字、图片等数据的向量化详见第 9 章，本节不做深入讨论，仅介绍图片向量化处理的大致流程。以手写阿拉伯数字为例，首先，搜集数字 0～9 的手写图片，注意选取书写清晰、不模棱两可的数字。然后，用数字图像技术对图片进行二值化、归一化处理，二值化可以将图片处理成白底、黑字，归一化可以将图片中的数字保持原始比例地处理为相同高度。最后，用图嵌入技术提取每张图片的特征向量。至此，所有的数字样本就准备好了。

作为数字图像识别领域的一个基础应用，手写识别一般都是用神经网络技术实现的，而对于数据量不大的手写数字识别来说，也可以使用 k-NN 算法。先使用样本向量进行最佳 k 值验证，即使用所有样本来测算每一个样本所代表的数字，在尝试不同的 k 值之后，找到最佳的 k 值区间，就可以开始识别新的手写图片了。然后按照前文所介绍的步骤对待识别的手写数字图片进行向量化处理，得到向量之后就可以采用余弦距离、欧几里得距离等找出 k 个与其最相近的样本，这里的 k 值从前面验证出的最佳区间中选取。最终选出的数字可以取前 3 名供用户选择。

还需要处理的一种情况是离群点检测（OutlierDetection），即如果用户写了一个字母 A，算法需要提示"输入的不是数字"，而不是简单地将其识别为某个或某些数字。检测过程概括如下：先从所有样本中找到和离群点 A 距离最近的样本 B，将 A 和 B 的距离记为 d，如图 7-9 所示，计算样本 B 到其 k 个（图中为 3 个）最近样本（不含 A）的距离的平均值，记为 d'，当 $d > d'$ 时认为 A 是离群点并输出报错信息。

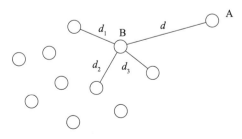

图 7-9　离群点 A 和最近样本 B 的距离与样本 B 和最近样本的平均距离之间的对比

7.3 k 均值

7.3.1 算法历史和原理

k 均值（k-Means）算法是一种以最小化聚类内部差异为目标的点的迭代聚类过程。算法的思想可以追溯到 1957 年。k 均值算法及其变种所追求的聚类内部"最小差异"是通过点到聚类质心的距离（误差）来衡量的，聚类内的所有点到聚类质心的距离之和越小，则该聚类内的点越相似，聚类越成功。与 k-NN 算法类似，k 均值算法同样不依赖图的拓扑结构，是一种以特征向量处理为前提的机器学习算法。但又与 k-NN 算法不同，它并不传播标签，而是需要用户指定聚类数量 k 以及初始的 k 个质心向量，这两个输入将在很大程度上影响算法的执行效率（迭代次数）甚至是最终的聚类效果，是一种无监督的机器学习算法。

有了前面在 LPA 中对"迭代"概念的铺垫，以及在 k-NN 算法中按需选择不同向量距离的示例，相信 k 均值算法是很容易理解的。在所有数据点都被向量化之后，该算法将预先指定的 k 个点的向量作为 k 个初始聚类的质心，为每个点找到距离它最近的质心，并将该点分配到这个最近质心所代表的聚类中，这样就得到了新一轮的 k 个聚类，此时重新计算每个聚类的质心，这就是 k 均值算法的第一轮迭代。如法炮制，进行第二轮、第三轮乃至更多轮的迭代，当迭代次数达到预设的限制，或者分配给每个聚类的向量不再改变时，就可以停止计算了。

图 7-10 中有 7 个待聚类的向量点，直观上看会认为点 A、B、C、D 相距更近，点 E、F、G 相距更近。用 k 均值进行聚类时，初始可以选择点 A、B 的向量为两个聚类的质心，用欧几里得距离作为聚类差异的丈量，在经过如表 7-4 所示的 3 轮迭代后聚类达到稳定，其中聚类质心的计算为聚类内各点向量各维度数值的平均值。聚类结果为点 A、B、C、D 聚为一类，点 E、F、G 聚为一类，符合视觉上的判断。

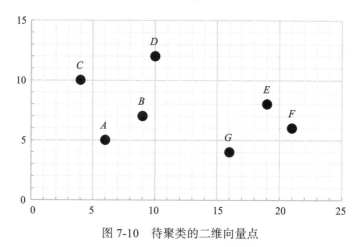

图 7-10 待聚类的二维向量点

表 7-4　多轮迭代 k 均值聚类过程

	各点所属聚类							聚类 1		聚类 2	
	A (6, 5)	B (9, 7)	C (4, 10)	D (10, 12)	E (19, 8)	F (21, 6)	G (16, 4)	成员点	质心	成员点	质心
初始状态	—	—	—	—	—	—	—	—	(6,5)	—	(9, 7)
迭代 1	1	2	1	2	2	2	2	A,C	(5, 7.5)	B,D,E,F,G	(15, 7.4)
迭代 2	1	1	1	1	2	2	2	A,B,C,D	(7.25, 8.5)	E,F,G	(18.67, 6)
迭代 3	1	1	1	1	2	2	2	A,B,C,D	(7.25, 8.5)	E,F,G	(18.67, 6)

　　关于 k 均值算法，需要着重解释的是质心的意义以及计算方法。在使用欧几里得距离进行丈量的欧氏几何空间中，质心（Centroid）是指能将某对象分成相等两部分的所有超平面的交点，可通过计算该对象中每个点各个坐标分量的算术平均值（Mean）而求得，k 均值的英文名称 k-Means 也由此而得来。表 7-4 的迭代过程使用的就是欧几里得距离，聚类质心也是取成员点各维度的平均值。

　　不过，以算术平均值为质心确保的是一个聚类内部各点到质心距离的平方和最小（注意有"平方"两个字），而不是距离的和最小，这种平方的运算容易扩大离群点（也称噪点，在 7.2 节 k-NN 算法的行业应用部分有介绍）的影响，给计算带来干扰。图 7-11 中的点 H 就是噪点，它距离任何一个其他节点都很远，如果采用 k 均值算法进行聚类，噪点 H 会被单独聚为一类，所有其他节点聚为另一类，计算过程见表 7-5。

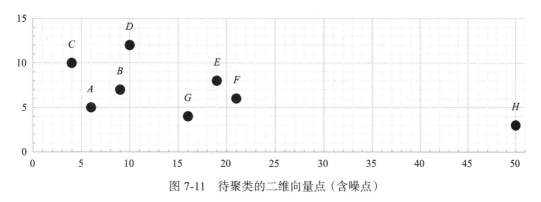

图 7-11　待聚类的二维向量点（含噪点）

　　对噪点有较好抗干扰能力的有 k 中位数（k-Medians）算法，它是在 k 均值算法的基础上改进而来的。k 中位数算法使用聚类中所有点各个坐标分量的中位数来计算聚类的质心，并使用曼哈顿距离来测量所有点与质心的距离。中位数是指一系列数值按升序或降序排列后，位于中间的值（偶数情况时取中间两个数的平均值）。曼哈顿距离是两个向量在各个维度上

表 7-5　多轮迭代 k 均值聚类过程（含噪点）

	各点所属聚类								聚类 1		聚类 2	
	A (6, 5)	B (9, 7)	C (4, 10)	D (10, 12)	E (19, 8)	F (21, 6)	G (16, 4)	H (50, 3)	成员点	质心	成员点	质心
初始状态	—	—	—	—	—	—	—	—	—	(6,5)	—	(9, 7)
迭代 1	1	2	1	2	2	2	2	2	A,C	(5, 7.5)	$B,D,E,$ F,G,H	(20.83, 6.67)
迭代 2	1	1	1	1	2	2	2	2	A,B,C,D	(7.25, 8.5)	E,F,G,H	(26.5, 5.25)
迭代 3	1	1	1	1	2	2	1	2	A,B,C,D,G	(9, 7.6)	E,F,H	(30, 5.67)
迭代 4	1	1	1	1	1	2	1	2	A,B,C,D,E,G	(10.67, 7.67)	F,H	(35.5, 4.5)
迭代 5	1	1	1	1	1	1	1	2	A,B,C,D,E,F,G	(12.14, 7.43)	H	(50, 3)
迭代 6	1	1	1	1	1	1	1	2	A,B,C,D,E,F,G	(12.14, 7.43)	H	(50, 3)

的距离之和，而并非如欧几里得距离那样求两个向量在各个维度上的距离的平方和（再开平方）。k 中位数算法就是通过这样的定义来确保聚类内部各点到质心距离的和最小，从而有效屏蔽噪点对计算的不良影响。

用 k 中位数算法重新对图 7-11 中的点进行聚类，过程如表 7-6 所示，最终将点 A、B、C、D 聚为一类，将点 E、F、G 以及噪点 H 聚为另一类。k 中位数算法虽然不能将噪点剔除，但能使其他节点的聚类计算不受噪点影响。

表 7-6　多轮迭代 k 中位数聚类过程（含噪点）

	各点所属聚类								聚类 1		聚类 2	
	A (6, 5)	B (9, 7)	C (4, 10)	D (10, 12)	E (19, 8)	F (21, 6)	G (16, 4)	H (50, 3)	成员点	质心	成员点	质心
初始状态	—	—	—	—	—	—	—	—	—	(6,5)	—	(9, 7)
迭代 1	1	2	1	2	2	2	2	2	A,C	(5, 7.5)	B,D,E,F,G,H	(17.5, 6.5)
迭代 2	1	1	1	1	2	2	2	2	A,B,C,D	(7.5, 8.5)	E,F,G,H	(20, 5)
迭代 3	1	1	1	1	2	2	2	2	A,B,C,D	(7.5, 8.5)	E,F,G,H	(20, 5)

无论是 k 均值算法还是其变种 k 中位数算法，都需要注意初始质心的选择可能会影响最终的分类结果，并且它们都只能将每个向量划分为一类而不支持划分至多类，这个特征也是显而易见的。此外，与 k-NN 算法类似，k 均值算法的 k 值选取也很重要，使用与真实数

据分布并不吻合的 k 值常会带来不尽人意的结果，一般需要基于经验或多次实验结果对比来确定合理的 k 值，例如采用手肘法，还可以尝试采用更为自动化的 Gap Statistic 方法来确定 k 值，与此相关的内容不再深入讨论。

7.3.2 算法复杂度与算法参数

1. 算法复杂度

对于具有 N 维特征的 V 个向量，每轮迭代需针对每个向量计算它与 k 个质心的距离，时间复杂度为 $O(kN)$，采用折中的排序复杂度为 $O(k\log k)$，则为每个向量选择质心的复杂度为 $O(k(N+\log k))$，每轮迭代中 V 个向量的总复杂度为 $O(Vk(N+\log k))$，L 轮迭代即为 $O(LVk(N+\log k))$。

2. 算法参数

k 均值算法的常用参数见表 7-7。

表 7-7　k 均值算法的常用参数

名称	规范	描述
计算类型 （compute_type）	计算 k 均值或计算 k 中位数	指定进行 k 均值聚类还是进行 k 中位数聚类
初始质心点 ID （ids）	节点的 ID 列表	指定作为初始质心的节点，节点个数即为算法的 k 值
点属性 （properties）	数值类的点属性列表	指定点属性用作距离的计算，compute_type 为 1 时至少填写两个点属性，无该属性的点不参与计算
最大迭代次数 （max_iteration）	大于 0 的整数	算法最大的迭代次数，达到迭代次数后，算法停止

7.3.3 行业应用：基于向量聚类的图像颜色缩减

对图片或视频中的图像进行颜色压缩是媒体压缩技术中的一个基础操作，实现的方法有很多，它们的共同目标都是减少图像中不同颜色值的数量，比如原先图中所有的像素点共出现了 10 000 种不同的颜色，压缩后仅剩 1000 种，压缩比为 10 倍。以比较容易理解的色彩空间缩减（Color Space Reduction）为例，该方法通过降低颜色编码精度、减少有效编码数量来缩减所需存储的颜色值的总量。比如将所有不同的颜色编为不同的码：

1，2，3，4，5，6，7，8，9，10
11，12，13，14，15，16，17，18，19，20

21，22，23，24，25，26，27，28，29，30

......

从 1 编到 10 000 就是 10 000 个不同的颜色编码。如果将所有颜色每 10 个一组编为相同的码：

10，10，10，10，10，10，10，10，10，10

20，20，20，20，20，20，20，20，20，20

30，30，30，30，30，30，30，30，30，30

......

这样从 10 编到 10 000 就只有 1000 个不同的颜色编码了，实现了 10 倍的压缩比，只是这种压缩比是指编码的压缩比，而非图片上颜色的压缩比。具体到每一张图片，其颜色压缩比都不尽相同。

用 k 均值算法来实现图像颜色压缩是个不错的选择，因为 k 均值并不从全体颜色的编码入手，而是只将待压缩图像中出现的颜色编码进行聚类，所以相比于色彩空间缩减的方法，用 k 均值算法实现的颜色压缩更能针对每一张图片产出最合适的压缩效果。

用 k 均值算法进行颜色压缩时，可以直接将颜色的 RGB 编码作为向量，省去了向量化的步骤，并且由于 RGB 编码本身就是遵循统一标准得出的，因此无须进行归一化处理。k 值的选取通常以预设值加手动调节的方式支持用户进行任意调整 k 值，并能实时查看调整结果。对于此应用来说，是否通过预处理来确定 k 值并不是很关键，因为很多图像颜色压缩的最终目的是达到某种特殊效果，如油画、水彩等，这些效果可能是夸张的，并且应该由用户自己来决定。

7.4 鲁汶识别

7.4.1 算法历史和原理

鲁汶识别（Louvain Detection）算法是一种以最大化模块度（Modularity）为目标的点的迭代聚类过程。该算法由比利时鲁汶大学的 Vincent D. Blondel 等人于 2008 年提出，因其能以较高的效率计算出令人满意的社区识别结果，成为近几年最多被提及和使用的社区识别算法。该算法对模块度的计算充分依赖了图的拓扑结构以及边上的权重，并以此来对比社区内和社区间节点联系的紧密程度，模块度的数值越高，社区内节点的联系越紧密，社区划分越合理。与前面所讲的标签传播算法、k-NN 算法、k 中位数算法相比，鲁汶识别算法既不传播标签，也不需要指定社区数量或质心，而是让节点在迭代计算的过程中自主"组团"，逐渐形成最终的社区，是一种非常高效的社区划分算法。

社区权重度是模块度计算中的一个重要概念，其定义为某社区内部普通边（非自环边）的权重的 2 倍、该社区内部自环边的权重、该社区外部边（与其他社区间的边）的权重三者之和。图 7-12 中共有 7 个节点，其中用虚线围起来的 4 个节点被划分在了 1 个社区，且该社区有 3 条内部普通边、1 条自环边、3 条外部边。那么按照定义，该社区的权重度为 $(1+0.5+3)\times2+1.5+(1.7+2+0.3)=14.5$。

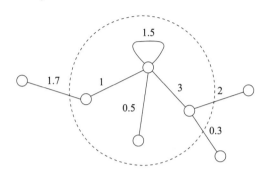

图 7-12　一个含有 4 个节点的社区

如果将社区的外部边权重从社区权重度中剔除，得到的就是全部来自社区内部的边的权重，称为社区内部权重度，计算可知，图 7-12 中 4 个节点的社区内部权重度为 10.5。我们还可以举一反三，将图 7-12 中所有的节点看成一个社区，注意此时的社区即全图，也就是没有所谓的外部边，全图权重度等同于其内部权重度：$(1.7+1+0.5+3+2+0.3)\times2+1.5=18.5$。

模块度的计算是由社区权重度、社区内部权重度、全图权重度三者构成的。当一张图被分成多个社区后，每个社区对整体的模块度都有自己的贡献，该贡献为社区内部权重度与全图权重度的比值，减去社区权重度与全图权重度的比值的平方。所有社区对模块度的贡献加在一起就是整体的模块度。

图 7-13a、b 分别展示了对同一张图的两种不同的社区划分，注意图 7-13a 中深色节点划分给了社区 Ⅱ，而在图 7-13b 中则划分给了社区 Ⅰ。直观上看，我们认为图 7-13a 的划分更为合理。两个图的全图权重度均为 17，现在分别计算模块度。

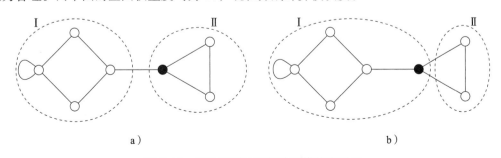

a)　　　　　　　　　　　　　　　　b)

图 7-13　两种不同社区划分的模块度对比

对于图 7-13a，社区 Ⅰ 的权重度为 10，内部权重度为 9，模块度贡献为 $9/17-(10/17)^2 \approx$ 0.1834；社区 Ⅱ 的权重度为 7，内部权重度为 6，模块度贡献为 $6/17-(7/17)^2 \approx 0.1834$；全图模块度为 0.3668。

对于图 7-13b，社区 Ⅰ 的权重度为 13，内部权重度为 11，模块度贡献为 $11/17-(13/17)^2 \approx$ 0.0623；社区 Ⅱ 的权重度为 4，内部权重度为 2，模块度贡献为 $2/17-(4/17)^2 \approx 0.0623$；全图模块度为 0.1246。

以上模块度的计算结果与预期一致，图 7-13a 的社区划分模块度更大，图 7-13a 优于图 7-13b。在鲁汶识别算法的执行过程中，所有节点的"组团"行为都由模块度的变化来指挥，只有能使模块度提高的组团行为才被允许。这里的"组团"是指一个节点从其原先所属的社区调整至另一个社区。鲁汶识别算法就是通过不停地将节点从其所属社区调整到其他社区来提高整体的模块度的。如果算法执行到某个阶段时调整任何一个节点都无法提高整体的模块度，那么可以通过社区压缩将社区内的节点打包，使其不暴露给外部，从而避免社区内部的节点被调整到其他社区中，保护了社区的构成。

社区压缩的具体操作是将一个社区内部的所有点合并为一个新点，将社区的内部权重度设置为这个新点的自环边权重。对图 7-12 中虚线所围的社区进行压缩后可得到图 7-14，稍加计算便可知，社区压缩前后全图的权重度不变。

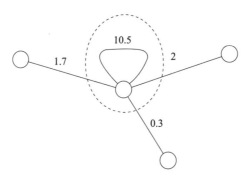

图 7-14　社区压缩后的新点及自环边

可能有人会问，如果任何节点的调整都无法再提高整体的模块度，是不是就说明社区划分已经达到最优了呢？非也。单个节点的调整对于模块度的改善只是微观层面的，对于大型图集来说，真正能推进模块度提高的是社区和社区之间的"组团"。为此，鲁汶识别算法采用了嵌套迭代方式。首先，算法不断迭代，尝试将每个节点调整到其邻居所在的社区中，以提高整体模块度。当模块度达到最高值时，算法将每个社区内的节点进行"组团"，得到一张以"团"为节点的新图。然后，算法会以这张新图为基础，重复之前的迭代。这种嵌套迭代的目的是保留算法在每一阶段所得到的社区划分，从而在更高层面上提高整体模块度。

我们还是举例来说明鲁汶识别算法的迭代过程。在鲁汶识别算法的内层迭代中，调整节点所属社区的环节是异步进行的，也就是说每找到一个节点的调整方案就调整该节点，无须等待同一轮迭代中其他节点的调整方案就位，并且调整方案仅在该节点的邻居节点所属的社区中选择，不必考察所有社区。根据这些规则对图 7-13 中的 7 个节点进行社区划分。

如表 7-8 所示，鲁汶识别算法针对原图中的 7 个节点进行了 3 次外层迭代，直到内、外层迭代都无法再使模块度得到提高，7 个节点最终划分为 {a,b,c,d} 和 {e,f,g} 两个社区。这个过程验证了我们前面所说的，当单个节点的调整无法再提高整体模块度时，并不意味着全图社区划分达到最优。社区被压缩后作为一个整体参与模块度优化的计算，实现了层级化的社区划分效果。

表 7-8　鲁汶识别算法的迭代过程

外层	内层	当前点	调整至	社区划分结果及整体模块度
外层迭代 1	内层迭代 1	a	{b}	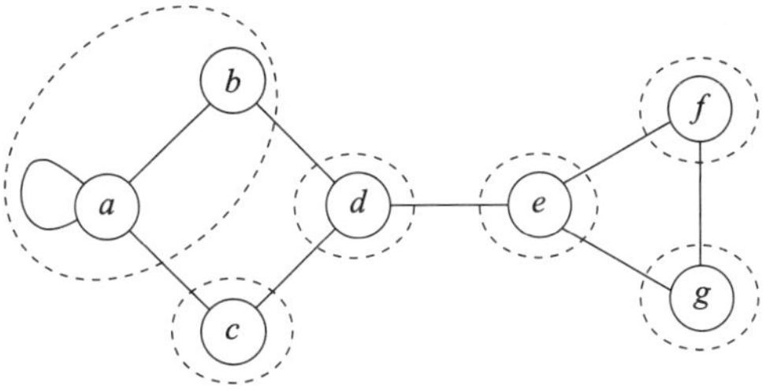 −0.0138
		b	—	同上
		c	{d}	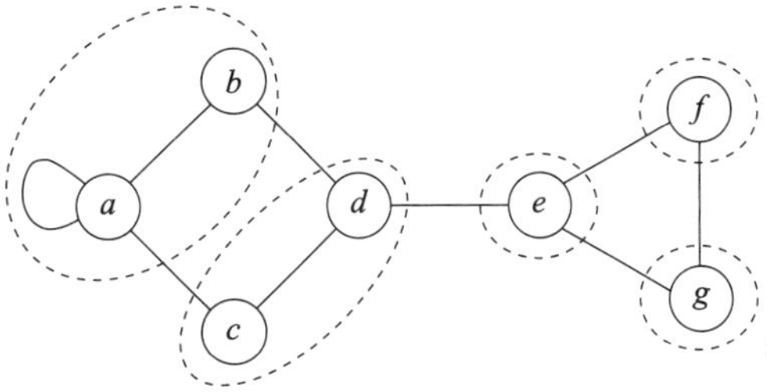 0.0623
		d	—	同上
		e	{f}	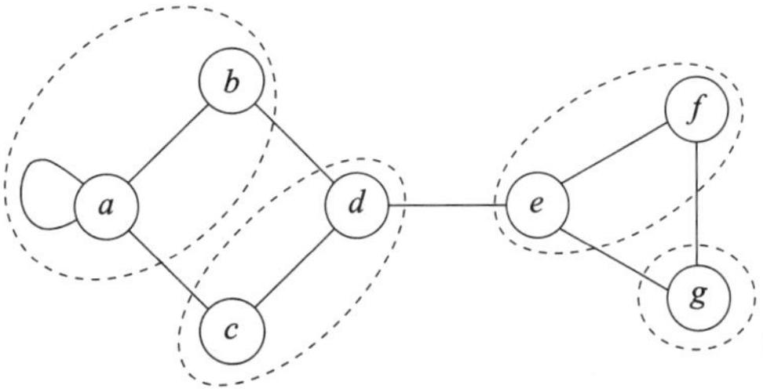 0.1384

（续）

外层	内层	当前点	调整至	社区划分结果及整体模块度
外层迭代1	内层迭代1	*f*	{*g*}	0.1522
		g	—	同上
	内层迭代2	*a/b/c/d*	—	同上
		e	{*f,g*}	0.3045
		f/g	—	同上
	内层迭代3	*a/b/c/d/e/f/g*	—	同上，内层迭代停止
	压缩			*A*={*a,b*}, *B*={*c,d*}, *C*={*e,f,g*}
外层迭代2	内层迭代1	*A*	{*B*}	0.3668
		B/C	—	同上
	内层迭代2	*A/B/C*	—	同上，内层迭代停止
	压缩			*α*={*a,b,c,d*}, *β*={*e,f,g*}
外层迭代3	内层迭代1	*α/β*	—	同上，内层迭代停止
	压缩			同上，外层迭代停止

考虑到大型图的计算的收敛性，鲁汶识别算法在判断调整节点是否使模块度有改进时引入了最小模块度增益（Minimum Modularity Gain）的概念，该值是一个大于 0 的浮点型数据，用符号 ΔQ 表示，如果节点调整后新模块度与旧模块度的差值未超过 ΔQ，则判定模块度没有改进。ΔQ 设置得越大，对节点调整方案的要求就越严格，算法收敛得越快。

7.4.2 算法复杂度与算法参数

1. 算法复杂度

当 V、E 分别表示图中点、边集合时，通过优化的贪心算法（Greedy Optimization），鲁汶识别算法的时间复杂度一般认为可以达到 $O(|V|\log|V|)$，这比此前发明的任何一种社区划分算法的复杂度都低。也就是说，在有 1 万个节点的图中，理论上鲁汶识别算法的复杂度为 $O(40\ 000)$；而在有 1 亿个顶点的连通图中，算法复杂度为 $O(800\ 000\ 000)$。实际上，从上面详细的算法步骤拆解中可以看出，鲁汶识别算法的复杂度既与点数量相关，又与边数量相关，由于鲁汶识别算法中最主要的算法逻辑是对每一个顶点所关联的边权重进行计算，因此粗略地看算法复杂度应该是 $O(|V||E|/|V|)=O(|E|)$。

2. 算法参数

鲁汶识别算法的常用参数见表 7-9。

表 7-9 鲁汶识别算法的常用参数

名称	规范	描述
最大迭代次数（max_iteration）	大于 0 的整数	设置算法内层迭代的最大迭代次数，达到迭代次数后，内层迭代停止，开始进行社区压缩
最小模块度增益（min_modularity_gain）	0～1 的小数	设置模块度增益需达到的最小数值，当节点调整所带来的模块度增益超过此值时，才调整该节点
边属性（properties）	边属性名称	指定一个边属性作为边权重，无该属性的边不参与计算

7.4.3 行业应用：用户社交关系分类

相比其他数据库而言，图数据库的一个明显优势是集成化的算法功能支持。图上有很多种算法，如出入度、中心度、排序、传播、连接度、社区识别、图嵌入、图神经元网络等。随着商用场景的增多，相信会有更多的算法被移植到图上或者被发明创造出来。

截至目前，鲁汶识别算法已经诞生了十多年，其最初发明的目的是从社交网络中挖掘出由节点（如人、事、物）关联关系所形成的社区。鲁汶识别算法通过多次嵌套的递归操作对庞大的社交关系属性图中的点、边进行遍历，紧密关联的点会处于同一社区，不同的点可能会处于不同的社区。在互联网、金融科技、保险等众多领域，鲁汶识别算法都受到了相当的重视。通过下面这行简单的嬴图 GQL（嬴图查询语言）语句就能完成鲁汶识别算法的调用执行：

```
algo(louvain).params({phase1_loop_num: 5, min_modularity_increase: 0.01})
```

受系统架构、数据结构、编程语言等差异的影响，鲁汶识别算法最终实现的效果与算法效率存在巨大差异。例如，用 Python 实现的串行的鲁汶社区识别，即便是在万级的小图中，也会耗时数小时。另外，由于算法频繁地计算点的度以及边权重，数据结构的差异也会导致巨大的性能差异。原生鲁汶识别算法采用 C++ 实现，不过是一种串行实现方式，因此，通过尽可能地并行计算，也可以减少耗时，进而提升算法效率。

图 7-15 展示的是在一张千万级点、边的中等大小图数据集上采用嬴图鲁汶识别算法进行社区识别得到的结果。该图对全部的社区划分结果进行了抽样，选取了最大的 5 个社区节点进行了染色。整个算法耗时小于 150ms，完全是以实时的方式进行计算的。对于亿级以上的大图，嬴图的鲁汶识别算法也可以在秒至分钟级完成。此外，如果进行磁盘文件回写或数据库属性回写等操作，则会对整个算法的耗时有影响。

图 7-15　实时的鲁汶识别算法及 Web 可视化（嬴图高可视化图数据库管理平台）

拓扑链接预测算法

对于一个处于动态变化的网络，不断有新节点加入网络，比如社交网络中新用户注册、电商网络中新商品上架等。同时，网络中也会不断形成新的关系（边），比如新增好友或关注的人、首次或重复购买某件商品等。动态网络的链接预测（Link Prediction）是指基于网络在某一时间的状态，预测未来网络中那些还未相连的各节点间产生关联关系的可能性问题。

这类链接预测一般不考虑复杂的外部环境对网络的影响。预测社交媒体中两个现在还没有关联的用户在未来一段时间内是否会建立联系，算法无法考虑现实中这两人因偶遇认识对方而建立联系的情况。链接预测一般是基于网络本身提供的信息，主要在于两方面：一是网络拓扑结构，即图中的节点与边是如何相连的；二是网络中节点与边带有的属性（Property 或 Attribute），属性是对自身各个维度的描述。基于网络拓扑结构的链接预测也称为拓扑链接预测（Topological Link Prediction），有属性参与的链接预测一般会使用到机器学习（Machine Learning），与构建图神经网络（Graph Neural Network）有关。关于图神经网络详见第 9 章。

除了预测动态网络在未来一段时间内如何进化的场景，链接预测的另一种场景更偏"推断"（Infer），即在一个给定的网络中，有部分边缺失了，使用链接预测算法推断出这些缺失的边。边缺失可能是人为故意操作的，例如在训练一个链接预测的机器学习模型时，删除图中的一些边后，将图送入学习模型，以准确预测出那些被删除的边为目标对模型进行训练。边缺失也可能与实际业务场景息息相关，在社交网络中，有些用户虽然在现实中彼此认识，但在社交平台上却没有产生联系，他们之间的联系也可以看作图中"缺失"的边，通过链接预测算法推断出来后，就能有针对性地通过一些方法（比如推荐）激励他们在社交平台上"补上"这一联系。在有边缺失的情况下，图的拓扑结构从某种程度上来说并不完整，因此常常需要将属性考虑在内，才能更准确地进行预测。

综上，链接预测的两种最常见场景分别是对未来链接（Future Link）和缺失链接（Missing Link）的预测，那么，为什么要进行链接预测呢？首先，一个网络能产生的价值（或造成的危害，比如恐怖分子关联网络）往往取决于实体间关系（Relationship）或行为（Behavior）的建立；其次，一般情况下，实体间的关联关系越多，整个网络的活跃度就越高。试想一下，如果网络中的实体都是离散的状态，实体与实体之间毫无关联关系，那么网络仅仅是一个名录（Directory）而已。另外，网络中现存的边数量通常是远远小于可能存在的最大边数量的。例如，截至 2022 年，Twitter（推特）在全球的注册用户约 4 亿，也就是说，每位用户最大可能获得的粉丝数也约为 4 亿，但实际上，至今在 Twitter 上，拥有粉丝数最多的美国前总统奥巴马也只有约 1.3 亿。因此，链接预测算法常被用于推荐、预警、决策、侦测等场景，用于刺激网络中新关联的建立、发现隐藏的关联关系以及为网络未来的进化做好准备等。

本章主要介绍拓扑链接预测算法，这类算法使用不同的指标来度量图中节点间的相似性（Similarity）或接近性（Proximity），并将点对按照相似性分值大小降序排列，越排在前面的点对，如果它们之间还没有产生关联，未来它们之间产生关联的可能性就越大。或者设定一个相似性度阈值，预测高于该阈值的点对在未来会产生何种关联。在下文中，读者将发现，很多所谓的拓扑链接预测算法其实也是节点中心性（如 Katz、SimRank）或相似性算法（如共同邻居、杰卡德相似性）。

当然，使用这些指标进行计算时都有一个预设条件，即两个节点越相似，它们越有可能产生关联。这一预设在很多网络中是成立的，如社交网络、合著网络、交通网络等。但也并非在所有网络中都成立，例如在蛋白质互作网络中，有研究显示，两种蛋白质越相似，它们互相作用（产生关联）的可能性反而越小。因此，在应用这些指标时，需仔细考量网络的性质。

在介绍各项指标时，为了简化我们都忽略图中边的方向，按照无向边进行计算，且边上无权重。实际应用中，边的权重和方向可能都需要考虑。另外，需要注意的是，现实中的复杂网络通常是多模的（Heterogeneous），即图中可能有多种类型的节点和边。例如，社交网络中不仅包括用户实体和关注关系，还包括贴文、评论、话题等实体以及发帖、发评论、参与话题等关系。在进行链接预测时，首先要明确预测的是哪类实体间的哪种关系，其次要设计好需要哪些相关的实体和关系参与计算，清楚这两点之后，可以提取出子图进行运算，或通过算法参数对节点和边实施过滤。

8.1　基于节点低阶相似性

低阶相似性通常仅考虑到节点的一步或二步邻域的特征，由于计算的邻域范围小，这类算法的优势是计算复杂度低。本节将介绍的共同邻居和优先连接是一阶启发式（Heuristic）算法，它们的计算只涉及两个目标节点的一步邻居；AA 指标和资源分配则是二阶启发式算法，它们既考虑两个目标节点的一步邻居，又考虑它们一步邻居的邻居（即两步邻居）。除了这 4 种指标以外，我们在第 5 章中介绍过的杰卡德相似度也可作为度量指标。

8.1.1　共同邻居

共同邻居（Common Neighbor，CN）是最简单、直观的节点相似性指标。共同邻居就是指与两个节点都有连接的节点。在社交网络中，两个用户的共同朋友越多，他们由共同朋友介绍认识或对彼此有所耳闻而产生联系的可能性就越大；又或者，两个用户的共同兴趣越多，他们因品味相似而产生联系的可能性就越大。以共同邻居数量作为链接预测指标符合社会网络分析中经典的三元闭包（Triadic Closure）理论，简单来说就是大多数人都有倾向让自己的朋友也成为朋友，从而形成三角形的关系。

两个节点的共同邻居数越多，则认为它们越相似。共同邻居（数量）的数学表示为：

$$CN(u,v) = |N(u) \bigcap N(v)|$$

其中，$N(u)$ 和 $N(v)$ 分别表示节点 u、v 的邻居节点集合。

图 8-1a 中，还未与节点 B 有关联的节点有 D、E 和 F，分别计算节点 B 与它们的共同邻居，并按照共同邻居数降序排列。结果如表 8-1 所示，其中点对 (B, D) 的共同邻居数最多，我们认为它们未来最有可能产生关联，如图 8-1b 所示。

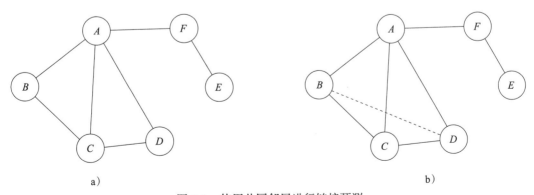

a)　　　　　　　　　　　　　　　　　　b)

图 8-1　使用共同邻居进行链接预测

表 8-1　计算节点 B 与节点 D、F 和 E 的共同邻居数

节点	节点	共同邻居
B	D	2
B	F	1
B	E	0

很显然，共同邻居算法的复杂度取决于两个节点邻域的大小，同时也受图的数据结构所影响。以原生图的近邻无索引存储方式为例，假设比较的两个节点度分别为 D_1 和 D_2，则计算它们的共同邻居数量的时间复杂度约为 $O(D_1+D_2)$。这是因为在计算共同邻居时，我们需要遍历节点 1 的邻居集合，同时检查这些邻居是否也是节点 2 的邻居。因此，时间复杂度与两个节点的邻居数量的总和相关。在最坏的情况下，即两个节点的邻居没有重叠部分时，时间复杂度为 $O(D_1+D_2)$。

共同邻居算法的常用参数详见表 8-2。

表 8-2　共同邻居算法的常用参数

名称	规范	描述
第一组节点 ID（ids）	第一组节点的 ID 列表	待计算的第一组节点的 ID；第一组每个节点与第二组每个节点组成点对进行计算
第二组节点 ID（ids2）	第一组节点的 ID 列表	待计算的第二组节点的 ID；第一组每个节点与第二组每个节点组成点对进行计算
方向（direction）	入（in）或出（out）	指定边的方向，未指定表示忽略方向
点过滤（node_filter）	点模式或点属性	参与计算的点的过滤条件，仅指定模式或属性的点参与计算
边过滤（edge_filter）	点模式或点属性	参与计算的边的过滤条件，仅指定模式或属性的边参与计算

8.1.2　AA 指标

AA 指标（Adamic-Adar Index）的概念由 L. A. Adamic 和 E. Adar 于 2003 年提出，并以他们的名字命名。AA 指标的底层思想与共同邻居一致，但 AA 指标不仅考虑共同邻居的个数，同时考虑每个邻居的权重。具体来说，节点 x 的权重为 $\dfrac{1}{\lg|N(x)|}$，即节点 x 的度（即邻

居数）取对数后的倒数。如果一个节点的度为 2，它的权重为 $\frac{1}{\lg 2} \approx 3.32$；如果一个节点的度

为 100，它的权重为 $\frac{1}{\lg 100} = 0.5$。

　　不难想象，如果一个人只有两个朋友，那么，他介绍这两个朋友认识的可能性就很大；而当一个人的朋友很多时，但他与每个人的平均联系越不频繁，即连接关系越弱，他介绍其中两人认识的可能性就越小。又或者，两个人同时关注了一个拥有很多粉丝数的名人，虽然三人似乎建立了关联，但这两个人大概率是不相识的；而如果两个人同时关注了一个只有两个粉丝数的（普通）人，那么这两个人认识的可能性就大得多。

　　两个节点共同邻居的权重越大，则认为它们越相似。AA 指标的数学表示为：

$$AA(u,v) = \sum_{x \in |N(u) \cap N(v)|} \frac{1}{\lg |N(x)|}$$

其中，$x \in |N(u) \cap N(v)|$ 是节点 u、v 的共同邻居。

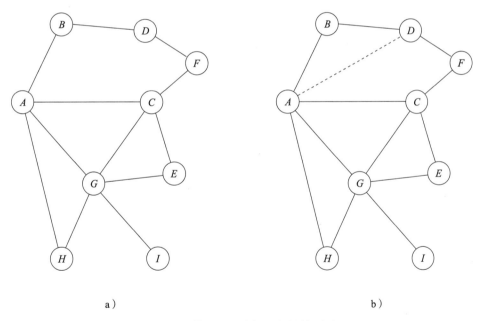

a）　　　　　　　　　　　　b）

图 8-2　使用 AA 指标进行链接预测

　　在图 8-2a 中，还未与节点 A 有关联的节点有 D、E、F 和 I，分别计算节点 A 与它们的 AA 指标，并按照 AA 指标分值降序排列。结果如表 8-3 所示，其中点对 (A,D) 的 AA 指标分值最大，我们认为它们未来最有可能产生关联，如图 8-2b 所示。

表 8-3　计算节点 *A* 与节点 *D*、*E*、*F* 和 *I* 的 AA 指标分值

节点	节点	AA 指标分值
A	*D*	3.32
A	*E*	3.09
A	*F*	1.66
A	*I*	1.43

在本例中，如果使用共同邻居作为指标进行预测，则最有可能产生关联的是点对 (*A*,*E*)。

AA 指标算法的复杂度与共同邻居算法非常相似，主要取决于要比较的两个节点的邻居集合的大小，同时也受图的数据结构所影响。在原生图的近邻无索引存储方式下，假设比较的两个节点度分别为 D_1 和 D_2，则计算它们的 AA 指标的时间复杂度约为 $O(D_1+D_2)$。虽然 AA 指标的计算还涉及对共同邻居的度数取对数和取倒数的操作，但这一步可以在遍历邻居集合时进行，不会引入额外的时间开销，从而不会增加整体的时间复杂度。

AA 指标算法的常用参数也与共同邻居算法类似，详见表 8-4。

表 8-4　AA 指标算法的常用参数

名称	规范	描述
第一组节点 ID（ids）	第一组节点的 ID 列表	待计算的第一组节点的 ID；第一组每个节点与第二组每个节点组成点对进行计算
第二组节点 ID（ids2）	第一组节点的 ID 列表	待计算的第二组节点的 ID；第一组每个节点与第二组每个节点组成点对进行计算
方向（direction）	入（in）或出（out）	指定边的方向，未指定表示忽略方向
点过滤（node_filter）	点模式或点属性	参与计算的点的过滤条件，仅指定模式或属性的点参与计算
边过滤（edge_filter）	点模式或点属性	参与计算的边的过滤条件，仅指定模式或属性的边参与计算

8.1.3　资源分配

资源分配（Resource Allocation，RA）是共同邻居算法的另一个变体。在不同的网络中，（节点）资源有不同的含义：在交通网络中，站点的乘客数量可视为资源；病毒传播网络中，某个人携带的病毒可视为资源；在电力网络中，电站的电力可视为资源。资源在网络中通常是流动的，乘客从一个站点到另一个站点，病毒从一个人传染到另一个人，电力从一个电站输送到另一个电站。

资源的流动是沿着节点间的关联关系进行的，资源分配这一链接预测指标构建了一个

简单的模型：每个节点x携带单位为 1 的资源，并平均分配给所有邻居节点，即节点x的每个邻居分配到大小为$\dfrac{1}{|N(x)|}$的资源。对于节点u和节点v，用它们从共同邻居获得的资源总和衡量它们之间的相似性，其数学表示为：

$$RA(u,v) = \sum_{x \in |N(u) \bigcap N(v)|} \frac{1}{|N(x)|}$$

其中，$x \in |N(u) \bigcap N(v)|$是节点$u$、$v$的邻居节点，两个节点从共同邻居获得的资源越多，则认为两个节点越相似。

在图 8-3a 中，哪个节点更有可能未来与节点A相连，是节点B、C还是D？分别计算节点A与它们的资源分配分值，并按照分值降序排列。结果如表 8-5 所示，其中点对 (A,B) 的优先连接分值最大，我们认为它们未来最有可能产生关联，如图 8-3b 所示。

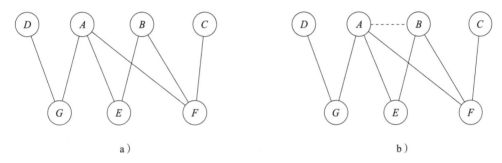

a）   b）

图 8-3　使用资源分配进行链接预测

表 8-5　计算节点 A 与节点 B、C 和 D 的资源分配分值

节点	节点	资源分配分值
A	B	0.83
A	C	0.33
A	D	0.5

可以看出，资源分配指标中的资源分配大小$\dfrac{1}{|N(x)|}$与 AA 指标中的节点权重$\dfrac{1}{\lg|N(x)|}$很相似，它们的作用都是削弱那些节点度很高的邻居节点的重要性。但由于 AA 指标对节点度取倒数前先取其对数，因此尤其是对于度比较大的节点，AA 指标对其重要性的削弱程度不如资源分配指标。例如，如果一个节点有 500 个邻居，资源分配指标计算每个邻居节点获

得的资源大小为 $\frac{1}{500} = 0.002$，AA 指标计算其节点权重为 $\frac{1}{\lg 500} \approx 0.37$。

资源分配算法的复杂度与 AA 指标算法非常相似，主要取决于要比较的两个节点的邻居集合的大小，同时也受图的数据结构所影响。在原生图的近邻无索引存储方式下，假设比较的两个节点度分别为 D_1 和 D_2，则计算它们的资源分配指标的时间复杂度约为 $O(D_1+D_2)$。

资源分配算法的常用参数与共同邻居算法类似，详见表 8-6。

表 8-6 资源分配算法的常用参数

名称	规范	描述
第一组节点 ID（ids）	第一组节点的 ID 列表	待计算的第一组节点的 ID；第一组每个节点与第二组每个节点组成点对进行计算
第二组节点 ID（ids2）	第一组节点的 ID 列表	待计算的第二组节点的 ID；第一组每个节点与第二组每个节点组成点对进行计算
方向（direction）	入（in）或出（out）	指定边的方向，未指定表示忽略方向
点过滤（node_filter）	点模式或点属性	参与计算的点的过滤条件，仅指定模式或属性的点参与计算
边过滤（edge_filter）	点模式或点属性	参与计算的边的过滤条件，仅指定模式或属性的边参与计算

8.1.4 优先连接

优先连接（Preferential Attachment，PA）描述的是现实网络中常常存在的"强者越强"的现象，即一个节点的度越大，就越有可能建立新的连接。在万维网络中，一个网页引用别的网页时，多半会选择那些权威的网页，而一个网页之所以能够被视为权威，是因为其本身的（入）度很大；在社交媒体中也是如此，已经拥有很多粉丝的 KOL（关键意见领袖）比一般用户通常更引人关注；在论文引用关系网络中，那些权威、经典的拥有很高（入）度的论文也更常被新发表的论文引用。优先连接与积累优势（Cumulative Advantage）、马太效应（Matthew Effect）、二八定律（20-80 Rule）等概念描述的基本上是同一种现象。

优先连接最有名的应用是生成随机的无标度网络。例如，2002 年由 A. Barabási 和 R. Albert 提出的 BA 模型，该模型的基本形式是：网络中最初只包括少量节点，每隔一段时间将一个新节点 i 加入网络，并与网络中已存在的若干节点相连；新节点 i 与图中已存在的某节点 j 相连的概率等于节点 j 的度占全图所有节点度总和的比值，即 $P(i,j) = \dfrac{|N(j)|}{\sum_{u \in V} |N(u)|}$。

应用在链接预测问题上时，其基本思想更像是预测哪些节点会"强强联手"，数学表示为：

$$PA(u,v) = |N(u)||N(v)|$$

其中，$N(u)$ 和 $N(v)$ 分别表示节点 u、v 的邻居节点集合，将两个节点的邻居数相乘来表示它们之间的"吸引力"，如果吸引力很大，那么早晚会产生联系。

在图 8-4a 中，哪个节点更有可能未来与节点 A 相连，是节点 B 还是 C？分别计算节点 A 与它们的优先连接分值，并按照分值降序排列。结果如表 8-7 所示，其中点对 (A,B) 的优先连接分值最大，我们认为它们未来最有可能产生关联，如图 8-4b 所示。

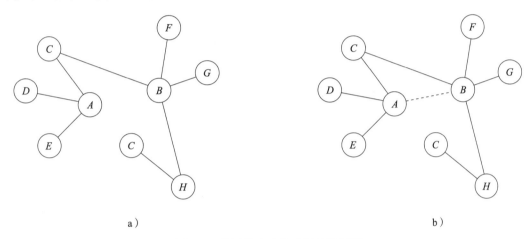

a）　　　　　　　　　　　　　　　　b）

图 8-4　使用优先连接进行链接预测

表 8-7　计算节点 A 与节点 B 和 C 的优先连接分值

节点	节点	优先连接分值
A	B	9
A	C	3

优先连接指标的一大优势在于计算复杂度非常低，因为只需用到每个节点的度信息。

优先连接算法的复杂度与资源分配算法非常相似，主要取决于要比较的两个节点的邻居集合的大小，同时也受图的数据结构所影响。在原生图的近邻无索引存储方式下，假设比较的两个节点度分别为 D_1 和 D_2，则计算它们的优先连接指标的时间复杂度约为 $O(D_1+D_2)$。

优先连接算法的常用参数与共同邻居算法类似，详见表 8-8。

表 8-8   优先连接算法的常用参数

名称	规范	描述
第一组节点 ID（ids）	第一组节点的 ID 列表	待计算的第一组节点的 ID；第一组每个节点与第二组每个节点组成点对进行计算
第二组节点 ID（ids2）	第一组节点的 ID 列表	待计算的第二组节点的 ID；第一组每个节点与第二组每个节点组成点对进行计算
方向（direction）	入（in）或出（out）	指定边的方向，未指定表示忽略方向
点过滤（node_filter）	点模式或点属性	参与计算的点的过滤条件，仅指定模式或属性的点参与计算
边过滤（edge_filter）	点模式或点属性	参与计算的边的过滤条件，仅指定模式或属性的边参与计算

8.2　基于节点高阶相似性

　　基于节点高阶相似性的启发式算法一般会利用路径计算、随机游走等方法，以求获取节点更远处邻域的特征。本节将介绍 4 个指标，分别是最短距离、Katz（卡茨）指标、重启型随机游走以及 SimRank 指标。值得一提的是，Katz 指标与 SimRank 指标有一个共同点，它们都用到了一个在 (0,1) 范围内的衰减因子（Decay Factor），并且从节点的近处邻域到远处邻域进行指数级地衰减。衰减因子一方面保证了离目标节点近的邻居的贡献度大于远处的邻居，另一方面也代表在该指标下对节点间相似性衡量的信心程度。

8.2.1　最短距离

　　最短距离（Shortest Distance）的概念大家肯定都不陌生，最短距离就是两个节点之间最短路径的长度，这是最简单的基于节点高阶相似性的链接预测指标。

　　两个节点的最短距离越小，则认为它们越相似，因此最短距离分值的数学表示公式中有一个负号：

$$\mathrm{SD}(u,v) = -D(u,v)$$

其中，$D(u,v)$ 是两个节点 u、v 间的最短距离。

　　在图 8-5a 中，还未与节点 A 有关联的节点有 E、F 和 G，分别计算节点 A 与它们的最短距离，并按照最短距离分值降序排列。结果如表 8-9 所示，其中点对 (A,E)、(A,F) 的最短距离分值并列最大，我们认为它们未来最有可能产生关联，如图 8-5b 所示。

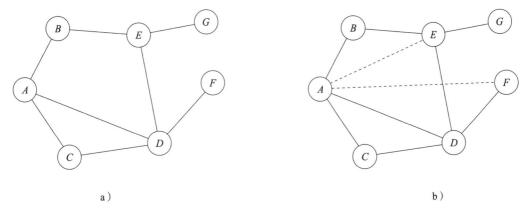

a)   b)

图 8-5　使用最短距离进行链接预测

表 8-9　计算节点 A 与节点 E、F 和 G 的最短距离分值

节点	节点	最短距离分值
A	E	−2
A	F	−2
A	G	−3

　　计算两点间的最短距离通常需要先找到两点间的最短路径，不同的最短路径算法具有不同的实现方式、适用性以及复杂度。著名最短路径算法有迪杰斯特拉（Dijkstra）算法、贝尔曼 - 福特（Bellman-Ford）算法、弗洛伊德 - 沃歇尔（Floyd-Warshall）算法、A* 算法等。

　　最短距离算法的常用参数详见表 8-10。

表 8-10　最短距离算法的常用参数

名称	规范	描述
第一组节点 ID（ids）	第一组节点的 ID 列表	待计算的第一组节点的 ID；第一组每个节点与第二组每个节点组成点对进行计算
第二组节点 ID（ids2）	第一组节点的 ID 列表	待计算的第二组节点的 ID；第一组每个节点与第二组每个节点组成点对进行计算
方向（direction）	入（in）或出（out）	指定边的方向，未指定表示忽略方向
点过滤（node_filter）	点模式或点属性	参与计算的点的过滤条件，仅指定模式或属性的点参与计算
边过滤（edge_filter）	点模式或点属性	参与计算的边的过滤条件，仅指定模式或属性的边参与计算
边权重（edge_weight）	数值类的边属性	计算带权重的最短路径，未指定表示不加权

8.2.2 Katz 指标

Katz 原本是一种计算节点影响力的中心性算法，由 Leo Katz 于 1953 年提出。常见的节点中心性算法都只考虑两个节点间的最短路径，如接近中心性、中介中心性等，但 Katz 算法考虑两个节点间的所有路径。具体地，Katz 算法给图中每条边分配一个衰减因子 $\alpha \in (0,1)$，对于图中任意一个节点，如果它能够通过长度为 k 的某条路径（不一定是最短路径）与目标节点相连，那么这条路径的权重为 α^k。

在图 8-6 中，假设衰减因子 $\alpha = 0.5$，目标是计算节点 A 的 Katz 中心性。路径 $A - B$ 和路径 $A - C$ 的权重都是 $0.5^1 = 0.5$，路径 $A - B - E$ 的权重为 $0.5^2 = 0.25$，路径 $A - F - B - E$ 的权重则为 $0.5^3 = 0.125$。

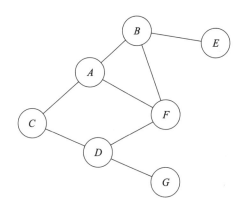

图 8-6　Katz 中心性

在链接预测问题上，Katz 指标的数学表示为：

$$\text{Katz}(u,v) = \sum_{l=1}^{\infty} \alpha^l \left| \text{paths}^{\langle l \rangle}(u,v) \right|$$

其中，$\text{paths}^{\langle l \rangle}(u,v)$ 表示节点 u、v 之间长度为 l 的路径的集合；∞ 表示对 l 的大小不做限制，考虑节点 u、v 之间所有可能的路径；$\alpha \in (0,1)$ 是衰减因子，随着 l 的增大，该路径所产生的分值呈指数级衰减。两个节点间的短路径越多，Katz 指标越大，则认为它们越相似。

在图 8-7a 中，设定 $\alpha = 0.2$，节点 D 或 F 哪个更有可能未来与节点 A 相连？以下是 Katz 指标的计算过程。

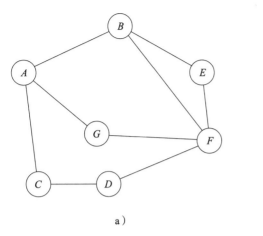
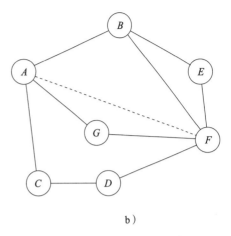

$$a)$$ $$b)$$

图 8-7　使用 Katz 指标进行链接预测

点对 (A,D) 间共有 4 条路径：

$$\text{paths}^{(2)}(A,D) = \{A-C-D\},$$

$$\text{paths}^{(3)}(A,D) = \{A-B-F-D, A-G-F-D\},$$

$$\text{paths}^{(4)}(A,D) = \{A-B-E-F-D\}$$

因此，点对 (A,D) 的 Katz 指标分值为：

$$\text{Katz}(A,D) = 0.2^2 \times 1 + 0.2^3 \times 2 + 0.2^4 \times 1 = 0.0576$$

点对 (A,F) 间共有 3 条路径：

$$\text{paths}^{(2)}(A,F) = \{A-B-F, A-G-F\},$$

$$\text{paths}^{(3)}(A,F) = \{A-B-E-F\}$$

因此，点对 (A,F) 的 Katz 指标分值为：

$$\text{Katz}(A,F) = 0.2^2 \times 2 + 0.2^3 \times 1 = 0.088$$

其中，点对 (A,F) 的 Katz 指标分值更大，我们认为它们未来最有可能产生关联，如图 8-7b 所示。

假设图中有 V 个节点和 E 条边，并且我们希望计算 Katz 相似度矩阵，这涉及多轮迭代，每轮迭代计算路径长度为 t 的相似度，一共进行 T 轮迭代。由于每轮迭代涉及遍历图中的所有边，因此时间复杂度可以表示为 $O(TE)$。需要注意的是，Katz 相似度算法的时间复杂度还受到图的稀疏性和具体实现技术的影响。如果图是稀疏的，即边的数量相对较少，那么算法的时间复杂度可能会较低。另外，优化技术和近似方法可以用于减少计算负担和提高性能。

Katz 指标算法的常用参数详见表 8-11。

表 8-11 Katz 指标算法的常用参数

名称	规范	描述
第一组节点 ID（ids）	第一组节点的 ID 列表	待计算的第一组节点的 ID；第一组每个节点与第二组每个节点组成点对进行计算
第二组节点 ID（ids2）	第一组节点的 ID 列表	待计算的第二组节点的 ID；第一组每个节点与第二组每个节点组成点对进行计算
衰减因子（α）	(0, 1) 之间的小数	赋予路径中每条边的衰减因子
方向（direction）	入（in）或出（out）	指定路径中所有边的方向，未指定表示忽略方向
点过滤（node_filter）	点模式或点属性	参与计算的点的过滤条件，仅指定模式或属性的点参与计算
边过滤（edge_filter）	点模式或点属性	参与计算的边的过滤条件，仅指定模式或属性的边参与计算
边权重（edge_weight）	数值类的边属性	计算带权重的路径，未指定表示不加权

8.2.3 重启型随机游走

随机游走（Random Walk）是经常被运用在机器学习中的方法，我们将在第 9 章中详细介绍。简单来说，随机游走就是从图中某个节点出发，每到达一个节点，就沿着节点的某一邻边访问下一个节点，并且选择每条邻边的概率相同，重复这个步骤直至达到指定的游走步数。如果考虑边权重，选择每条邻边的概率与边权重大小成正比。这一随机游走过程经过一些改进也可用于链接预测。

假设以节点 x 作为起点开始随机游走，每到达一个节点，都有两个选择：

❑ 以 $\alpha \in (0,1)$ 的概率返回起始节点 x。
❑ 以 $1-\alpha$ 的概率访问节点 y 的任意一个邻居节点。

这一游走机制称为重启型随机游走（Random Walk with Restart，RWR），它与经典随机游走的区别就在于每次游走之后有一定概率（α）回到起点。重启型随机游走是探索网络整体结构的一种方法，从网络中某个节点出发进行游走，当游走深度达到一定的值时，最后落在每个节点的概率将不再改变，此时落在每个节点上的概率即可代表该点与起始节点的接近程度。

以图 8-8 为例进行说明，我们先给出这张图的一阶转移矩阵 W，矩阵元素 W_{ij} 表示从节点 i 访问节点 j 的概率，矩阵每一行的元素和为 1。

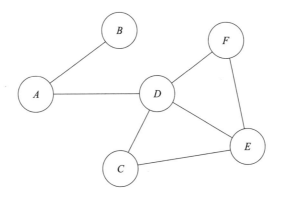

图 8-8　重启型随机游走

	A	B	C	D	E	F	
	0	1/2	0	1/2	0	0	A
	1	0	0	0	0	0	B
	0	0	0	1/2	1/2	0	C
$W =$	1/4	0	1/4	0	1/4	1/4	D
	0	0	1/3	1/3	0	1/3	E
	0	0	0	1/2	1/2	0	F

假设我们以节点 A 作为起点开始随机游走，并设定 $\alpha = 0.3$。游走一步（即算法迭代一次）的游走路径有以下几种可能：

❑　游走路径为 $A - A$，概率为 $P_{AA} = \alpha = 0.3$。
❑　游走路径为 $A - B$，概率为 $P_{AB} = (1 - \alpha)W_{AB} = 0.7 \times 0.5 = 0.35$。
❑　游走路径为 $A - D$，概率为 $P_{AD} = (1 - \alpha)W_{AD} = 0.7 \times 0.5 = 0.35$。

则有：

$$P_{AA} = 0.3$$

$$P_{AB} = 0.35$$

$P_{AC} = 0$

$P_{AD} = 0.35$

$P_{AE} = 0$

$P_{AF} = 0$

游走两步（即算法迭代两次）的游走路径有以下几种可能：

- ❑ 游走路径为 $A-A-A$，概率为 $P_{AA} = 0.3 \times 0.3 = 0.09$。
- ❑ 游走路径为 $A-B-A$，概率为 $P_{AA} = 0.7 \times 0.5 \times 1 = 0.35$。
- ❑ 游走路径为 $A-D-A$，概率为 $P_{AA} = 0.7 \times 0.5 \times (0.3 + 0.7 \times 0.25) = 0.166\,25$。
- ❑ 游走路径为 $A-A-B$，概率为 $P_{AB} = 0.3 \times 0.7 \times 0.5 = 0.105$。
- ❑ 游走路径为 $A-D-C$，概率为 $P_{AC} = 0.7 \times 0.5 \times 0.7 \times 0.25 = 0.061\,25$。
- ❑ 游走路径为 $A-A-D$，概率为 $P_{AD} = 0.3 \times 0.7 \times 0.5 = 0.105$。
- ❑ 游走路径为 $A-D-E$，概率为 $P_{AE} = 0.7 \times 0.5 \times 0.7 \times 0.25 = 0.061\,25$。
- ❑ 游走路径为 $A-D-F$，概率为 $P_{AF} = 0.7 \times 0.5 \times 0.7 \times 0.25 = 0.061\,25$。

则有：

$P_{AA} = 0.09 + 0.35 + 0.166\,25 = 0.606\,25$

$P_{AB} = 0.105$

$P_{AC} = 0.061\,25$

$P_{AD} = 0.105$

$P_{AE} = 0.061\,25$

$P_{AF} = 0.061\,25$

可以被证明的是，当游走步数足够长（即算法迭代次数足够多），$P_{AA} \sim P_{AF}$ 值的变化会逐渐收敛直至达到稳态不再改变，此时 $P_{AA} \sim P_{AF}$ 的值即可代表节点 A 与各节点接近程度的大小。在本例中，算法达到稳态时的结果为（保留两位小数）：

$P_{AA} = 0.45$

$P_{AB} = 0.16$

$P_{AC} = 0.05$

$P_{AD} = 0.21$

$P_{AE} = 0.08$

$P_{AF} = 0.05$

值得注意的是，重启型随机游走计算出的相似性是不对称的，也就是说$P_{uv} \neq P_{vu}$，因此，两个节点u、v的相似性最终得分也可以按照$\text{RWR}(u,v) = P_{uv} + P_{vu}$来计算。按照这种方法，计算出$\text{RWR}(A,B)$最大，其次是$\text{RWR}(A,D)$，但节点$B$与$D$均已与节点$A$相连，因此取次大的$\text{RWR}(A,E)$，预测未来节点$E$最有可能与节点$A$相连。

重启型随机游走算法的复杂度取决于图的大小和停止条件。假设图有$|V|$个节点和$|E|$条边，在每个节点上执行一次随机游走的时间复杂度为$O(k|V|/|E|)$，其中k是游走步数（迭代次数），$|V|/|E|$是节点的平均度数，这是因为在每一步中需要根据节点的度数随机选择下一个节点。如果在每个节点上执行多次随机游走，并根据某个停止条件决定停止，则总的时间复杂度会更高。具体的复杂度取决于停止条件的判断和迭代次数。

重启型随机游走算法的常用参数详见表 8-12。

表 8-12　重启型随机游走算法的常用参数

名称	规范	描述
第一组节点 ID（ids）	第一组节点的 ID 列表	待计算的第一组节点的 ID；第一组每个节点与第二组每个节点组成点对进行计算
第二组节点 ID（ids2）	第一组节点的 ID 列表	待计算的第二组节点的 ID；第一组每个节点与第二组每个节点组成点对进行计算
重启概率（α）	(0, 1) 之间的小数	返回起点的概率
方向（direction）	入（in）或出（out）	随机游走的边方向，未指定表示忽略方向
点过滤（node_filter）	点模式或点属性	参与计算的点的过滤条件，仅指定模式或属性的点参与计算
边过滤（edge_filter）	点模式或点属性	参与计算的边的过滤条件，仅指定模式或属性的边参与计算
最大迭代次数（max_iteration）	大于 0 的整数	算法最大的迭代次数，达到迭代次数后，算法停止
收敛标准（tolerance）	大于 0 的小数	如果某次迭代后所有落点的概率变化值之和小于收敛标准，算法停止

8.2.4　SimRank 指标

SimRank 是基于图结构的节点相似性指标，SimRank 指标的基本思想是，两个节点的邻居越相似，这两个节点就越相似。如图 8-9 所示，节点 a 连接到节点 c，节点 b 连接到节

点 d，如果节点 c 和节点 d 是相似的，那么认为节点 a 和节点 b 也是相似的。

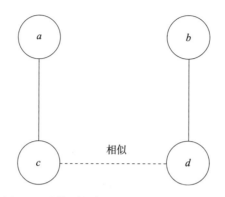

图 8-9   连接到相似节点的两个节点也相似

SimRank 是通过迭代进行递归计算的，具体地，第 k 轮迭代节点 u 和 v 的 SimRank 相似度为：

$$S_k(u,v) = \frac{C}{|N(u)| \cdot |N(v)|} \sum_{i=1}^{|N(u)|} \sum_{j=1}^{|N(v)|} S_{k-1}(i,j)$$

在算法开始时，进行如下的初始化：

$$S_0(u,v) = \begin{cases} 0, & u \neq v \\ 1, & u = v \end{cases}$$

即每个节点与自身的 SimRank 相似度为 1，与其他节点的 SimRank 相似度均为 0。在之后的迭代中，节点与自身的相似度为 1 一直成立。

在上述 SimRank 的数学表达式中，i 属于节点 u 的邻居节点集合 $N(u)$，j 属于节点 v 的邻居节点集合 $N(v)$，$\sum_{i=1}^{|N(u)|} \sum_{j=1}^{|N(v)|} S_{k-1}(i,j)$ 是两个集合中的节点两两组合后各对节点相似度的和，然后除以点对总数 $|N(u)| \cdot |N(v)|$ 求均值；如果节点 u 或 v 没有邻居，即 $N(u) = \varnothing$ 或 $N(v) = \varnothing$，则 $S(u,v) = 0$。常数 $\alpha \in (0,1)$ 是衰减因子，代表对于按照 SimRank 原理判断两节点相似的信心程度。最简单的，假设节点 x 和节点 y 均与节点 z 相连且仅与节点 z 相连，则 $S(x,y) = \alpha \cdot S(z,z) = \alpha$，节点 x 和节点 y 之间的相似度肯定小于节点 z 与其自身的相似度。另外，需要指出的是，SimRank 指标的结果是对称的，即 $S(u,v) = S(v,u)$。

我们以图 8-10 为例进行说明，假设 $\alpha = 0.8$，计算节点 A 与节点 B 之间的 SimRank 相似度。

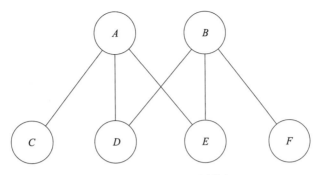

图 8-10　SimRank 示例图

第一轮迭代：

$$S_1(A,B) = \frac{0.8}{3 \times 3}[S_0(C,D) + S_0(C,E) + S_0(C,F) + S_0(D,D) + S_0(D,E) +$$

$$S_0(D,F) + S_0(E,D) + S_0(E,E) + S_0(E,F)] = 0.178$$

$$S_1(C,D) = \frac{0.8}{1 \times 2}[S_0(A,A) + S_0(A,B)] = 0.4$$

$$S_1(C,E) = \frac{0.8}{1 \times 2}[S_0(A,A) + S_0(A,B)] = 0.4$$

$$S_1(C,F) = \frac{0.8}{1 \times 1}[S_0(A,B)] = 0$$

$$S_1(D,E) = \frac{0.8}{2 \times 2}[S_0(A,A) + S_0(A,B) + S_0(B,A) + S_0(B,B)] = 0.4$$

$$S_1(D,F) = \frac{0.8}{2 \times 1}[S_0(A,B) + S_0(B,B)] = 0.4$$

$$S_1(E,D) = S_1(D,E) = 0.4$$

$$S_1(E,F) = \frac{0.8}{2 \times 1}[S_0(A,B) + S_0(B,B)] = 0.4$$

第二轮迭代：

$$S_2(A,B) = \frac{0.8}{3 \times 3}[S_1(C,D) + S_1(C,E) + S_1(C,F) + S_1(D,D) + S_1(D,E) +$$

$$S_1(D,F) + S_1(E,D) + S_1(E,E) + S_1(E,F)] = 0.391$$

……

经过 8 轮迭代后，$S_8(A,B) = 0.547$，之后的迭代中 $S(A,B)$ 的值几乎稳定不变。

在每轮迭代中，SimRank 算法需要计算节点对之间的相似度，并更新相似度矩阵。对于每对节点，都需要考虑它们的邻居节点和它们之间的连接关系，因此时间复杂度为 $O(E^2)$，其中 E 是图中边的数量。如果一共进行 T 轮迭代，则总的时间复杂度为 $O(TE^2)$。

由于确定性的 SimRank 复杂度较高，目前有一些基于随机模拟的算法，或使用一些优化策略来减少计算复杂度或加速收敛速度，能将复杂度降至 $O(V)$，V 为图中节点的数量。

SimRank 指标算法的常用参数详见表 8-13。

表 8-13　SimRank 指标算法的常用参数

名称	规范	描述
第一组节点 ID（ids）	第一组节点的 ID 列表	待计算的第一组节点的 ID；第一组每个节点与第二组每个节点组成点对进行计算
第二组节点 ID（ids2）	第一组节点的 ID 列表	待计算的第二组节点的 ID；第一组每个节点与第二组每个节点组成点对进行计算
衰减因子（α）	(0, 1) 之间的小数	衰减因子的大小
点过滤（node_filter）	点模式或点属性	参与计算的点的过滤条件，仅指定模式或属性的点参与计算
边过滤（edge_filter）	点模式或点属性	参与计算的边的过滤条件，仅指定模式或属性的边参与计算
最大迭代次数（max_iteration）	大于 0 的整数	算法最大的迭代次数，达到迭代次数后，算法停止
收敛标准（tolerance）	大于 0 的小数	如果某次迭代后所有点对的相似度的变化值之和小于收敛标准，算法停止

8.3　行业应用：推荐系统

推荐机制随处可见。社交网络会给我们推荐"可能感兴趣的人""可能认识的人"，我们与现实中认识的人在线上社交网络建立联系，会提升双方对这个社交网络的依赖程度。一些平台存活的根基就在于推荐系统的设计，例如目前流行的短视频、新闻或综合性内容平台，只有源源不断地将符合用户品味的内容推荐给用户，才能提高用户满意度和黏性。

这些推荐系统有很多解决方案，或简单或复杂，在有关推荐系统的经典论文" Matrix Factorization Techniques for Recommender Systems"（推荐系统的矩阵分解技术）⊖ 中，将推荐策略归纳为两大类。

⊖　https://drive.google.com/viewerng/viewer?url=https://datajobs.com/data-science-repo/Recommender-Systems-%5BNetflix%5D.pdf。

1）内容过滤（Content Filtering），即利用一些描述性的属性内容给实体创建画像（Profile）来表征实体的特点。例如，一个电影的画像可能包括类型、年份、导演、参演演员等，一个用户的画像可能包括所在地、年龄、职业等。但这类方法经常遇到的难点在于属性内容不易取得，可能因为涉及隐私导致用户迟疑提供，也可能因为实体的属性特征不明显或无法轻易总结。好比一首歌曲，除了创作者、歌词等这类非常明显、浅表的属性信息，还包括风格、旋律、调性、结构、情景等系统的特征，这类深层的属性则必须要求专业人士花很长时间才能获得。

2）协同过滤（Collaborative-based Filtering），这种方法依赖于用户过去的行为。例如用户买过的东西、用户收藏过的帖子、用户浏览某一页面的次数等。在类似 Netflix（网飞）的视频平台上，每个用户都会观看大量的电影或电视节目，不同用户观看的节目又会有重合，这类信息对平台来说轻易就能获得，同时它的价值可能比所谓的属性或标签更大，因为大部分行为都是真实的，反映了用户的真实喜好。当然，大部分的推荐系统都会综合这两种方式，尤其是当平台的用户行为没有积累到足够多或有新用户注册时，基于内容过滤的推荐机制也是必须的。

协同过滤的主要方法之一就是基于用户邻域对用户进行相似度分析，经常会用到本章介绍的 8 个度量指标。当然，一个成功的推荐系统可能需要对这些基础方法做一些改进和融合，提升准确度和计算时间，有些则需要建立复杂的模型并通过机器学习的方法来实现。

图嵌入算法

在机器学习的语境中，嵌入（Embedding）是指将在某个高维空间中的对象映射到相对低维的向量空间中进行表示的过程。在传统的机器学习中，这一嵌入的过程，即表示学习（Representation Learning）的过程，但需要花大量的时间和精力来获得。嵌入算法是一种将原始数据转换为特征表示的算法：在自然语言处理（Natural Language Processing，NLP）领域，有词嵌入（Word Embedding）；在图分析与研究领域，有图嵌入（Graph Embedding），图嵌入有时也被称为网络嵌入（Network Embedding）。

图嵌入的目标是将图中的数据（节点、边或子图）或全图转换到一个向量空间（Vector Space）进行表示。转换好的特征表示可送入下游的分类、聚类、推荐、预测、决策、可视化等任务，工业界也越来越多地发现，结合图嵌入可以获得更好的反欺诈或智慧营销的效果。

9.1 图嵌入的目的

图是一种高维且复杂的数据结构。首先，图的两大元数据——节点和边，它们本身具有 Schema 和属性，分别用于描述节点或边的类型以及其他不同维度的特征信息。另外，节点通过各种类型的边与其他相同和不同类型的节点相互连接，这些连接形成图的拓扑结构。图存在于非欧几里得空间（Non-Euclidean Space），没有固定的形状，而且现实网络形成的图通常量级超大，这些因素无疑都为图分析增加了难度。进一步来说，如果我们想在图上进行机器学习，又该如何将图输入相应的模型中呢？

根据嵌入的对象，图嵌入可进一步细分为节点嵌入、边嵌入和全图嵌入。

1）节点嵌入（Node Embedding）：为图中的节点生成向量表示（Vector Representation）或嵌入向量（Embedding Vector），并且保证在图中相似的节点在向量空间中距离较近。图 9-1 来自经典图嵌入算法 DeepWalk 的论文 ⊖，是使用 DeepWalk 算法将图 9-1a 中的所有节点嵌入一个二维向量空间中进行表示的结果。图 9-1a 中的节点根据自身所处的社区被染成了 4 种不同的颜色，在图 9-1b 的向量空间中，同一颜色的节点彼此之间距离更近。常见的节点嵌入算法有 DeepWalk、Node2Vec、Struc2Vec、GraphSAGE、FastRP、LINE 等。节点嵌入是最常见的图嵌入，在下文中，如没有特殊说明，图嵌入指的是节点嵌入。

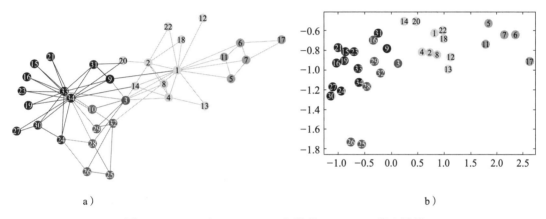

图 9-1　Zachary's Karate Club 网络的 DeepWalk 嵌入效果

2）边嵌入（Edge Embedding）：为图中的边生成向量表示。直接生成边的嵌入向量的算法并不十分常见，其中一个原因是图中边的数量往往是节点数量的数倍，因此计算量更大。另一个原因是，边必须依附于节点才能存在。在基于边的图分析任务中，比如链接预测（即预测网络中两个还未相连的节点之间出现边的可能性），常见的做法是采用节点的嵌入向量间接生成边的嵌入向量。例如，Node2Vec 节点嵌入算法通过取两个节点向量的均值、L1 距离或 L2 距离等来获得图中边的向量表示。Edge2Vec 是一个直接根据图的结构信息生成边嵌入的算法 ⊖，图 9-2 已清晰地解释了使用节点嵌入向量生成边嵌入向量和直接生成边嵌入向量的不同。

⊖　B. Perozzi 等，DeepWalk: Online Learning of Social Representations，2014.

⊜　https://dl.acm.org/doi/fullHtml/10.1145/3391298。

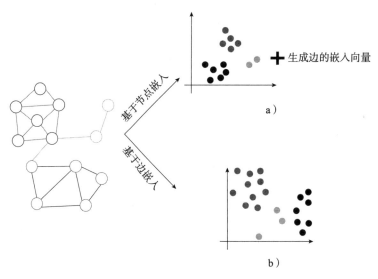

图 9-2　使用节点嵌入向量生成边嵌入向量和直接生成边嵌入向量

3）全图嵌入（Whole-Graph Embedding）：为整张图（或一张子图、一个社区）生成一个能反映其结构特征的向量表示，常用于学习和比较多张图或图分类。有些全图嵌入算法是先获得图中所有节点的嵌入向量，然后逐步将所有节点的嵌入向量聚合为一个向量；有些图嵌入算法则可以直接生成图的嵌入向量，比如 Graph2Vec。

嵌入向量的常见维度（Dimension）为 100～300。通常来说，向量的维度越高，嵌入结果就越精确，但相应地，在下游任务处理中所需的计算量就越大。当然，嵌入维度的选择也需要考虑图本身的大小。嵌入向量的每个维度代表节点的一个特征（Feature），但与数据的原始属性或特征（如性别、长度、创建时间等）不同的是，嵌入向量的每个维度或特征并没有实际意义。典型的应用如在 GraphSAGE 图嵌入算法中，使用 N 个数值类型的节点属性作为初始化的特征向量，经过多轮迭代后，算法生成每个节点最终的 N 维特征向量，而这个时候，节点向量每个维度的特征就不再是原本节点属性的意义了。由于算法在迭代过程中，每个节点不断聚合其多层领域中节点的特征信息，各个节点的特征向量还会不断地经过拼接和各种线性与非线性转换，因此最终每个维度的特征已不再单一。

同时，这也让我们联想到第 5 章的节点相似度算法，如基于若干数值类属性计算的欧几里得距离、余弦相似度，或者基于一层邻域计算的杰卡德相似度、重叠相似度等。另外，一些基于节点相似度计算的其他用于分类或链接预测的图算法，如 k 最近邻、k 均值、链接预测等，其最终结果的可靠性也应该有提升的空间。

在图嵌入算法中，节点相似度或相似性（Node Similarity）通常被归纳为两种，分别是同质性和结构相似性。

同质性（Homophily）是指节点的邻居通常与节点有类似的属性特征。举例来说，在社交网络中，一个用户（节点）及其好友（一度邻居节点）或好友的好友（二度邻居节点）往往有类似的属性，如图 9-3 所示，有连接关系的节点有相似的年龄、工作、兴趣属性。有同质性的节点通常在图中位置比较靠近，它们之间直接有边相连或距离在若干步以内。基于同质性的图嵌入算法一般会将属于同一社区的节点嵌入彼此靠近的位置。

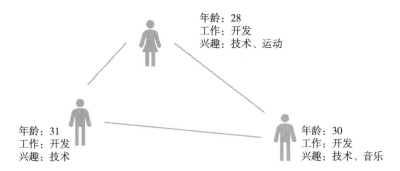

年龄：28
工作：开发
兴趣：技术、运动

年龄：31
工作：开发
兴趣：技术

年龄：30
工作：开发
兴趣：技术、音乐

图 9-3　社交网络中体现的节点同质性

一般而言，结构等效性（Structural Equivalence）是指两个节点的邻域拓扑结构是同构或对称的。在图 9-4 中，节点 u、v 在各自的社区中都位于中心位置，它们的度都是 4，并且它们每个邻居的度还都相同，因此我们说 u、v 是结构等效的。但要注意两个问题：第一，现实网络中出现完全结构等效的两个节点的频率并不高，更多考虑的是结构相似性（Structural Similarity）；第二，通常考虑的邻域越大，两个节点的结构相似性越低。在网络中，结构等效或相似的两个节点通常充当类似的角色，发挥类似的作用、有类似的地位，例如两个同样作为交通枢纽的节点。然而，它们未必在同一社区中，很可能相距很远，甚至未必是连通的。

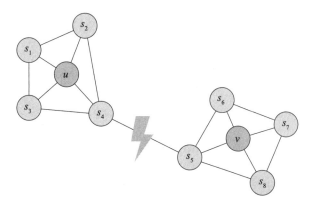

图 9-4　具有结构相似性或等效性的两个节点在网络中也许相距很远

图嵌入是将高维图压缩成低维向量的过程，同时保留图上的关键信息。向量空间内可以实现更多的数学、统计学操作，从高维到低维也可大大节省计算资源。将图嵌入的结果用于各类图算法，能进一步提高图分析的准确性。应用在机器学习中时，比起人工设计或用特征转换获得的特征表示，图嵌入产生的特征表示质量更高。一般来说，图嵌入算法总是为下游任务服务的，通常应根据下游任务的性质和目的选择或设计图嵌入方法。

9.2 基于随机游走

节点嵌入需要达到的效果是，在图上越相似的两个节点，在向量空间也越相似。对于两个节点u、v的嵌入向量$\vec{u}$和$\vec{v}$，通常用向量点积（Dot Product）表示它们之间的相似性，即$\vec{u} \cdot \vec{v}$。从代数角度看，如果$\vec{u} = (x_u, y_u)$、$\vec{v} = (x_v, y_v)$，则$\vec{u} \cdot \vec{v} = x_u x_v + y_u y_v$；从几何角度看，$\vec{u} \cdot \vec{v} = |\vec{u}||\vec{v}|\cos\theta$，其中$\theta$为两个向量之间的夹角。如图9-5所示，如果两个向量均为单位向量，它们从完全重合到相互垂直再到完全相反，其点积的值从1减小到0再减小到-1。因此，两个向量的点积越大，它们就越相似。

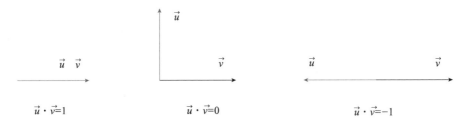

图 9-5　向量点积能衡量两个向量的相似性

节点在图上的相似性如何衡量呢？方法之一是使用随机游走（Random Walk）。简单来说，如果节点u和节点v同时出现在一个固定步数的随机游走序列中，则认为这两个节点是相似的。不同的随机游走机制能反映节点不同方面的相似性，即同质性或结构相似性。

基于随机游走的节点嵌入算法有两个关键的组成部分：一是通过随机游走获得节点序列；二是将节点序列送入模型进行训练，得到节点的嵌入向量。本节将介绍3种基于随机游走的节点嵌入算法，分别是DeepWalk（2014年）、Node2Vec（2016年）以及Struc2Vec（2017年）。

这3种算法的区别在于要么是通过前文所讲的随机游走机制，要么是采用的Skip-gram模型（该模型出自谷歌于2013年发布的Word2Vec算法中），要么是反向传播训练方法。

9.2.1　随机游走概述

DeepWalk 采用经典的随机游走机制，即从图中的任意节点出发，到达每个节点时，随机选取节点的任意一条邻边访问下一节点，直至达到限定的游走长度或游走时间，或访问到所有可触达的节点。如果不考虑边权重，节点的每条邻边被访问的概率相同；如果考虑边权重，每条邻边被访问的概率与边权重的大小成正比。

例如，在图 9-6 上进行随机游走，图中一共有 11 个节点，规定游走深度为 6，从每个节点出发进行 2 次游走，则一共产生了 22 个游走序列（Walk Sequence）。某次执行随机游走的结果如表 9-1 所示，除了从 11 号孤点出发的节点序列，其余节点序列的长度均为 6。

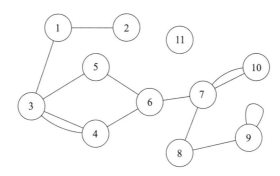

图 9-6　在图上进行随机游走

表 9-1　随机游走产生的节点序列

	第一次游走	第二次游走
游走序列	[11] [10, 7, 10, 7, 10, 7] [9, 8, 9, 9, 9, 9] [8, 9, 8, 7, 10, 7] [7, 6, 4, 3, 4, 3] [6, 7, 8, 7, 10, 7] [5, 3, 4, 3, 4, 6] [4, 6, 4, 3, 5, 3] [3, 4, 3, 4, 3, 4] [2, 1, 2, 1, 2, 1] [1, 3, 4, 3, 4, 6]	[11] [10, 7, 6, 7, 6, 7] [9, 9, 8, 7, 6, 7] [8, 9, 8, 7, 6, 4] [7, 6, 7, 8, 7, 10] [6, 4, 3, 1, 2, 1] [5, 3, 1, 3, 5, 6] [4, 6, 7, 10, 7, 10] [3, 5, 6, 4, 3, 4] [2, 1, 2, 1, 3, 1] [1, 2, 1, 3, 4, 3]

为什么说随机游走能捕捉到节点之间的相似性呢？随机游走总是沿着节点的邻边进行，因此出现在同一游走序列中的节点都是在较短的游走长度内彼此相连的。我们在 9.1 节中提到，节点之间的相连关系能体现它们之间的同质性。并且，直观来看，两个节点的局部结构越相似，从它们各自出发所产生的随机游走序列也越相似。

在 DeepWalk 经典的随机游走基础上，Node2Vec 采用了一种有偏的随机游走（Biased

Random Walk）机制，即每到达一个节点，使用参数调整节点各邻边的权重（无权重的相当于所有边的权重为 1）后，再按照与权重成正比的概率进行游走，以控制节点的游走方向是广度优先还是深度优先。

如图 9-7 所示，假设所有边的权重为 1，现在从节点 t 到达了节点 v。不论节点 v 有多少条邻边，再到达下一个节点时，只会产生以下三种结果。

❑ 返回到上一个访问的节点，即节点 t：为了控制节点往回走的概率，使用参数 p 调整节点 v 和节点 t 之间的边权重，调整后的边权重为 $\dfrac{1}{p}$。

❑ 在同级游走，例如走到节点 u：同级游走是广度优先游走，不对节点 v 和节点 u 之间的边权重做任何调整，边权重仍为 1。

❑ 游走得更远，例如走到节点 w：向远处游走是深度优先游走，为了控制节点向远处游走的概率，使用参数 q 调整节点 v 和节点 w 之间的边权重，调整后的边权重为 $\dfrac{1}{q}$。

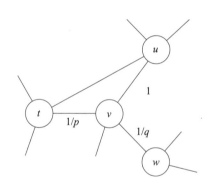

图 9-7　Node2Vec 随机游走

Node2Vec 综合考虑了节点的广度邻域和深度邻域。如果希望偏向深度邻域游走，则应将参数 q 的值设置得偏小，最终的嵌入结果会更能体现节点间的同质性，因为节点向外游走相当于探索自身所处社区内的环境。如果希望偏向广度邻域游走，则应将参数 p 的值设置得偏小，最终的嵌入结果能在一定程度上体现节点间的结构等效性，因为此时相当于探索节点自身周围的环境（拓扑结构）。然而，由于受到游走长度的限制，对于结构上相似但在图中相距较远的节点，Node2Vec 则力有不逮。

Struc2Vec 突破了这一局限性。Struc2Vec 的字面意思就是"结构到向量"，它设计的随机游走机制着重于捕捉节点的邻域结构，保证结构相似的节点有邻近的向量表示，即便它们在图中相距很远。为了突破游走长度的限制，Struc2Vec 并不是在原图上进行随机游走，而是通过原图构建出一个带权多层图再进行游走。

两个节点的结构相似性的直观评判标准是：如果两个节点的度相同，它们在结构上是相似的；如果两个节点邻居的度也相同，它们的结构相似度就更高。在图 9-8 中，节点 u 的 1 步邻域上有节点 a、b、c，分别计算它们的度并按从大到小排列，得到节点 u 的 1 步邻域节点度序列 $s_u^1 = (2, 2, 3)$；类似地，节点 u 的 2 步邻域有节点 d、e、f、g，节点度序列为 $s_u^2 = (1, 1, 2, 4)$。

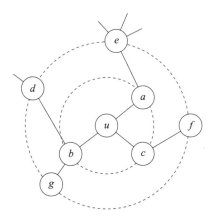

图 9-8   节点 u 的 2 步邻域

Struc2Vec 以累计的方式计算两个节点 u 和 v 的结构距离（Structural Distance）：

❑   在 0 步邻域，仅考虑 u、v 自身的度大小，它们的结构距离为 $f_0(u, v) = g\left(s_u^0, s_v^0\right)$。

❑   假设 u、v 都有 1 步邻域，它们的结构距离为 $f_1(u, v) = f_0(u, v) + g\left(s_u^1, s_v^1\right)$。

❑   假设 u、v 都有 2 步邻域，它们的结构距离为 $f_2(u, v) = f_1(u, v) + g\left(s_u^2, s_v^2\right)$。

……

❑   假设 u、v 都有 K 步邻域，它们的结构距离为 $f_K(u, v) = f_{K-1}(u, v) + g\left(s_u^K, s_v^K\right)$。

其中，$g(\cdot)$ 是计算两个序列距离的函数，一般采用动态时间规整（Dynamic Time Wrapping）或其他可行方法。如果节点 u 或 v 从第 k 步（$1 \leqslant k \leqslant K$）开始没有邻域，则从 $f_k(u, v)$ 到 $f_K(u, v)$ 没有定义。可以推断，考虑的邻域越大，两个节点之间的结构距离也越大。

Struc2Vec 的带权多层图（共 K 层）就是基于结构距离构建的：

❑   每一层都包含图中的所有节点，每对节点之间都有一条无向边相连，边权重

$w(u_k,v_k)=\mathrm{e}^{-f_k(u,v)}$。可以看出，两个节点之间的结构距离越大，它们之间的边权重越小。

☐ 同时，对于第 k 层的每个节点 u，使用有向边分别将其与第 $k+1$ 层和第 $k-1$ 层的节点 u 相连，边权重 $w(u_k,u_{k-1})=1$，$w(u_k,u_{k+1})=\log(\Gamma_k(u)+\mathrm{e})$，$\Gamma_k(u)$ 是第 k 层与 u 相连且权重大于第 k 层平均边权重的边数量。如果 $\Gamma_k(u)$ 非常大，则 $w(u_k,u_{k+1})$ 远大于 $w(u_k,u_{k-1})$，节点 u 会倾向于游走到更高的层。因为如果节点 u 在第 k 层有很多相似节点，则需要更大的邻域（k 越大，邻域越大）来准确描述节点 u 的结构性身份。

如图 9-9 所示，带权多层图构建好以后，节点在带权多层图中进行随机游走生成节点序列。对于任意节点 u，从第 0 层的 u_0 出发，每步游走时有两种选择：一是以大小为 p 的概率留在本层，根据与边权重成正比的概率进行随机游走；二是以大小为 $1-p$ 的概率跳到别层，根据与边权重成正比的概率前往 u_{k-1} 或 u_{k+1} 的位置。

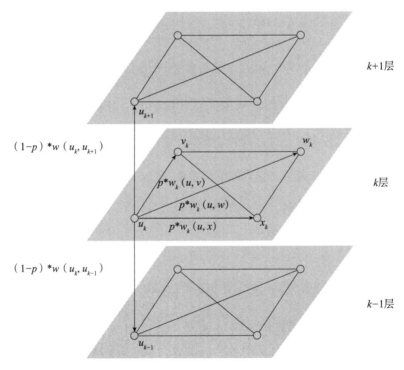

图 9-9　Struc2Vec 构建的带权多层图以及随机游走示意图

一般地，如果下游任务更看重节点的同质性特征，Node2Vec 图嵌入算法可以满足要求；但如果下游任务是想利用节点局部拓扑结构的相似性，Struc2Vec 图嵌入算法则更适合。

9.2.2 Skip-gram 模型

不论是 DeepWalk、Node2Vec 还是 Struc2Vec，通过随机游走生成大量的节点序列后，就可将其送至 Skip-gram 模型进行训练。Skip-gram 原本是词嵌入模型，其目的是将语义相关的单词嵌入向量空间中邻近的位置，如 China 和 Beijing、clever 和 smart。由于语义相关的单词经常会出现在同一句子或语境中，因此 Skip-gram 模型将句子作为采样基础。具体来说，它通过对语料库（Corpus）中的句子进行滑动窗口采样获得训练样本，再将训练样本送入模型进行训练，最终得到语料库中单词的词嵌入向量。

DeepWalk 首次将 Skip-gram 模型用于训练图中节点的向量表示，其核心思想是：将图中的节点视为一个个的"单词"，每个节点进行随机游走生成的节点序列相当于"句子"，节点和一系列节点序列就组成"语料库"；将"语料库"送入 Skip-gram 模型进行训练，就可以得到每个节点的向量表示。

Skip-gram 模型实际上是一个人工神经网络（Artificial Neural Network），Skip-gram 模型示意图如图 9-10 所示，由输入层、隐藏层和输出层组成。输入层是一个向量 x，代表目标词（Target Word）；输出层是若干个向量 y，代表若干个上下文词（Context Word）。Skip-gram 模型设计的背后思想就是通过给定的目标词预测出它的若干上下文词。

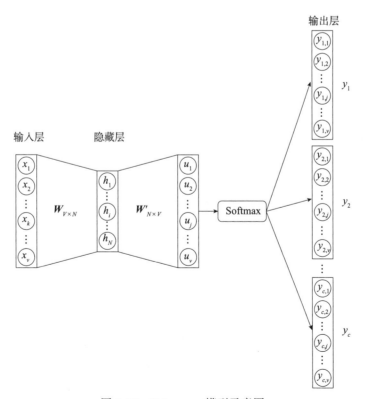

图 9-10 Skip-gram 模型示意图

1. 滑动窗口采样

Skip-gram 通过一个滑动窗口对语料库中的句子进行采样来获得模型的训练样本。假设语料库中包含一个句子："Graph is a good way to visualize data.",如图 9-11 所示,使用一个总长为 3(目标词在中间,左右分别一个上下文词)的滑动窗口,将窗口中心依次放置在句子中的每个单词上进行采样获得训练样本。

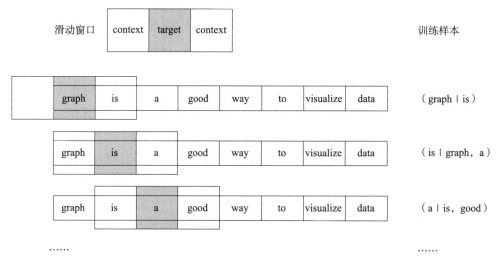

图 9-11　Skip-gram 模型的滑动窗口采样

2. 独热编码

单词不能直接送入模型进行训练,需要进行机器编码。Skip-gram 采用独热编码(One-hot Encoding)对单词进行预处理。独热编码很简单,假设我们的语料库中共有 10 个单词,就采用 10 位独热编码,每个单词的独热编码只有一位为 1,其余位都为 0,所有单词的编码不重复。示例单词和它们的独热编码如表 9-2 所示。

表 9-2　语料库中的单词以及单词的独热编码

单词	独热编码
graph	1000000000
is	0100000000
a	0010000000
good	0001000000
way	0000100000
to	0000010000

（续）

单词	独热编码
visualize	0000001000
data	0000000100
very	0000000010
at	0000000001

3. 模型训练

随机初始化 Skip-gram 模型中的两个权值矩阵 W 和 W'，然后将训练样本送入模型进行训练。Skip-gram 模型的训练方法是随机梯度下降（Stochastic Gradient Descent，SGD）。SGD 是梯度下降方法的一个变体，传统的梯度下降方法在每次训练模型时，使用所有的训练样本，根据所有训练样本产生的误差调整模型中的参数（在 Skip-gram 模型中，就是调整矩阵 W 和 W' 中的权值），这样的训练方式复杂度高、耗时。SGD 则是在每次训练时，只随机选择一个训练样本，根据这个样本产生的误差调整模型参数。SGD 每次训练耗时短，因而训练速度更快。

我们选择训练样本（is | graph, a）为例进行说明。梯度下降是基于前向传播和反向传播两个过程实现的。

（1）前向传播（Forward Propagation）过程

图 9-12 是带具体数值的 Skip-gram 模型示意图，与图 9-10 相比，图 9-12 将多个输出 y_c 合并为一个输出 y 显示，因为实际上每个 y_c 在数值上是相同的，仅含义不同。

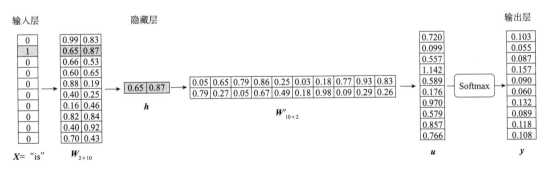

图 9-12　Skip-gram 前向传播

前向传播过程如下：

❑ 将目标词 is 的独热编码向量输入模型，向量 x 的第二行为 1，其余行均为 0。

❑ 从输入层到隐藏层：向量 x 经过矩阵 W 得到隐藏层向量 h，即 $h = xW$；由于向量 x

是独热编码向量，其效果相当于将矩阵W的第二行直接提取出来。实际上，矩阵W的每一行被视为一个单词的输入向量，行顺序与单词的独热编码顺序一致。

❑ 从隐藏层到输出层：

➢ 向量h经过矩阵W'处理得到中间向量u，即$u = hW'$。u的每个分量等于向量h与矩阵W'的每一列代表的向量做点积的结果。实际上，矩阵W'的每一列被视为一个单词的输出向量，列顺序与单词的独热编码顺序一致。

➢ 输出向量y之前，使用Softmax函数处理向量u。Softmax函数是一个非线性的激活函数，其作用是将u的所有分量转换为一个 [0,1] 范围内的概率分布，并使得所有概率之和为 1。具体来说，它取每个分量的常数对数，再进行归一化，即$y_i = \text{Softmax}(u_i) = \dfrac{e^{u_i}}{\sum_{j=1}^{N} e^{u_j}}$。

因此，输出向量y的各分量实际上反映了输入单词向量w_{is}与每个单词的输出向量$w'_{[\text{word}]}$的点积大小，如图 9-13 所示。我们已经讨论过，两个向量的点积越大，它们就越相似。因此，Skip-gram 将y中最大的两个分量对应的输出向量单词作为预测结果。在本例中，结果是 good 和 visualize 这两个单词。

0.103	$w_{is} \cdot w'_{\text{graph}}$
0.055	$w_{is} \cdot w'_{is}$
0.087	$w_{is} \cdot w'_{a}$
0.157	$w_{is} \cdot w'_{\text{good}}$
0.090	$w_{is} \cdot w'_{\text{way}}$
0.060	$w_{is} \cdot w'_{\text{to}}$
0.132	$w_{is} \cdot w'_{\text{visualize}}$
0.089	$w_{is} \cdot w'_{\text{data}}$
0.118	$w_{is} \cdot w'_{\text{very}}$
0.108	$w_{is} \cdot w'_{\text{at}}$

图 9-13　输出向量y中每个分量的含义

很显然，模型输出的结果（good, visualize）与训练样本（graph, a）并不一致。因此，我们通过一个损失函数（Loss Function）计算模型的预测误差。损失函数也常称为目标函数（Objective Function），本次 Skip-gram 模型训练的目标是什么呢？自然是使得训练样本中的两个上下文单词（graph, a）对应的概率最大化，它们的序号分别为 1 和 3，因此训练目标可表达为：

$$\max y_1 = \frac{e^{u_1}}{\sum_{j=1}^{N} e^{u_j}}$$

$$\max y_3 = \frac{e^{u_3}}{\sum_{j=1}^{N} e^{u_j}}$$

在机器学习中，最小化目标通常比最大化目标更容易处理，因此我们对上述目标进行一些变换，以 y_1 为例：

$$\max \frac{\mathrm{e}^{u_1}}{\sum_{j=1}^{N}\mathrm{e}^{u_j}} = \min\left(-\log \frac{\mathrm{e}^{u_1}}{\sum_{j=1}^{N}\mathrm{e}^{u_j}}\right) = \min\left(\log \sum_{j=1}^{N}\mathrm{e}^{u_j} - \log \mathrm{e}^{u_1}\right) = \min\left(\log \sum_{j=1}^{N}\mathrm{e}^{u_j} - u_1\right)$$

因此，模型的目标函数为：

$$E = \sum_{j^*=1,3}\left(\log \sum_{j=1}^{N}\mathrm{e}^{u_j} - u_{j^*}\right)$$

目标函数 E 的变量实际上是矩阵 W 和 W' 中的权值，模型训练的过程就是不断调整矩阵 W 和 W' 中权值的过程，目标是使得 E 的值接近最小。

（2）反向传播（Back Propagation）过程

在反向传播过程中，我们会调整矩阵 W 和 W' 中的权值，方法就是梯度下降。对于一个函数来说，梯度方向是函数值变化最快的方向，因此，沿着梯度相反的方向，我们能最快地找到函数的最小值。多变量函数的图像一般是曲面，在曲面的每个位置上，梯度的方向都是不一样的。对于多变量函数，使用偏导数（Partial Derivative）求每个位置的梯度。例如，二元函数 $f(x,y)=x^2+y^2$ 在 $(x_0,y_0,z_0)=(2,1,5)$ 这个位置的梯度方向为 $\left(\dfrac{\partial f}{\partial x},\dfrac{\partial f}{\partial y}\right)$，其中偏导数 $\dfrac{\partial f}{\partial x}$ 的计算如下，$\dfrac{\partial f}{\partial y}$ 的计算也类似。

$$\frac{\partial f}{\partial x} = \lim_{\Delta x \to 0}\frac{\left[\left(x_0+\Delta x\right)^2+y_0^2\right]-\left(x_0^2+y_0^2\right)}{\Delta x} = \lim_{\Delta x \to 0}\frac{2x_0\Delta x+\Delta x^2}{\Delta x} = 2x_0 = 4$$

反向传播过程的方向与前向传播刚好相反：

❑　从输出层到隐藏层，调整矩阵 W' 中的权值。

➢　对于每个权值 w_{ij}'，求偏导：$\dfrac{\partial E}{\partial w_{ij}'}$。

➢　根据学习率 η 调整 w_{ij}' 的值：$w_{ij}' \leftarrow w_{ij}' - \eta \dfrac{\partial E}{\partial w_{ij}'}$。

❑　从隐藏层到输入层，调整矩阵 W 中的权值。

> 本例中，由于只有w_{21}和w_{22}参与计算，因此只对它们求偏导：$\dfrac{\partial E}{\partial w_{21}}$和$\dfrac{\partial E}{\partial w_{22}}$。

> 根据学习率η调整w_{21}和w_{22}的值：$w_{21} \leftarrow w_{21} - \eta \dfrac{\partial E}{\partial w_{21}}$，$w_{22} \leftarrow w_{22} - \eta \dfrac{\partial E}{\partial w_{22}}$。

学习率η是每次调整权值的幅度，一般在刚开始训练模型时，学习率取值较大，随着训练次数增多，其值逐渐降低。

按照上述方法不断对 Skip-gram 模型进行训练，最终，使用矩阵$\boldsymbol{W}$中的单词输入向量作为每个单词最终的嵌入向量。在本例中，我们将语料库中的每个单词嵌入成一个 2 维向量。

9.2.3　负采样

实际上，原始 Skip-gram 模型由于计算量巨大，几乎无法应用到现实场景中。该模型被提出时，原作者就提出了一系列优化技术，包括负采样（Negative Sampling）、高频词二次采样（Subsampling of Frequent Word）等。这些方法不仅能提高训练速度，还能提升嵌入向量的质量。这里我们着重介绍负采样。

在原始 Skip-gram 模型中，计算Softmax的代价较大，因为其用于归一化的分母涉及语料库中的所有单词（或图中的所有节点）。那么，能否不计算Softmax呢？机器学习中常使用的另一种激活函数是Sigmoid函数，它的表达式为$\text{Sigmoid}(s) = \dfrac{1}{1+\mathrm{e}^{-s}}$，其函数图像如图 9-14 所示。

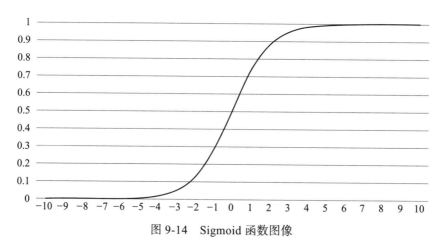

图 9-14　Sigmoid 函数图像

从图 9-13 可知，Sigmoid 函数的取值范围是 0～1。我们将 Sigmoid 函数的输出值作为输入值对应正样本的概率。对于滑动窗口采样所得的训练样本（is | graph, a），我们可将其

拆分成两个独立样本（is | graph）和（is | a），它们都是正样本。而负样本则是相对于正样本而言的，对于正样本（is | a），在语料库中随机选择*K*个除 graph 以外的单词作为上下文词与目标词 is 组合，它们就是负样本（Negative Sample），这个过程就是负采样。

图 9-15 是样本（is | a）的负采样训练示例。从隐藏层到输出层，随机选择 3 个上下文单词作为负样本。基本上，单词被选作为负样本的概率与其出现的频率成正比，节点被选作负样本的概率与节点度成正比。将向量*h*与正样本单词输出向量、3 个负样本单词输出向量求点积，就得到向量*u*的 4 个分量。经过 Sigmoid 函数处理后，输出向量*y*的各分量表示各单词为正样本上下文单词的概率。

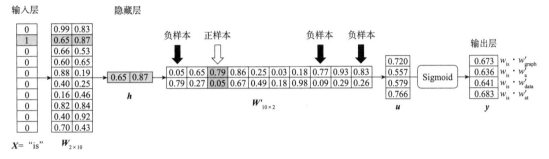

图 9-15　负采样训练示例

应用了负采样的 Skip-gram 模型的目标函数也需要修改。对应正样本上下文单词的期望输出是 1（代表"是"），对应负样本上下文单词期望的输出是 0（代表"否"），因此本次训练的目标为最大化 y_2，最小化 y_1、y_3 和 y_4，即最大化 $1 - y_1$、$1 - y_3$ 和 $1 - y_4$：

$$\max y_2 = \frac{1}{1 + e^{-u_2}}$$

$$\max\left(1 - y_j\right) = 1 - \frac{1}{1 + e^{-u_j}} = \frac{1}{1 + e^{u_j}},\ j = 1, 3, 4$$

同样地，我们将最大化目标变换成最小化目标：

$$\max \frac{1}{1 + e^{-u_2}} = \min\left(-\log \frac{1}{1 + e^{-u_2}}\right)$$

$$\min \frac{1}{1 + e^{u_j}} = \min\left(-\log \frac{1}{1 + e^{u_j}}\right), j = 1, 3, 4$$

因此，模型的目标函数为：

$$E = -\log \frac{1}{1 + e^{-u_2}} - \sum_{j=1,3,4} \log \frac{1}{1 + e^{u_j}}$$

接下来同样使用 SGD 进行反向传播，调整矩阵 W 和 W' 中的权值。由于此时矩阵 W' 中仅有正样本与负样本对应的 4 列向量参与运算，因此仅需更新这 4 列向量的权值，这也是负采样技术能降低计算复杂度的原因。

9.2.4 损失函数

在上述 Skip-gram 原始训练模型和负采样训练模型的描述中，我们大致展示了它们各自的损失函数（目标函数）的推导过程。实际上，机器学习中常用的损失函数并不多，以 Softmax 和负采样为代表的损失函数分别称为交叉熵（Cross Entropy，CE）损失函数和负对数似然（Negative Log-likelihood，NLL）损失函数。在很多机器学习方法或模型的论文中，会直接抛出这些损失函数，因此，读者对其有更深入的了解将有助于更快地进行拓展学习。

1. 交叉熵损失函数

交叉熵原是信息论中的概念，其本质是描述两个概率分布之间的差异。在物理学中，熵就是指一个系统的混乱程度。在上述 Skip-gram 模型 Softmax 方式训练的示例中，期望的概率分布以及实际输出的概率分布如表 9-3 所示。

表 9-3　Skip-gram 原始训练模型中期望以及实际输出的概率分布

对应单词	graph	is	a	good	way	to	visualize	data	very	at
期望的概率分布（P）	1	0	1	0	0	0	0	0	0	0
实际输出的概率分布（Q）	0.103	0.055	0.087	0.157	0.090	0.060	0.132	0.089	0.118	0.108

交叉熵实际上是由信息熵和相对熵（KL 散度）这两个概念推导而来的，感兴趣的读者可以阅读相关的资料，这里我们直接给出它的表达式：

$$H(P,Q) = -\sum_i P(j)\log Q(j)$$

因此，这两个概率分布的交叉熵为：

$$H(P,Q) = -1\times\log 0.103 - 1\times\log 0.087 = 2.048$$

那些对应 $P(j)=0$ 的项，因为相乘结果为 0，就没有写出来。随着模型训练次数的增加，该交叉熵的值会越来越接近于 0，即模型输出的概率分布会越来越接近于期望的概率分布。

在之前的示例中，Skip-gram 原始训练模型的目标函数为：

$$\max y_1$$

$$\max y_3$$

取对数后，损失函数E可表达为

$$E = -\sum_{j=1,3} \log y_j.$$

因此，这个损失函数可称为交叉熵损失函数。

2. 负对数似然损失函数

在之前目标函数的推导过程中，我们都用到了取对数的方法。为什么要取对数呢？首先，取对数不影响多个值之间的相对大小。其次，由于一个（0,1）区间内的数取对数后，其值为负，只要在表达式前再加上一个负号，就可以巧妙地将最大化问题转换为最小化问题。这是所谓的"负对数"。

"似然"又是什么呢？简单来说，似然可以理解为由模型参数控制的概率。在 Skip-gram 原始模型中，似然为 $y_i = \mathrm{Softmax}(u_i) = \dfrac{e^{u_i}}{\sum_{j=1}^{N} e^{u_j}}$；在负采样模型中，似然为 $y_i = \mathrm{Sigmoid}(u_i) = \dfrac{1}{1+e^{-u_i}}$。在原始模型中，目标是使得所有样本上下文单词对应的y_i最大，之前都是分开表达的，但实际上，更准确的表达应该是：

$$\max y_1 \times y_3$$

为什么是连乘而不是求和呢？想象一下，如果抛掷两枚硬币，结果都是正面朝上的概率是多少呢？我们都知道，是$0.5 \times 0.5 = 0.25$，而不是$0.5 + 0.5 = 1$。两枚硬币是独立抛掷的，理论上并不互相影响，但我们要考虑的却是它们的联合概率，因此将两个独立概率相乘。这里就体现了取对数的另一个好处——取对数可以将连乘转换为求和，即 $\log(y_1 \times y_3) = \log y_1 + \log y_3$。求和的形式对于后续求偏导的运算更为友好。

在之前的示例中，Skip-gram 负采样训练模型的目标为：

$$\max y_2$$

$$\max(1-y_j),\ j=1,3,4$$

其实应该表达为：

$$\max y_2 \times (1-y_1) \times (1-y_3) \times (1-y_4)$$

对这个表达式取对数从而能够推导出目标函数：

$$E = -\log y_2 - \sum_{j=1,3,4} \log(-y_j)$$

这个损失函数就称为负对数似然损失函数，它通常写成如下的等效通用形式：

$$E = -\log(\sigma(z_u^\mathrm{T} z_v)) - \sum_{i=1}^{K} \log(\sigma(-z_u^\mathrm{T} z_{v_i})), v_i \sim P_n(v)$$

其中，$\sigma(\cdot)$代表Sigmoid或其他非线性激活函数（如ReLu），z_u^T代表节点（或单词，下同）的输入向量，z_v代表正样本节点的输出向量，z_{v_i}代表负样本节点的输出向量，一共选取K个负样本，$P_n(v)$为节点被选取成为负样本的概率分布，也称为噪声分布（Noise Distribution）。

9.3 基于图神经网络

9.3.1 图神经网络概述

基于随机游走和人工神经网络的节点嵌入方法很巧妙，但也有一些不尽如人意的地方：其一，随机游走主要是沿着节点的邻域结构捕捉节点之间的相似性，但没有利用节点本身带有的属性信息；其二，Skip-gram 一类的人工神经网络需要很大的权值矩阵（尺寸一般为$|V| \times d$，$|V|$是图中节点的数量，d为节点嵌入的维度），且各个权值无法在节点间共享；其三，模型在训练过程中是利用全图的信息直接获得所有节点的嵌入向量，训练好的模型无法应用到新图上，如果图是动态的，有新节点加入时，需要重新训练模型才能获得节点的嵌入向量，这种所谓直推式（Transductive，也称为转导式）的学习框架泛化性差。

图神经网络（Graph Neural Network，GNN）是一类特殊的神经网络，是一种能够直接对图进行学习的框架。也就是说，我们将图直接输入 GNN 中进行学习。图 9-16 展示的是 GNN 的一般结构，以节点嵌入为例：

1）图从输入层进入 GNN，GNN 既能利用图的结构信息，又能利用节点的属性信息。关于图结构，最常用的是图的邻接矩阵（Adjacency Matrix）。一般使用若干个节点本身带有的属性作为节点的初始特征向量，属性可以是常见的身高、年龄、等级等，也可以来自某些图分析的结果，如节点的中心性分值。

2）计算模块是多层堆叠的结构，每层都进行一些计算和处理。

3）从输出层输出节点的嵌入向量。

4）在 GNN 模型训练阶段，使用目标函数调整计算模块中的参数，常用的方法是梯度下降。

本书将介绍两个经典的 GNN 模型：图卷积网络（Graph Convolution Network，GCN）和 GraphSAGE。这两种都是实现节点级别嵌入的模型，其他类型的 GNN 还有门控图神经网络（Gated Graph Neural Network，GGNN）、图注意力网络（Graph Attention Network，

GAN)、递归图神经网络（Recurrent Graph Neural Network，RGNN）等。设计新的 GNN 模型（主要指计算模块中的单层）现今仍是炙手可热的研究领域。

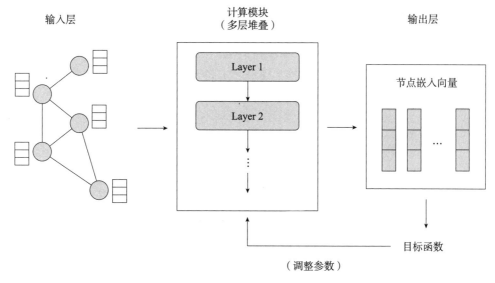

图 9-16　GNN 的一般结构

9.3.2　图卷积网络

1. 卷积神经网络

GCN 来源于卷积神经网络（Convolutional Neural Network，CNN），CNN 善于处理网格状的结构化数据，用于提取主要特征，多应用在图像和音频的处理上。以图像为例，图像一般有固定大小，比如我们说一张图像的尺寸为 7×7，意思是图像的宽度和高度分别为 7 个像素。如果是彩色图像，每个像素由红、绿、蓝 3 个颜色通道构成（每个颜色的取值范围为 0～255），可认为其深度为 3，即 $7 \times 7 \times 3$。如果是黑白图像，可认为其深度为 1，每个像素的数字代表每个像素的灰度（取值范围为 0～255），图 9-17 可以代表一个 $7 \times 7 \times 1$ 的灰度图像。

6	6	2	2	3
2	10	3	5	5
7	1	9	1	4
9	6	7	10	8
3	1	9	1	2

图 9-17　一个 $7 \times 7 \times 1$ 的灰度图像

CNN 的核心是卷积操作，即使用一个卷积核（Convolutional Kernel）在图像上平移滑动。具体操作示例如图 9-18 所示，一个 3×3 的卷积核从图像的左上角开始向右滑动，当前滑动到第二个位置；在每个位置上，将卷积核与其覆盖的图像上的 9 个像素局部对应的点相乘，再将各点的积相加，即 $6 \times 2 + 2 \times 1 + 2 \times 0 - 10 \times 1 + 3 \times 0 - 5 \times 1 + 1 \times 1 - 9 \times 1 + 1 \times 0 = -9$，将得到的结果存储在一个新的特征映射（Feature Map）中。$7 \times 7 \times 1$ 的图像经过一个 3×3 的卷积核处理后，最终得到 $3 \times 3 \times 1$ 的特征映射。不同大小和内容的卷积核能够提取出图像不同方面的特征，CNN 可用于图像分类、噪声消除等任务。

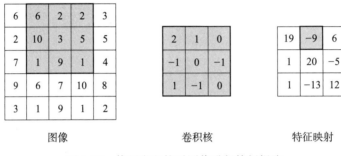

图 9-18　使用卷积核对图像进行特征提取

2. 从 CNN 到 GCN

CNN 中的卷积核通过计算图像上一个区域内中心像素以及相邻像素的加权和实现特征提取。然而，这样的卷积操作却无法直接应用在图上，因为图中的节点与图像中的像素有很大不同，如图 9-19 所示。首先，像素的排列有确定的顺序，整体呈固定的网格状拓扑结构，因此卷积核能够在图像上按一定的方向（从左到右、从上到下）进行平滑移动，移动的边界也是明确的；而图则没有固定的拓扑结构，每个节点的邻域大小是不定的，邻域内的节点也没有特定的排列顺序。另外，像素的含义简单，就是相应颜色或灰度的值，而图上节点却可能有多种属性。GCN 的设计须应对图的复杂性以直接作用于图。

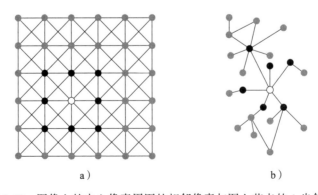

图 9-19　图像上的中心像素周围的相邻像素与图上节点的 1 步邻居

GCN 设计的核心思想是，每个节点的特征可由节点自带的特征以及它的邻域来描述。先举个简单的例子，如图 9-20 所示，图中有 5 个节点，每个节点自带的特征构成其初始特征向量，考虑目标节点 A。我们可以先使用求均值的方法先聚合节点 A 的 1 步

邻居 B、C、D 的特征信息，得到向量 $\left[\dfrac{2+1+3}{3},\dfrac{3+2+5}{3},\dfrac{5+3+1}{3}\right]=[2,3.33,3]$；然后再

用求均值的方法聚合该向量与节点 A 的初始特征向量，即可得到节点 A 的特征向量为

$\left[\dfrac{2+2}{2},\dfrac{0+3.33}{2},\dfrac{2+3}{2}\right]=[2,1.67,2.5]$。

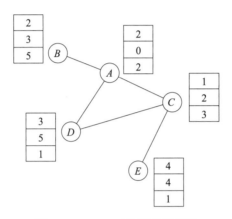

图 9-20　GCN 工作原理示例图

当然，实际上 GNN 模型的设计会采用更复杂的聚合函数、考虑更大的邻域，并应用一些线性、非线性变换进一步提升模型的表达力。

3. GCN 模型示例

目前最常被提及的 GCN 是由 T.Kipf 和 M.Welling 在 2017 年发布的，接下来，我们使用图 9-21 所示的例子来具体介绍它的工作框架。在图 9-21 中，左边的无向图包含 4 个节点，每个节点有一个初始二维特征向量，所有节点的初始特征向量构成矩阵 X，矩阵 A 是图的邻接矩阵。

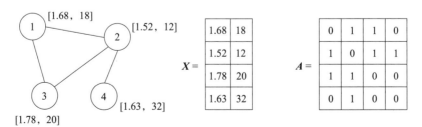

图 9-21　输入 GCN 的图及其初始特征向量和邻接矩阵

构建的 GCN 深度为 L（也就是有 L 个卷积层），每个卷积层的计算公式为：

$$H^{(l+1)} = \sigma(\hat{A}H^{(l)}W^{(l)}), \ l = 0, \cdots, L-1$$

其中，$H^{(0)} = X$，$\hat{A}$ 是邻接矩阵 A 的一个变体（下面会详细解释）；$\sigma(\cdot)$ 是一个非线性的激活函数，这里我们使用 ReLU（Rectified Linear Unit，线性整流）函数，表达式为 $\text{ReLU}(x) = \max(0, x)$；$W^{(l)}$ 是第 $l+1$ 层使用的权重矩阵。可以看出：各层之间是具有传播性质的，第 l 层的输出 $H^{(l)}$ 作为第 $l+1$ 层的输入；每层其实是一个非常典型的神经网络，既包括线性变换，又包括非线性变换，这样神经网络也叫作多层感知器（Multi-Layer Perceptron，MLP）

从第 1 层开始，先假设 $\hat{A} = A$，计算 $AH^{(0)} = AX$：

$$AX = \begin{bmatrix} 1.68 & 18 \\ 1.52 & 12 \\ 1.78 & 20 \\ 1.63 & 32 \end{bmatrix} \times \begin{bmatrix} 0 & 1 & 1 & 0 \\ 1 & 0 & 1 & 1 \\ 1 & 1 & 0 & 0 \\ 0 & 1 & 0 & 0 \end{bmatrix} = \begin{bmatrix} 3.30 & 32 \\ 5.09 & 70 \\ 3.20 & 30 \\ 1.52 & 12 \end{bmatrix}$$

矩阵 X 与 A 相乘的效果相当于将每个节点的 1 步邻居节点的对应特征值相加。然而，这样做忽略了每个节点本身的特征值，因此，将矩阵 A 与一个单位矩阵 I 相加，得到矩阵 $\tilde{A}$：

$$\tilde{A} = A + I = \begin{bmatrix} 0 & 1 & 1 & 0 \\ 1 & 0 & 1 & 1 \\ 1 & 1 & 0 & 0 \\ 0 & 1 & 0 & 0 \end{bmatrix} + \begin{bmatrix} 1 & 0 & 0 & 0 \\ 0 & 1 & 0 & 0 \\ 0 & 0 & 1 & 0 \\ 0 & 0 & 0 & 1 \end{bmatrix} = \begin{bmatrix} 1 & 1 & 1 & 0 \\ 1 & 1 & 1 & 1 \\ 1 & 1 & 1 & 0 \\ 0 & 1 & 0 & 1 \end{bmatrix}$$

进一步地，将矩阵 $\tilde{A}$ 归一化。归一化目的是保证它与矩阵 X 相乘后不改变节点特征值大小的尺度。具体来说，采用 $\tilde{D}^{-\frac{1}{2}}\tilde{A}\tilde{D}^{-\frac{1}{2}}$ 地方式实现矩阵 $\tilde{A}$ 的对称归一化，其中 $\tilde{D}_{ii} = \sum_j \tilde{A}_{ij}$：

$$\tilde{D} = \begin{bmatrix} 3 & 0 & 0 & 0 \\ 0 & 4 & 0 & 0 \\ 0 & 0 & 3 & 0 \\ 0 & 0 & 0 & 2 \end{bmatrix} \qquad \tilde{D}^{-\frac{1}{2}} = \begin{bmatrix} 0.58 & 0 & 0 & 0 \\ 0 & 0.50 & 0 & 0 \\ 0 & 0 & 0.58 & 0 \\ 0 & 0 & 0 & 0.71 \end{bmatrix}$$

$$
\hat{A} = \tilde{D}^{-\frac{1}{2}}\tilde{A}\tilde{D}^{-\frac{1}{2}} =
\begin{array}{|c|c|c|c|}
\hline
0.58 & 0 & 0 & 0 \\
\hline
0 & 0.50 & 0 & 0 \\
\hline
0 & 0 & 0.58 & 0 \\
\hline
0 & 0 & 0 & 0.71 \\
\hline
\end{array}
\times
\begin{array}{|c|c|c|c|}
\hline
1 & 1 & 1 & 0 \\
\hline
1 & 1 & 1 & 1 \\
\hline
1 & 1 & 1 & 0 \\
\hline
0 & 1 & 0 & 1 \\
\hline
\end{array}
\times
\begin{array}{|c|c|c|c|}
\hline
0.58 & 0 & 0 & 0 \\
\hline
0 & 0.50 & 0 & 0 \\
\hline
0 & 0 & 0.58 & 0 \\
\hline
0 & 0 & 0 & 0.71 \\
\hline
\end{array}
=
\begin{array}{|c|c|c|c|}
\hline
0.33 & 0.29 & 0.33 & 0 \\
\hline
0.29 & 0.25 & 0.29 & 0.35 \\
\hline
0.33 & 0.29 & 0.33 & 0 \\
\hline
0 & 0.35 & 0 & 0.50 \\
\hline
\end{array}
$$

矩阵 $\hat{A} = \tilde{D}^{-\frac{1}{2}}\tilde{A}\tilde{D}^{-\frac{1}{2}}$ 也称为对称归一化的拉普拉斯矩阵（Symmetric Normalized Laplacian Matrix）。至此，每个卷积层的计算可表示为：

$$
H^{(l+1)} = \sigma\left(\tilde{D}^{-\frac{1}{2}}\tilde{A}\tilde{D}^{-\frac{1}{2}}H^{(l)}W^{(l)} \right)
$$

假设矩阵 $W^{(0)}$ 如下，每个 $W^{(l)}$ 的行数等于输入特征矩阵 X 的列数，列数为节点最终嵌入的维度，这里我们将嵌入维度简单设为 1：

$$
W^{(0)} =
\begin{array}{|c|}
\hline
-2.2 \\
\hline
0.2 \\
\hline
\end{array}
$$

则经过第一层卷积后，$H^{(1)}$ 为：

$$
H^{(1)} = \sigma\left(\tilde{D}^{-\frac{1}{2}}\tilde{A}\tilde{D}^{-\frac{1}{2}}XW^{(0)} \right) =
\begin{array}{|c|}
\hline
0 \\
\hline
0.76 \\
\hline
0 \\
\hline
1.07 \\
\hline
\end{array}
$$

总结一下，每个卷积层对节点特征的更新包括：聚合节点自身与其邻域节点的特征信息；线性变换；非线性变换。经过 L 层以后，全图的特征矩阵就由 X 变成了矩阵 $H^{(L)}$，矩阵 $H^{(L)}$ 的每一行即代表每个节点的嵌入向量，中间每层的输出矩阵 $H^{(l)}$ 是考虑了 l 层邻域的结果。

上述 GCN 的不足之处具体如下：

1）由于计算过程中需使用包含图中所有节点的邻接矩阵，GCN 仍是一种直推式的学习框架，泛化性差。

2）根据实验，GCN 深度为 2 或 3 时能够取得最佳的效果。也就是说，节点最多能聚合 3 步邻域内邻居节点的特征。

3）GCN 只支持无向图，因为无向图的邻接矩阵保证是对称的，因此才能产生对称的拉普拉斯矩阵，对称的拉普拉斯矩阵的特征分解（Eigendecomposition）是 GCN 背后的理论基础之一。

4.GCN 模型训练示例

如何训练这个 GCN 模型呢？上述 GCN 模型本是为半监督（Semi-supervised）学习而设计的。所谓半监督，是指模型的训练数据有的有标签，有的没有标签。简单起见，假设我们只有一个卷积层，并且设定训练任务是一个半监督节点分类问题——也就是说，刚开始我们只知道图中部分节点的分类以及总共有多少种分类，目标是使用 GCN 预测出未知节点的分类。如图 9-22 所示，假设已知图中 3 号和 4 号节点的分类标签分别为可信（用 1 表示）和不可信（用 0 表示），1 号和 2 号节点的分类需要通过 GCN 预测出来。

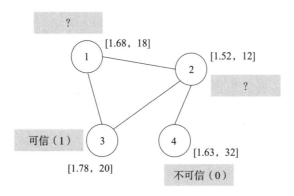

图 9-22　半监督节点分类问题

在分类问题中，通常将输出的节点特征向量 $\boldsymbol{H}^{(1)}$ 再经过一个激活函数处理，我们以 Sigmoid 函数为例：

$$\boldsymbol{Z} = \text{Sigmoid}\,(\boldsymbol{H}^{(1)}) = \begin{array}{|c|} \hline 0.5 \\ \hline 0.68 \\ \hline 0.5 \\ \hline 0.74 \\ \hline \end{array}$$

使用交叉熵损失函数：

$$E = -\sum_{j=3,4} Y_j \log Z_j$$

值得一提的是，损失函数中只有拥有确定分类标签的节点（3 号节点 $Y_3 = 1$，4 号节点 $Y_4 = 0$）参与计算。通过反向传播调整矩阵 $\boldsymbol{W}^{(0)}$ 中的各个权值，反复训练多次使得模型越来越正确地输出 3 号节点和 4 号节点的分类后，即可得到预测的 1 号节点和 2 号节点的分类标签，例如规定：

- ❑   如果$Z_{j=1,2} > 0.5$，节点属于可信节点。
- ❑   如果$Z_{j=1,2} > 0$，节点属于不可信节点。

9.3.3 GraphSAGE

2017 年 W. Hamilton 等人提出的 GraphSAGE 是 GCN 工作框架的扩展，它吸取了 GCN 的核心思想并进行了一些突破。GraphSAGE 不聚合节点邻域的所有邻居节点的特征，而是通过采样的方式只选取部分邻居节点进行计算，这样有利于算法在大图上运行。更重要的，GraphSAGE 是一种归纳式（Inductive）的图嵌入算法，它的学习结果并不是每个节点的嵌入向量，而是一系列聚合函数（Aggregation Function）。如果有新加入的节点，只要根据各节点的特征信息和结构信息，就可以得到新节点的嵌入，而不必整个重新迭代训练。GraphSAGE 的这种泛化性对于拥有高吞吐量的机器学习系统至关重要。

1. GraphSAGE 模型

假设已经训练好了一个 GraphSAGE 模型，我们来看看当图中有新节点加入时，模型是如何生成新节点嵌入向量的。在图 9-23 中，节点 a 是新加入图中的一个节点，并且该节点与图中其他已存在的节点有边相连，其 1 步邻域上有节点 b、c、d、e，2 步邻域上有节点 f、g、h、i、j、k、m。

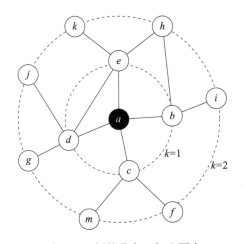

图 9-23　新的节点 a 加入图中

GraphSAGE 算法第一步是在节点 a 的邻域进行采样。按照设定的在每层邻域采样的节点数目 S_k（$k=1,2,\cdots,K$）在每层邻域进行均匀采样（Uniform Sampling）——所有邻居节点被选中的概率相同；如果某层邻域节点数少于设定的数目，采取有放回的抽样方法，直到采样出规定数量的节点。在本例中，我们设定采样至第 2 层邻域（$k=2$），且 $S_1=3$，$S_2=5$。如图 9-24 所示，从目标节点出发由内向外进行采样，在第一层邻域选取节点集 $\{b,c,d\}$，在第二层邻域选取节点集 $\{f,g,h,i,j\}$。值得注意的是，第二层邻域采样的节点必定要与第一层邻域采样的节点有边相连。

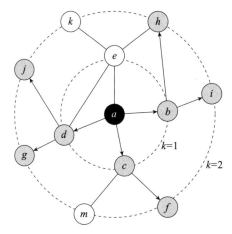

图 9-24　GraphSAGE 邻域采样

固定大小的采样有利于将算法扩展到小批量（Mini-batch）环境上，并且每批（Batch）计算所占用的空间是固定的。GraphSAGE 的原作者发现，k 不必取很大的值，$k=2$ 并且 $S_1 \cdot S_2 < 500$ 时就能取得很好的效果。

接下来，聚合这些样本邻居节点的特征信息。与 GCN 类似，所有节点的特征信息是作为输入送入模型中的，任意节点 v 的初始特征向量记为 h_v^0。与采样方向刚好相反，聚合过程是由外向内进行的。第一次迭代过程如下：

1）使用聚合函数 AGGREGATE$_1$ 聚合节点集 $\{f, g, h, i, j\}$ 的特征向量，生成邻域向量 $h_{N(a)}^1$：

$$h_{N(a)}^1 \leftarrow \text{AGGREGATE}_1\left(\left\{h_f^0, h_g^0, h_h^0, h_i^0, h_j^0\right\}\right)$$

2）分别将节点 a、b、c、d 的初始特征向量与邻域向量 $h_{N(a)}^1$ 进行拼接，将每个拼接后的向量再经过带权矩阵 W^1 和非线性变换 $\sigma(\cdot)$ 处理，就得到这些节点在本轮迭代的特征向量：

$$h_a^1 \leftarrow \sigma\left(W^1 \cdot \text{CONCAT}\left(h_a^0, h_{N(a)}^1\right)\right)$$

$$h_b^1 \leftarrow \sigma\left(W^1 \cdot \text{CONCAT}\left(h_b^0, h_{N(a)}^1\right)\right)$$

$$h_c^1 \leftarrow \sigma\left(W^1 \cdot \text{CONCAT}\left(h_c^0, h_{N(a)}^1\right)\right)$$

$$h_d^1 \leftarrow \sigma\left(W^1 \cdot \text{CONCAT}\left(h_d^0, h_{N(a)}^1\right)\right)$$

3）对 2）中所得的特征向量进行 L2 归一化处理，归一化处理能够使得所有向量的长度均为 1。在很多场景下，归一化处理能够提升效果。

第二次迭代过程与第一次类似：

1）使用聚合函数 AGGREGATE_2 聚合节点集 $\{b, c, d\}$ 的特征向量，生成邻域向量 $h_{N(a)}^2$：

$$h_{N(a)}^2 \leftarrow \text{AGGREGATE}_2\left(\left\{h_b^1, h_c^1, h_d^1\right\}\right)$$

2）将节点 a 的当前特征向量与邻域向量 $h_{N(a)}^2$ 进行拼接，再经过带权矩阵 W^2 和非线性变换 $\sigma(\cdot)$ 处理，得到节点 a 在本轮迭代的特征向量：

$$h_a^2 \leftarrow \sigma\left(W^2 \cdot \text{CONCAT}\left(h_a^1, h_{N(a)}^2\right)\right)$$

3）对 2）中所得的特征向量进行 L2 归一化处理。

图 9-25 展示的是聚合邻居节点的特征信息过程。由于只采样到节点 a 的第二层邻域，因此聚合过程只需迭代两次，就能得到新加入的节点 a 的特征向量。GraphSAGE 算法名称中的 SAGE 就是代表 Sample（采样）和 Aggregate（聚合）两个过程。

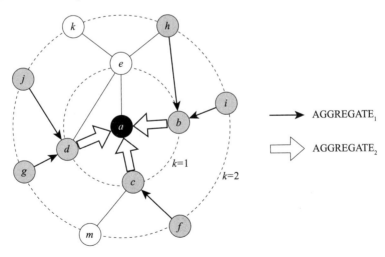

图 9-25 聚合邻居节点的特征信息

2. GraphSAGE 模型训练

GraphSAGE 模型也是通过随机梯度下降（SGD）以及反向传播算法训练的，模型需要

学习的参数包括 k 个聚合函数AGGREGATE$_k$和 k 个带权矩阵 W^k。GraphSAGE 支持使用均值聚合器、池化聚合器或 LSTM 聚合器。这 3 种聚合器包含的参数各不相同，也各有优势。

1）均值聚合器（Mean Aggregator）：取所有样本邻居节点的特征向量各维度平均值作为邻域向量各维度的值，即

$$h_{N(v)}^{k} \leftarrow \text{MEAN}\left(\left\{h_u^{k-1}, u \in N(v)\right\}\right)$$

均值聚合器与 GCN 卷积的原理一致，其优势是计算复杂度低。

2）池化聚合器（Pooling Aggregator）：先将每个样本邻居节点的特征向量经过一个 MLP 神经网络处理（即线性变换和非线性变换），然后取它们的特征向量各维度最大值或平均值作为邻域向量各维度的值，即

$$h_{N(v)}^{k} \leftarrow \text{MAX} / \text{MEAN}\left(\left\{\sigma\left(W_{\text{pool}} h_u^{k-1} + b\right), u \in N(v)\right\}\right)$$

显然，池化聚合器包含更多的参数，它的优势是能够更好地捕捉邻域的特征。

3）LSTM 聚合器（LSTM Aggregator）：LSTM 聚合器的公式较复杂，这里不多赘述，LSTM 聚合器的优势是增强模型的表达力。

在无监督（Unsupervised）训练环境，即所有训练数据都没有标签的情况下，GraphSAGE 依据图本身带有的结构信息设计损失函数，具体是利用我们已经很熟悉的随机游走机制。在一个固定长度的随机游走中，如果节点 v 和节点 u 同时出现在随机游走序列中，则认为这两个节点是相似的，模型训练的目标是使得这两个节点在嵌入向量空间距离较近。在这种情况下，GraphSAGE 采用负采样的负对数似然损失函数：

$$E = -\log\left(\sigma\left(z_u^{\mathsf{T}} z_v\right)\right) - \sum_{i=1}^{K} \log\left(\sigma\left(-z_u^{\mathsf{T}} z_{v_i}\right)\right), \quad v_i \sim P_n(v)$$

其中，节点 v 和节点 u 是同时出现在随机游走序列中的两个节点，是正样本，z_v 和 z_u 是它们的输出嵌入向量；$\sigma(\cdot)$ 是Sigmoid函数；P_n 为负采样概率分布，K 是负样本数量。

如果有特定的下游任务，可根据任务目标使用其他的损失函数，比如交叉熵损失函数。

9.4　行业应用：药物不良反应预测

在医药领域，预测药物不良反应（Adverse Drug Reaction，ADR）是一个重要的研究课题，因为药物的未知不良反应可能会对患者造成极大的健康威胁，常见的有皮肤问题和肝脏损伤等。近年来，通过知识图谱和机器学习的融合，研究人员开发了更准确的 ADR 模型，这些模型的发展为医药研究、临床实践和药物安全监测等方面提供了有力支持。

图 9-26a 构建了药物（drug）与其已知的不良反应（ADR）、适应症（indication）以及靶标（target）之间的关系，图 9-26b 则是一个简单的示例图。知识图谱中的数据可以从多个来源获取，如文献、临床实验和医疗记录等。预测某一药物是否可能导致某种不良反应实际上是一个链接预测问题，即预测药物节点和不良反应节点之间是否可能存在边。

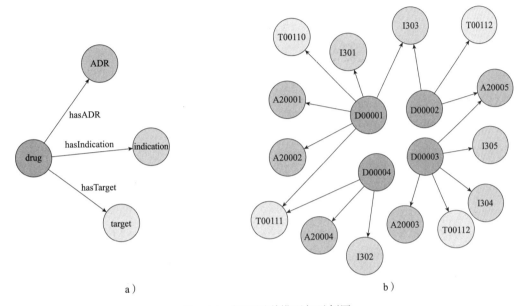

a）　　　　　　　　　　　　　　　　　　　b）

图 9-26　知识图谱模型与示例图

通过应用图嵌入算法（如 Node2Vec 或 Stru2Vec），可以为图中的节点生成向量表示，从而将图中的链接预测问题转化为药物节点和不良反应节点之间是否存在边的分类问题。这一问题可以通过训练一个二元逻辑回归分类器来解决。如图 9-27 所示，简单来说，将一对药物节点和不良反应节点的向量表示作为输入送入分类器，输出则指示它们之间是否存在 hasADR（有不良反应）类型的边。

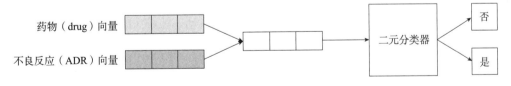

图 9-27　二元分类器模型示意图

第 10 章

图算法实战

算量（数据）、算法和算力是人工智能发展的三大要素。其中，算法可以被视为对一系列要解决的问题执行清晰指令的一套策略。

其实，算法并不是新鲜事物，它的雏形是对规律的高度解读，比如周文王演绎出来的周易、大禹治水过程中成功测量出地势差的勾股术等。对于"算法"一词的由来，笔者在第 2 章中就讲过，它最早出现在公元 9 世纪上半叶波斯数学家阿尔·花剌子米的数学著述中，参见图 2-1。

如今，算法早已不再局限于数学领域的应用，而是升级为解决多领域复杂问题、提供多行业应用方案的关键所在。值得一提的是，一个算法设计的好坏，除了看它解决问题的能力，还需要关注计算的效率，这就与算力相关了。那么，一款高性能的图计算（图数据库）系统应该具备以下核心能力。

- ❑ 高速图搜索能力：高 QPS/TPS、低延时，实时动态剪枝（过滤）能力。
- ❑ 对任何规模的图的深度、实时搜索与遍历能力（10 层以上）。
- ❑ 高密度、高并发图计算引擎：极高的吞吐率。
- ❑ 成熟稳定的图数据库、图计算与存储引擎、图中台等。
- ❑ 可扩展的计算能力：支持垂直与线性可扩展。
- ❑ 3D+2D 高维可视化、高性能的知识图谱 Web 前端系统。
- ❑ 便捷、低成本的二次开发能力（图查询语言、API/SDK、工具箱等）。

具备了以上这些核心能力，再加上图数据库（图查询语言）国际标准的加持（GQL 国际标准预计在 2024 年发布——这也宣示着上一个数据库国际标准 SQL 将逐步被取代），图数据库就可以广泛地应用并服务于以下领域：

- ❑ 金融行业：银行、证券、保险的智能营销或风控，反欺诈、反洗钱、风控、风险评估和风险管理，资产流动性管理，审计，在线推荐系统等场景。
- ❑ 供应链金融：在供应链金融网络中，实现去中心化资产数字化及流通技术平台，是图系统为产业互联带来的杀手级技术解决方案。
- ❑ 电信运营商：客户 360、智能推荐、反欺诈、网络监控、图谱化网络管理等。
- ❑ 物联网：既要解决数据量大的问题，又要有快速处理这些数据的能力，还要从物联网中挖掘出更多的价值，网络化分析是必要的。以此为目的，充分地利用图数据库、图中台是最明智的选择。
- ❑ 互联网：NLP、知识图谱、智能搜索和智能推荐、聊天机器人、欺诈预警等功能。
- ❑ 智慧城市、气象、信息检索、刑侦、政务、军事等领域。

笔者依据以往在工业界的实践经验，收集了部分应用案例和用户场景白皮书，以供读者参考：

- ❑ 流动性风险管理系统中的核心指标计量：流动性覆盖率（LCR）。
- ❑ 实时决策系统（在线反欺诈）。
- ❑ 欺诈预防：银行对公业务公司担保链监测。
- ❑ 基于工商数据的智能图谱分析（最终受益人识别、控股关系分析等）。
- ❑ 知识图谱和实时计算（实时化智能推荐等场景）。

10.1　在流动性风险管理中的创新应用

自 2023 年 3 月以来，流动性风险管理的重要性与紧迫性因美国硅谷银行（Silicon Valley Bank）的倒闭而再次引发全球性的广泛关注。

硅谷银行爆雷的本质问题是监管机构以及银行自身对于流动性风险管理的失察。作为一家资产规模达到近 2000 亿美元的银行，却没有对流动性风险进行很好（细颗粒度）的监控，最终导致出现声誉风险，并快速出现挤兑（资不抵债）而被美国联邦政府接手。

流动性风险管理中的一个重要的衡量指标是 LCR（Liquidity Coverage Ratio，流动性覆盖率），它是《巴塞尔协议》中规定的一个重要的金融行业监测指标。它的设计目标是在强化资本需求的同时增加银行的流动性。全世界所有主权国家的主要银行机构都在 2023 年全面实施对该指标的监测。

本节介绍在赢图实时图数据库基础上构建的一套端到端的解决方案——赢图 LRM（流动性风险管理，或称为赢图 LCR）系统。通过释放赢图实时图数据库的算力以及 Ultipa 赢图可视化、可解释性等能力，赋能商业银行掌控其资产、负债数据，以应对外部监管与内部增效的双重压力。赢图 LCR 系统为全球范围内首创以实时图计算的方式高效、便捷地管理《巴塞尔协议Ⅲ》中的核心指标的工具。

10.1.1 应用背景概述

在 2008 年的国际金融危机中，许多银行与金融机构尽管表面上看资本充足，却因缺乏流动性而陷入困境，金融市场也出现了从流动性过剩到紧缺的迅速逆转。危机后，国际社会对流动性风险管理和监管予以前所未有的重视。

巴塞尔委员会在 2008 年和 2010 年相继出台了《稳健的流动性风险管理与监管原则》和《巴塞尔协议Ⅲ：流动性风险计量、标准和监测的国际框架》，构建了银行流动性风险管理和监管的全面框架，在进一步完善流动性风险管理定性要求的同时，首次提出了全球统一的流动性风险监管定量标准。2013 年 1 月，巴塞尔委员会公布《巴塞尔协议Ⅲ：流动性覆盖率和流动性风险监测工具》，对 2010 年公布的流动性覆盖率标准进行了修订完善。

中国银保监会（原中国银监会）于 2015 年 11 月 6 日发布《商业银行流动性覆盖率信息披露指引（征求意见稿）》，要求自 2017 年起，商业银行需披露季内每日数值的简单算术平均值，并同时披露计算该平均值所依据的每日数值的个数。另外，于 2017 年通过、2018 年 7 月起开始实施的《商业银行流动性风险管理办法》（中国银行保险监督管理委员会令 2018 年第 3 号）中明确了商业银行对于流动性覆盖率的计算与披露要求。

自 2008 年以来，无论国际还是国内对流动性风险管理的理论都趋于成熟，但在技术赋能层面并没有重大突破——传统 SQL 类型的数据库与大数据、数仓、数湖框架并不能在面向全行和全量数据的情况下实现流动性风险管理的实时性、量化可解释性、可追溯性以及场景模拟等核心业务诉求。

尤其随着数字中国和数字经济的蓬勃发展，商业银行数字化转型成为必经之路。传统的流动性风险管理系统也面临着数字化转型的现实问题。以 LCR 为代表的流动性监管指标，作为"舶来品"，具有概念新、专业强、分类细、计算复杂四大难点，在国内实施过程中面临"水土不服"的问题。因此，LCR 是业内公认的最难以理解、难以操作、难以计量的监管指标。我们需要在数据、规则（知识）、算法、算力四方面有完美的解决方案，才能精准计量出 LCR 流动性监管指标，才能解决流动性风险管理系统数字化转型的难题。

10.1.2　传统计量工具的痛点与图变革

LCR 对于很多商业银行而言是个复杂、难以掌控的"新物种"，即便是已经部署了 LCR 系统的银行，基于传统关系型数据库如甲骨文（Oracle）的解决方案也存在如下痛点。

- ❑ 黑盒化。已有的 LCR 指标计算的系统均采用黑盒化（不可解释）方式实现，系统的整个运行过程不透明，也没有细化和量化的指标可以追踪如变化率、传导路径等要素。这个限制让银行对于流动性覆盖率的理解仅限于一个相对数值，而无法深度理解业务变化对于流动性覆盖率的绝对影响。
- ❑ 无反向回溯。过往的流动性覆盖率指标因缺乏图计算支撑，无法实现反向追溯，即从 LCR 指标无法反推并追溯到影响该指标的贡献度最大的业务、账户或其他因素。无法追溯意味着银行只能利用一个 LCR 指标来应付监管，但是无法深入理解自己的核心业务表现，并因地制宜地调整业务发展指标。
- ❑ 无正向模拟。与反向回溯相对的能力是正向模拟，即从某个分行、某个行业、某个地区、某类账户、某笔交易出发按照"脑图"网络中沿路径传导的方式来模拟某些指标的变化对于 LCR 的影响。这种能力的缺失让银行无法智能化地预测、评估和设计自己的产品并调整业务方向。
- ❑ 无可视化传导路径。图谱可视化、实时可视化路径传导都是让 LCR 指标计算透明、可解释的重要手段。缺乏这些手段支撑的流动性覆盖率就只是一个单纯的指标，对于通过全面分析资产与债务来实现内部增效毫无助益。
- ❑ 非实时化。LCR 相关的业务数据的加载与计算耗时持久，无法以 T+0 或实时的方式计算，更做不到实时模拟、压测、回溯、量化计算等操作。

近年来，图计算与图数据库技术发展迅猛，我们利用最新的图计算技术重新构建流动性风险管理系统，下面以某零售股份制商业银行为例，系统阐述第三代人工智能图计算技术在流动性风险管理中的创新应用。

流动性风险管理信息系统至少应当实现以下功能：

- ❑ 监测流动性状况，每日计算各个设定时间段的现金流入、流出及缺口。
- ❑ 计算流动性风险监管和监测指标，并在必要时提高监测频率。
- ❑ 支持流动性风险限额的监测和控制。
- ❑ 支持对大额资金流动的监控。
- ❑ 支持对优质流动性资产及其他无变现障碍资产的种类、数量、币种、所处地域和机构、托管账户等信息的监测。
- ❑ 支持对融资抵（质）押品的种类、数量、币种、所处地域和机构、托管账户等信息的监测。

❑ 支持在不同假设情景下的实时压力测试。

赢图将实时图计算引擎与高可视化图谱系统相结合来构建银行流动性风险管理系统。它是全球首创以图计算方式计量《巴塞尔协议Ⅲ》中的核心监管指标的系统，具有 3D 可视化、实时计算，以及精准计量到每个账户、每笔交易、每一分钱等特点，真正实现了《巴塞尔协议Ⅲ》核心监管指标的穿透式精准计量。

在流动性压力测试情景方面，巴塞尔委员会和银保监会规定了 15 种情景，赢图 LCR 系统进一步按照 LCR 指标的 144 个子项，一一对应地提供了单项 144 种压力测试情景，并组合出超过百万种的压力测试情景，完全覆盖并满足了监管要求。此外，该系统还提供策略回检、LCR 贡献度变化实时分析等功能。

综上，对照巴塞尔委员会《第三版巴塞尔协议：流动性覆盖率和流动性风险监测标准》和银保监会《流动性风险管理办法》，赢图流动性风险图计算（图中台）系统不局限于满足监管要求，伴随着商业银行面临"强监管"和"内增效"的大环境背景，图计算系统可以高效赋能银行转变业务模式，调整资产负债结构，优化资源配置，更加追求轻资本消耗的轻型银行转型，在提高盈利水平和资本效率的同时，更好地服务于实体经济。

相比传统架构搭建的 LCR 解决方案，图数据库可以清晰、高效地揭示复杂的关系模式，实时处理海量数据，并对结果进行实时可视化、传导路径可视化。这些正是 LCR 的外监管、内增效的核心诉求。

10.1.3 图计算应用于流动性风险管理的优势

基于实时图数据库的 LCR 系统具有以下优势（图 10-1）：

❑ 通过高性能、操作简易的 3D 可视化来实现白盒化可解释是赢图 LCR 系统的重要特点。

❑ 实时可回溯能力让银行可以通过图模型实时定位、追溯 LCR 变化的主要因素及传导路径。

❑ 实时模拟能力让银行可以对核心资债产品及业务进行基于场景模拟的量化分析。

❑ LCR 流动性风险管理系统的核心是通过对接全行业务数据，完成数据开发以及图计算框架搭建来实现对 LCR 指标的快速计算以及实时可视化。

基于 Oracle

× 无法实时计算 LCR 值（约 3.5h）
× LCR 的计算过程、传导路径不能可视化
× 无法实时模拟计算
× 不能实时回溯
× 黑盒，无法掌控计算流程

基于赢图图中台

√ 实时掌握 LCR 变化，提前预知风险，满足监管要求
√ 实时可追溯功能，精准定位传导路径
√ 各类 LCR 贡献度变化，实时调整行内业务决策
√ 实时模拟计算系统，帮助制定业务规则
√ 全行客户 LCR 贡献度计算，掌控细节
√ 白盒透明，可视化管理计算细节

图 10-1　Oracle 现金流引擎与赢图 LCR 的对比

LCR 开发任务分类如图 10-2 所示。

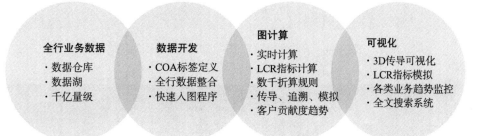

图 10-2　LCR 开发任务分类

赢图 LCR 产品架构示意图如图 10-3 所示。

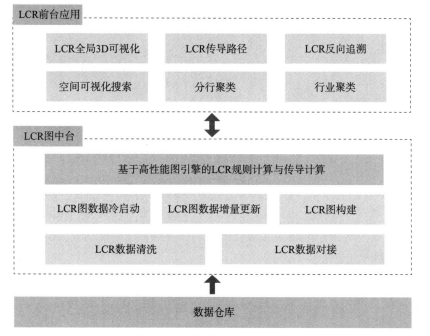

图 10-3　赢图 LCR 产品架构

流动性风险管理系统的开发与测试流程如图 10-4 所示。图 10-5 是流动性风险管理图中台系统全局视角的一个展示，大家可以按照分行、行业聚类，同时也可以实现反向追溯、空间可视化搜索等功能。

开发阶段

测试阶段

图 10-4　流动性风险管理系统的开发与测试流程

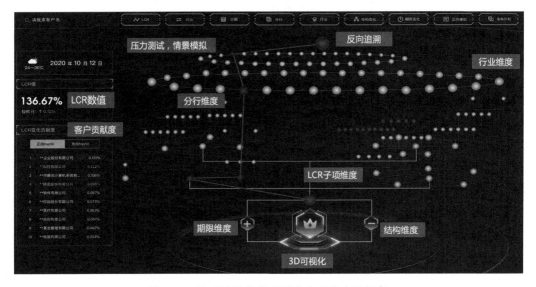

图 10-5　流动性风险管理图中台系统全局视角

区别于传统流动性系统时效差、算得慢，图计算流动性风险管理系统能对海量的复杂数据进行实时计算并精准计量其变化原因，助力业务方第一时间感知风险变化，实时调整业务决策，制定业务规则，最终实现银行在安全性、盈利性和流动性之间的平衡，做到运筹帷幄之中、决胜千里之外。

在 2008 年金融危机后，重视流动性风险管理逐渐成为业界和监管的共识，业界专家在研究中发现风险具有关联性、相互转化、传递和耦合的特点，且风险传播渠道极为复杂，跨市场、跨领域的情况日益突出。

就对技术上的要求来说，传统关系型数据库目前虽然依旧保有市场量，但在处理海量、动态变化、多维度关联的数据方面明显力有不逮，且在成本、易用性、灵活性上短板凸显。作为后起之秀的图计算与图数据库通过底层的实时图算力、高可视化、白盒实时回溯等性能，实现了逐笔金融风险的科学计量、深度下钻与穿透。

例如，在查找贷款资金流向的典型金融应用场景中，目标是找到转账最大深度为 5 层的账户。实验的数据集包括 100 万个账户，每个账户约有 50 笔转账记录。实验结果如表 10-1 所示，对比结果如图 10-6 所示。

表 10-1　传统关系型数据库与实时图数据库之间的对比

深度	MySQL 执行时间 /s	图数据库 执行时间 /s	返回 记录数（账户数）	遍历 边数（交易数）
1	0.001	0.0002	约 50	约 50
2	0.016	0.001	约 2200	约 2500
3	30.267	0.028	约 100 000	约 125 000
4	1543.505	0.359	约 600 000	约 6 250 000
5	无法完成	1.1	约 900 000	约 50 000 000

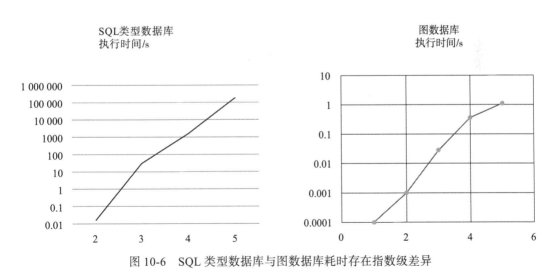

图 10-6　SQL 类型数据库与图数据库耗时存在指数级差异

深度为 1 时，两种数据库的性能差异并不明显；深度为 2 时（即转账 1 层），存在 10 倍以上的性能差异；随着深度的增加，性能差异呈指数级上升。很明显，深度为 3 时，关系型数据库的响应时间开始超过 30s，已经变得不可接受了；深度为 4 时，关系型数据库需要近半小时才能返回结果，使其无法应用于在线系统；深度为 5 时，关系型数据库已经无法完成查询。而对于图数据库，深度从 3 到 5，其响应时间均在实时的范畴以内。值得注意的是，图数据集高度连通，5 层深度的查询已经相当于遍历全图，而这种操作对于 SQL 类型数据库来说是耗时极大的，因耗时过长或资源耗尽而无法完成查询。

从上面的案例可以看出，对于图数据库来说，数据量越大、越复杂的关联查询，优势越明显。对比结果如图 10-7 所示，随着查询深度线性增加（1→5），SQL 类型数据库的耗时指数级增加，而相对而言，图数据库的查询时间几乎持平（数据层面呈现一种亚线性增长的趋势）。

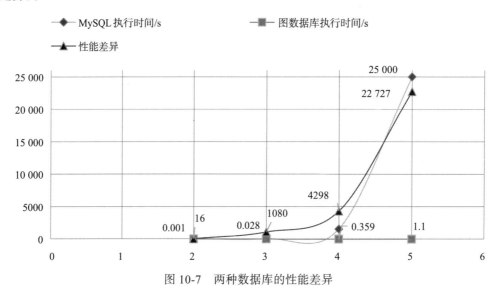

图 10-7　两种数据库的性能差异

此外，图计算技术在交叉性金融风险管理领域也取得了重大突破。例如，在交叉性金融风险的风险传染网络视图、关系识别与计量、风险传染路径查询等方面均有了创新应用。

《巴塞尔协议Ⅲ》中对信用风险、市场风险和操作风险的管理与资本计量均提出了更为精细化的新要求，对风险信息披露做出了更为详尽的规定，并就数据治理和基础设施建设、风险数据归集能力、风险报告也出台了专门指引，如图 10-8 所示。

商业银行应借此《巴塞尔协议Ⅲ》改革契机，统筹考虑新的监管合规和内部管理增效两方面的需求，为《巴塞尔协议Ⅲ》体系的实施夯实基础。包含 LCR 流动性风险管理中台的 UBCP（Ultipa Basel Compliance Package）就是为了赋能银行应对外部监管及内部增效诉求的杀手级综合解决方案。UBCP 覆盖了流动性风险覆盖率管理、利率管理、资本管理、RWA 风险加权资产管理、杠杆率管理等《巴塞尔协议Ⅲ》的全部指标，并提供了基于嬴图实时图数据库（图中台）的高可视化、白盒化、实时追溯、实时模拟计算、贡献度变化、实时业务决策、传导路径解决方案。

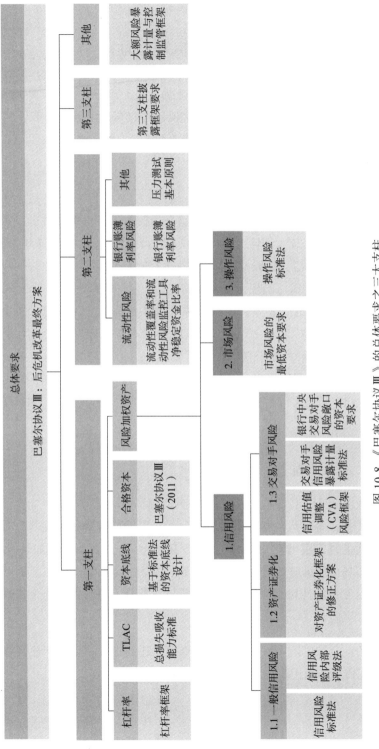

图 10-8 《巴塞尔协议Ⅲ》的总体要求之三大支柱

10.2　在交叉性金融风险领域的识别与计量

什么是交叉性金融风险？在交叉关联的金融市场上，任何一只"蝴蝶"扇动"翅膀"，都可能造成跨市场的风险传染，单一个体的风险问题极可能引起整个市场出现问题。当前，交叉性金融风险是最易引起系统性风险的风险类型之一。

10.2.1　交叉性金融风险的"蝴蝶效应"

蝴蝶效应是混沌学理论中的一个概念。它是指对初始条件敏感性的一种依赖现象——输入端微小的差别会迅速放大到输出端。20 世纪 70 年代，美国一个名叫洛伦兹的气象学家在解释空气系理论时说，亚马逊雨林一只蝴蝶的翅膀偶尔振动，也许两周后就会引起美国得克萨斯州的一场龙卷风。同理，在金融市场中也存在蝴蝶效应。

2008 年的金融危机也使业界认识到几种风险并不是孤立存在的，而是相互关联、相互作用并最终引发了系统性风险，且不同风险间具有链条效应。交易对手信用风险是个体波动性风险向同业传染为系统性风险的重要渠道，流动性风险是金融市场波动的放大器，市场风险通过风险传染最终会演变成系统性风险。跨市场风险不一定是多米诺骨牌式的串行的线性或链式传播，而是牵一发而动全身的网状传播（并行、多层级传播）方式。

关于交叉性金融风险，无论在国际还是国内，尚无官方定义。笔者认为交叉性金融风险具有以下 3 个方面的特征：

❑　链条效应。独立观察各类风险，其传播路径呈链条状。

❑　网状传播。各类风险在传播过程中，受到影响的客群是呈网状分布的。信用债当中最大的是信用风险，杠杆率低时不会引起系统性风险，但如果信用债大量违约，整个市场由于蝴蝶效应也会引起系统性风险。

❑　极易引发系统性风险。如果信用风险持续蔓延，整个市场由于蝴蝶效应也会引起系统性风险。

因此，交叉性金融风险不是简单的违约概率、违约损失率计量，还需要看风险在不同市场间如何相互传染，而传统技术对此无法提供有效的解决方法。

10.2.2　识别并计量交叉性金融风险

交叉性金融风险具有涉及面广、跨市场、跨产品、跨部门、交易对手多、风险类型复杂、传染链条长、管理相对薄弱等特点。交叉性金融风险难以管理的根源在于传染性强，商业银行尚未形成一套完整的风险管理体系。当前，交叉性金融风险管理急需解决 3 个方面的问题：

- ❑ 计量风险传播的客群。商业银行必须形成交叉性金融风险的传播全景视图，知道风险传播到了哪些客群。
- ❑ 计量风险传播路径。商业银行必须识别风险可能的传播路径、传播规模（深度、广度、速度），并能评估传播路径上多重风险叠加的最终结果。
- ❑ 找到风险传播过程中的关键节点。商业银行找到关键节点（产品、客户等），就可以采取行动，防止风险进一步蔓延。

图计算可以通过对海量且复杂的数据进行深度穿透和挖掘来计算数据之间的关联关系，解决复杂的多层嵌套关系挖掘问题。其实可以将这种计算比作对人类大脑工作模式的逆向工程——因此图计算也被称作"类脑计算"，而深度类脑计算则是赋能金融风险管理的利器。

在图算法的应用中，危机的传递就是典型的 k 邻搜索的过程，即以发生危机的实体为起点，顺着或逆着（取决于边的具体定义）边的方向进行 1 步、2 步、3 步直至更深的查询，得到的就是先后会被危机波及的实体。对于该算法的具体原理、应用等，此处不多赘述，感兴趣的读者可参见 6.1 节。

以某地产集团为例，发生危机后，风险首先传播到关联公司，这是第一层；关联公司出问题了，最先受影响的是公司员工和供应商，这构成了第二层；供应商停止供货、工人拒绝复工，在建工程就可能烂尾，风险就会传播到购房者，此为第三层；以此类推，风险从最初的集团一个"点"传播到关联公司、员工、供应商、购房者等，形成一张"网络"。风险是一层一层传播的，"链条效应"明显，如图 10-9 所示。

在关联公司识别方面，利用图算法，以集团及其创始人为起点，向下股权穿透，从而将关联公司全部识别出来，如图 10-10 所示。

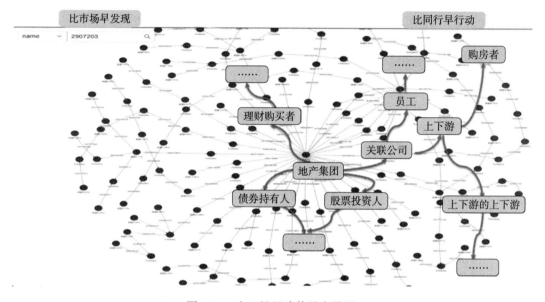

图 10-9 交叉性风险传导全景图

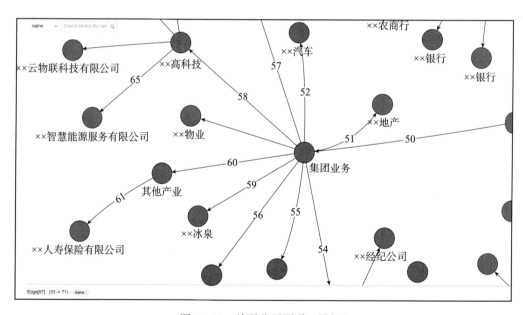

图 10-10 关联公司图谱（局部）

同理，担保圈、供应链、资金流向、员工和购房者等与集团密切相关的企业和个人构成的复杂关系网络能够全部识别出来，构成了交叉性风险的风险路径图，如图 10-11 所示。

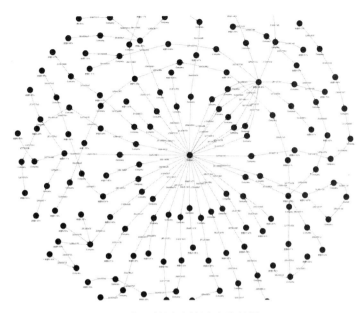

图 10-11　交叉性风险的风险路径图

在计量风险传播的客群方面，图计算识别出风险传导的所有路径后，风险影响的所有客群也都识别出来了，以集团为"圆心"，以风险传播路径为"半径"，以风险影响的客群为"圆"，各类"圆"重叠交织在一起，最后构成一张"网状"的全局视图。风险影响的客群包含供应商、员工及关联公司等利益相关方，如图 10-12 所示。

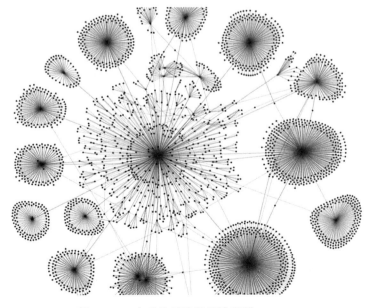

图 10-12　交叉性风险的风险客群

在查找风险传播过程中的关键节点方面，图计算技术可以通过建立网络关系图，确定风险防控的重点客户、重点产品，引入客户准入、风险限额等手段，以有效地防止风险蔓延。

由于交叉性风险的关联性，传统的关系型数据库难以实现多层次关系的快速计算。图计算技术找出了关键的节点、风险因子、风险传播路径，就能够对整个交叉性金融风险进行管理。

10.2.3　图计算在金融领域的应用

图计算（图数据库）被认为是一种典型的通过增强智能方式实现的稳健的第三代人工智能技术。第三代人工智能需要数据、知识、算法与算力四要素的协同，注重算法白盒化、可解释，以及算力的大幅提升。商业银行运用图计算技术带来的驱动力，可以构建基于复杂网络的新型 AI 风险监控体系，在业务端"从容地"满足全维度、全历史、高可视、高性能、强安全和纯实时的需求。

随着经济全球化和市场经济的高度发展，企业与企业、企业与个人、人与人之间通过某种关系连接构成了复杂的金融网络，例如企业、银行、信托公司、保险公司、担保公司等经济主体，通过股权、担保或互保、关联交易、金融衍生品、供应链关系以及管理层的多重身份等形成了错综复杂的关联关系图谱。

图计算是一种仅通过点和边来表达复杂、高维网络拓扑结构的方式。这种结构可以涵盖任意维度数据间的关联和互动关系。银行可以利用图计算和图数据库构建客户关系图谱，关注客户各类信息之间的关联性，实现客户洞见从局部到全网、从静态数据到动态智能的跨越，发现潜在的风险并预判风险传导路径、概率、受影响的客群。图计算技术将给现有的信用风险管理带来革命性、颠覆性变化。可以基于图计算的强大算力并结合应用层业务逻辑的知识图谱来构建实时在线计算与分析的人工智能银行风控大脑，从感知阶段发展到认知、决策阶段，防范的主体从单一客户到风险客群，防范的时效从事后管理到事前预测。典型的应用场景包括防范隐形集团关联风险、识别担保圈风险、洞察客群风险、实时监控贷款资金流向。

（1）防范隐形集团关联风险

基于权益法与穿透式识别的图计算，层层穿透企业的复杂股权，满足银行对非自然人客户受益所有人的身份识别要求。

银行利用企业关系图谱识别影子集团、隐形集团，做到对实际控制人、集团客户或单一法人客户的统一授信，有效甄别高风险客户，防范多头授信、过度授信、给"僵尸企业"授信、给"空壳企业"授信，以及财务欺诈等风险。

（2）识别担保圈风险

利用图数据库和图计算技术识别出银行所有担保圈（链）中的主要风险企业及其完整的担保路径。利用图计算技术进行数据建模并及时识别、量化担保圈（链）企业违约风险。对担保圈（链）贷款进行高效清查，并分析担保风险的原因，及时采取防范措施。实时监控担保关系最复杂、涉及金额最大、风险最大的担保圈或担保链，然后再重点、实时地监控担保圈或担保链中的核心企业。企业担保圈存在的风险虽然各不相同，但可以通过企业担保圈的规模大小及担保关系的密集程度，经过复杂网络算法分析，找到结构意义上担保风险比较大的企业担保圈，进行重点处理和分析。

（3）洞察客群风险

基于客户关系图谱，综合考虑客户供应链、资金链、资本与担保圈等关系，形成客户风险传导路径。计算与待风险评估企业关联关系在 N 层以内的关系企业的风险传导概率；深度查找待风险评估企业和"已知爆雷企业"的所有风险传导路径，加权计算得出爆雷企业对于待分析企业的风险传播影响因子。当某企业发生风险事件时，实时计算银行所有授信客户的风险暴露。

（4）实时监控贷款资金流向

基于图计算技术穿透式跟踪信贷资金流向。贷款发放后，经办机构及风险管理部门的贷后管理人员应核查贷款资金流向是否符合约定用途，并应关注银行资金流转情况，及时上报信贷资金流向监督过程中出现的可疑事项。放款后，需跟踪监测信贷资金是否流入与借款主体不存在供应链关系的企业；跟踪分析借款主体的还款资金来源，核实还息资金是否存在第三方定期汇入、还本资金是否在还款日前由第三方集中转入，判断挪用贷款资金的情形。利用图计算技术跟踪每笔贷款资金最终流入哪些账户，从而判断贷款资金是否被挪用，是否流入房地产、股市等监管重点关注的领域。

10.3 实时商业决策与智能

随着大数据时代的到来，不仅数据量不断增长，而且数据的复杂性和多样性不断增加，越来越多的实时商业决策都依赖于对数据如何关联、相互关系、相关性的理解。传统的关系型数据库系统不是为解决这一挑战而设计的，甚至更新的大数据框架也不是，它们可能有很好的可扩展性，但是往往不具备实时处理的能力。你可能认为我们首先会提到 Hadoop 缺乏实时性，并且认为基于分布式内存计算的 Spark 解决了这个问题。但是请继续阅读，我们会将赢图数据库与 Spark 在实时信用卡或贷款申请决策场景中进行比较。

在申请信用卡或贷款的过程中，有以下几个场景。

- ❑ 场景 1：扫描全部贷款或卡申请数据，找到被 5 个以上申请所共同使用的全部电话号码。

- ❑ 场景 2：筛选所有申请数据，找到共享如下任一信息的申请：公司、推荐人、邮箱或设备 ID（电话号码、IP 地址等）。

- ❑ 场景 3：加强上一条筛选（过滤）规则，使用 AND 代替 OR 操作符，并找到共享了以上全部信息的所有申请。

- ❑ 场景 4：发现圈子。例如，申请 [X] 使用手机，该手机被申请 [Y] 使用，申请 [Y] 使用了邮箱，但是该邮箱也被申请 [Z] 使用。

- ❑ 场景 5：查询是否存在如下深度路径：信用申请 [X] →手机→信用申请 [Y] →邮箱→信用申请 [X]。这个路径查询是为了了解是否存在一个包含 5 个节点（4 条边）的循环。如果能进行更复杂的查询，则意味着更深 / 更长的循环路径（包含 10 个以上节点）。在担保圈、担保链、股权关联关系等场景中，也存在这种超深的环路。

- ❑ 场景 6：社区识别可以将申请人智能地分类到不同的社区（客群），这将有助于信用卡及贷款公司更好地理解客户的行为模式。

要处理上述场景中的问题，我们必须首先考虑如何构造一个数据模型来处理这些场景中的数据相关性需求。下面是一种典型的图数据模式的数据建模方法：

- ❑ 每个申请被视为一个节点。
- ❑ 申请的所有属性，如电子邮件、公司、设备 ID、电话、ID 也分别作为节点。

这种模式设计与传统表或列的 SQL 风格模式设计完全不同。当我们试图找到任意两个申请的最短相关性时，只需检查这两个申请是否共享一个公共属性节点，如电子邮件、电话、ID、设备 ID 或公司。

如图 10-13 所示，在 4 亿多个申请和关联属性节点的数据集中，嬴图仅需 1s 就识别出超过 184 万个电话号码被使用 5 次以上，而 Spark 系统至少需要 13min 才能返回结果，这是几百倍的性能优势。除了性能优势之外，实现这个场景只需要一行图查询语言代码：

```
analyzeCollect().src({}).dest({}).moreThan(5)
```

只需要稍加解释就可以理解这行代码：通过调用 analyzeCollect() 函数，从所有节点类型为"电话"的顶点出发，搜索结束节点类型为"应用程序"的顶点，并计算申请的数量以及对应的电话号码，返回申请数超过 5 的电话号码。结果是惊人的，有超过 184 万个电话号码被超过 900 万的申请重复使用，这些申请都可以被认为是潜在欺诈。

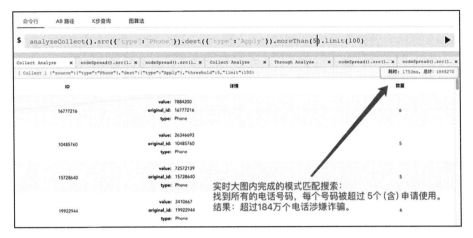

图 10-13 在一张大图中进行实时的模式识别（场景 1）

在图 10-14a 所示的场景中，我们遍历了整个数据集来找到共享同一设备的申请，发现有超过 4500 万申请存在此类问题，这是一种常见的高风险或欺诈性识别案例。

图 10-14b 所示场景的查询则更加严格，只有一对申请共享了所有相同的属性：设备 ID、公司、电子邮件、推荐人、推荐人的申请 ID。

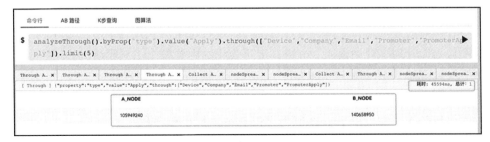

a）场景 2

b）场景 3

图 10-14 在大图中的（近）实时的模式识别

　　上面的这个查询显然计算量要更大，通常被认为是大规模的批处理。在公有云环境中运行的嬴图数据库实例需要大约 45s 的时间返回，而 Spark 则需要一个多小时才能完成。

　　为了验证上面的结果是否正确，只需在找到的两个节点之间运行一个路径查询，得到的子图在图 10-15 中显示，可以看到两个申请共享了 6 个共同属性节点。

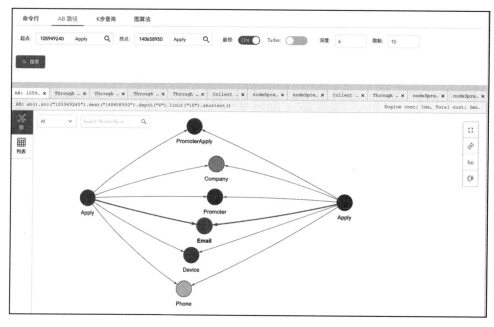

图 10-15　通过路径查询来验证之前的批处理查询结果的正确性（场景 4、5）

　　鲁汶算法是最近才加入图算法家族的（在 2008 年发明）。它通过对全图数据进行多次循环迭代收敛后形成多个社区，紧密相连的数据会被分配在一个社区内，在社交网络分析、欺诈监测、营销推荐等多个场景中非常有价值。

　　鲁汶算法的缺点是，它的原始算法是串行的，一旦数据量变大（例如在百万量级以上），整个计算就会变得非常缓慢，如果你把它应用于反欺诈设置中，传统的解决方案可能需要数小时或数天来计算（或者根本无法完成）。在嬴图中，鲁汶算法被重构为以高度并发、内存计算的方式运行，其运行速度是传统串行实现的成百上千倍。另外，在嬴图高可视化图数据库管理平台中嵌入了一个高度可视化的内置鲁汶 DV 模块，让用户可以以可视化的直观、易懂方式理解社区（客群）识别后形成的社区的空间拓扑结构、关联关系，如图 10-16 所示。

　　在许多场景中，我们看到以嬴图为高度并行计算引擎能够比其他系统在性能上高出 3~4 个数量级（1000~10 000 倍）。这里的要点是：高性能 = 高吞吐率 = 小集群规模 = 低 TCO。

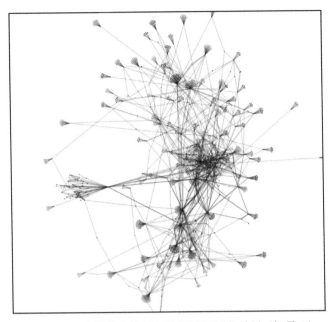

图 10-16　高性能鲁汶社区识别及可视化效果（场景 6）

表 10-2 是赢图与 Spark、Neo4j 和 Python 之间的性能比较，测试数据集是上文场景中用到的 2 亿多个节点 / 边的大型贷款、信用卡申请图数据集。

表 10-2　多个图系统的性能比较

比较 维度	Spark	赢图	Neo4j	Python NetworkX
OLAP （场景 1）	780s	1.6s	未测试	N/A
OLAP （场景 2、3）	3600s	44s	未测试	N/A
环路发现 （场景 4、5）	N/A	30 000 QPS	10 QPS	N/A
鲁汶社区识别 （场景 6）	N/A	10min （含磁盘回写时间）	未测试	无法完成 （以周为单位，如有无限资源）

10.4　最终受益人查询

从技术上讲，深度图遍历（Deep Graph Traversal，DGT）不是一个应用场景，它是图计算系统的独特功能。利用实时 DGT 功能，可以轻松解决很多业务层所面临的面向数据（海量数据）的深度下钻、关联分析、网络化分析、用户行为分析等一系列挑战。

　　在美国旧金山，当地政府正面临一个挑战：在过去的 10 年中，原本要分配给低收入家庭的房地产，正越来越多地被有限责任公司（LLC）购买和持有。监管机构难以追踪到这些 LLC 的最终受益人（例如实际控制人、大股东等）。这个问题受到了民众和监管机构的普遍关注。IRS（美国国税局）等政府机构和当地执法部门很想了解隐藏在这些公司背后的当事人，而人工查找会非常耗费人力和时间。这些最终受益人通常会故意多层隐藏身份及交叉持有股份，从而使被查公司的股权结构变得非常复杂，以此来规避监管。这一挑战需要一种自动化的工具，并以白盒、可解释 AI 的方式解决。

　　在全球其他市场也有类似的场景，查询企业的最终受益人俨然成了一种刚需。例如，近几年我国出现了一些依据工商数据以及其他多渠道的数据，在线提供半自动化的商业背景调查服务的平台。

　　要了解业务实体的所有权结构，最直观的方法是以图查询的方式（也称为网络分析、网络关联方式）显示其相关数据。如果某人作为公司的法定代表，则在图的设置中，这是一条连接两个节点的边，一个节点是人，指向另一个节点（即公司），并且该边（关系）标记为 Legal（代表法人），如图 10-17 所示。

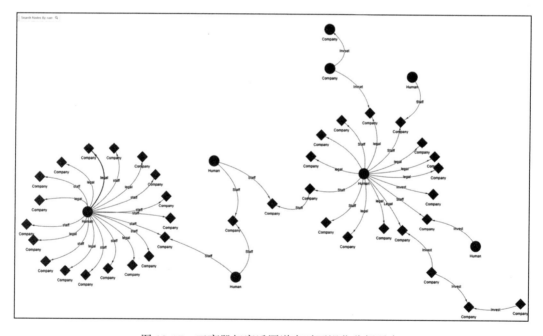

图 10-17　工商股权穿透图谱实时可视化分析平台

　　假设我们从业务实体节点开始以递归的方式查找业务实体的所有直接关联数据，则可以检索到与其链接的所有实体，并形成一个子图（见图 10-18）。请注意，节点和边的结果形成的图代替了树，因为树没有循环，但是图上可以交叉和形成环路，这更好地反映了现实世界的真实场景——因为企业和人员完全可能通过很多交叉投资／控股等业务结构形成很多环路，这并不应该用简单的树状结构来表示。

图 10-18　深度穿透工商股权图谱

在现实世界中，经常会看到最终受益人（又名"最终企业所有者"、实控人或多数股权持有人、大股东或多位头部股东）与被检查的业务实体（五角星）相距许多节点。传统的关系型数据库或数据库文档（甚至大多数图数据库）无法快速、及时地解决此类问题。图 10-18 中显示的最终受益人与被查企业至少相距 10 层（跳），找到它的计算复杂度可能会非常高，我们在这里做一个简单的分析：

❑　假设每一家公司有 25 位所有者（投资人、股权持有者）。

❑　如果我们要深挖 5 层，则有：$25 \times 25 \times 25 \times 25 \times 25 = 9\,765\,625 \approx 10^7$。

❑　如果我们要深挖 10 层，则有：$25^{10} \approx 100$ 万亿。

如果我们没有更高效的数据结构、算法和架构，仅依赖传统的关系型查询方式与系统架构将不可能解决这些挑战。

幸运的是，以上诸多挑战可以通过系统架构的优化，特别是低延迟、高并发数据结构和实时内存计算引擎，让用户以实时的方式找到最终受益人，很多时候甚至以 μs 为单位，因为我们能比其他系统更快地深度挖掘（100 倍或更多），而关系型数据库和其他类型的 NoSQL 框架则完全不能处理这种问题。此外，微秒级的延迟意味着更高的并发性和系统吞吐量，相比那些宣称毫秒级延迟的系统，是 1000 倍的性能提升！

现在我们知道，深度图遍历与查询可以识别企业的股东，无论他们离起始业务实体有多远，有时甚至有成千上万的股东，在他们当中快速地循环计算就可以得到公司前五或前十的所有股东（例如持股 5%、10% 或 25% 以上），这些就是企业可能的最终受益人。

如图 10-19 所示，以赢图高可视化图数据库管理平台为例，通过图数据库的前端界面可以快速且直观地查找和定位企业的最终受益人。图 10-19 中所示的最终受益人（大股东）与被查询公司（起点）间有 4 层间隔，通过多个公司业务交叉结构，有意无意地隐藏了其直接控股关系。在现实世界中，我们看到很多大型企业拥有上千位最终受益人，他们形成了一个巨大的子图，这妨碍了监管与调查，市场监督部门、分析师或执法部门都希望能穿透性地快速锁定企业的最终受益人。

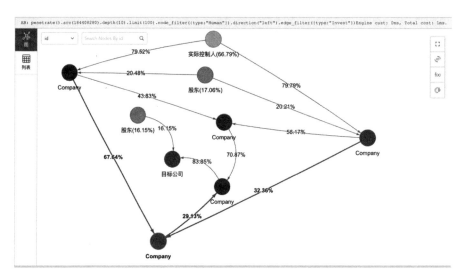

图 10-19　最终受益人及持股比例与路径的穿透计算和可视化呈现

10.5　实时欺诈识别

全球范围内来看，大型商业银行的利润多半来自企业贷款，银行要求企业使用抵押物来对冲潜在坏账风险，很多时候这种抵押物也可以以另外一家企业出据担保的方式存在。我们把这种行为称为对公业务中的公司担保贷款（Corporate Guaranteed Loan）。

当一个实体（一个公司或一个人，称为 A）从银行申请贷款，银行需要另一个实体公司（称为 B）进行财务担保，如果 A 不能偿还贷款，那么 B 公司将替 A 还清贷款。

一家商业银行通常要处理成千上万笔的公司贷款。前台部门工作人员每天发放大量贷款，后台部门工作人员负责识别与每个公司担保相关的潜在风险。这个过程通常是费时费力的。

有一些典型的欺诈类型有意或无意地与担保有关。

- ❑ 最简单的欺诈形式：A 担保 B，B 担保 A。这是直接违反任何银行发放贷款的前提条件（尽管很多时候银行没有行使这种监管职责）。
- ❑ 形成链或循环担保：A、B、C、D、E、A。这种环状担保链条是难以察觉的，因为你必须深挖到 E，然后发现 E 又为 A 提供了担保，进而违反了银行的担保风险规避规则。
- ❑ 更复杂的拓扑结构。例如，多个实体间可能涉及许多笔贷款和担保，进而形成了像森林一样的的担保链（并且有很多环路）。

如图 10-20、图 10-21 所示，A 公司担保了 4 家其他公司，形成 4 个贷款担保三角形（三角形是最简单的担保循环）、2 个贷款担保四边形（涉及 4 方）及 1 个五边形担保。

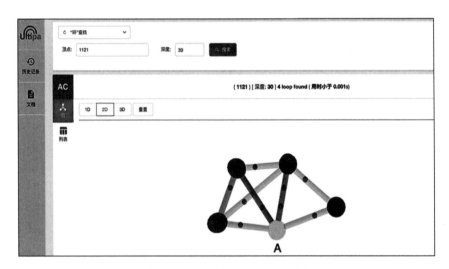

图 10-20　多家公司之间形成的担保环路（空间拓扑结构）

图 10-21　列表格式显示的担保路径

上面的例子是对特定公司的放大调查，通常情况下，银行以批处理的方式运行所有的贷款担保数据，以了解有多少违规行为。这个过程如果没有实时图计算的加持则可能会非常耗时，因为涉及大量的公司（通常是数百万甚至更多）。通过实时图计算技术可以把整体处理时间指数级的缩短（从天、小时到秒、毫秒级的加速）。

图 10-22 是某家银行的当前企业贷款的三维全景图。所有的企业间形成的贷款担保链、担保圈都被实时可视化出来，非常直观且易于理解。

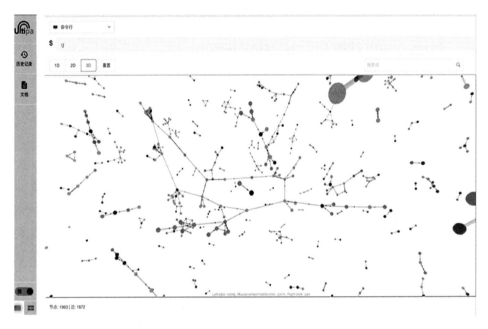

图 10-22　银行对公业务中行程的全部潜在违规的担保链、担保圈

在图 10-22 中央位置的担保链结构涉及多达上 100 家公司，这样的结构很难手工梳理，但在现实商业图谱中却很常见，并且隐藏着违反银行风控规则的非法担保问题，因此需要提醒后台业务人员进一步调查。

根据 2016—2019 年的一些市场调研报告显示，中国浙江省某市近 40% 的企业贷款存在违规担保问题，在贷款发放前，通过实时担保圈链查询，可以很有利地帮助银行了解每笔贷款申请的合法性（合规性）。通过这样的系统也可以让银行对贷款流向进行持续监控，并在贷款风险超过一定风险限制时采取防范措施，例如帮助银行采取先发制人的措施，保护贷款，避免大型连锁效应。

借助各个渠道的信息汇总，像法院文件、诉讼判决书、社交媒体、情感分析，我们可以做到准确、先发制人地识别高风险企业（及其贷款担保、资金流向等），使银行能够决定是否应该提早收回贷款，以保证银行资产免受损失。

图 10-23 最中间的大圆圈表示的企业与 6 场诉讼有关，涉及巨额金钱案件，并且被判有罪。同时，该企业客户为其他实体企业提供了多项贷款担保。这种情形可以被判定为一种潜在的高风险，银行应在第一时间撤销这些贷款担保，以防范潜在的多笔、连锁式损失。

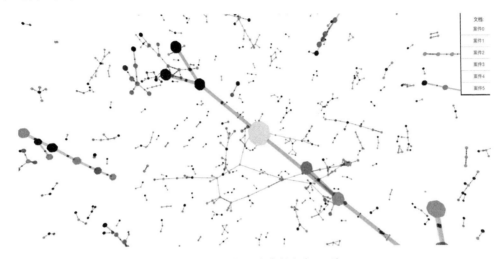

图 10-23　高风险贷款担保识别

10.6　AI 知识图谱反洗钱与智能推荐

"知识图谱"（Knowledge Graph）这一名词被众人所熟知应该归功于谷歌。在构造搜索引擎的过程中，为了能更好地提升搜索的效果（关联性），而不局限于关键词的权重排序，谷歌投入了相当的精力来构建知识实体的网络，也就是不同实体间的关联关系。这种关联可能非常广泛，从逻辑上的树状分类到因果关系等不一而足。通用搜索引擎级的知识图谱甚至可以被看作通用知识图谱，它的边界是无穷无尽的——这在某种程度上是把机器的算力与人类的知识集进行了耦合。当然，这个知识图谱要达到完美还需要很长的时间。也许只有当人类能完全搞清楚自己的大脑到底是如何工作的以及人类是如何协同工作的时候，才能宣布人类知识的全图谱有望实现完全的闭环。即便如此，图谱的下层所依托的算力到底是什么？笔者认为是"图计算引擎 + 图存储引擎"，图谱与图计算可比作人类的"左脑 + 右脑"，前者逻辑化但浅层、缓慢，后者高性能、高并发。

构建通用知识图谱是极其复杂的，截至目前还没有任何公司、政府、机构团队或个人宣称已经完成了这个"不可能的任务"。有鉴于此，目前行业均采取了分而治之的做法，即构建规模更为可控的、面向垂直行业的知识图谱。即使退而求其次去构造垂类的知识图谱，例如健康、保险、金融或其他行业知识图谱，也会遇到各种各样的挑战，从数据的采集、清洗、NLP、结构化，到后面的推理、计算、可视化等，挑战无处不在（或者说机遇无所不在）——特别是当图谱变得很大的时候，例如达到亿级（点、边）以上的时候，图上的操作变得非常具有挑战性。回想一下，当关系型数据库在千万量级以上的数据集的时候，性能会指数级地下降而不得不分表、分区来通过并发提升性能，同样的事情在图上就更为复杂了。

图 10-24 展示的是一种投资合作关系知识图谱，图中只有 5 类顶点：GP 投资人、LP 投资人、被投项目（公司）、公司高管以及和人关联的高校以及过往公司或机构。

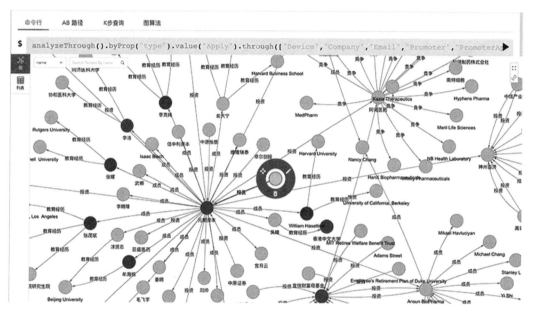

图 10-24　GP-LP 投资合作关系图谱的 Web 可视化前端

这是一个相对简单的图谱，但是可以很便捷地在上面实现一些类脑的智能，例如查询两家投资机构之间的关联网络，两个或多个公司的高管间形成的关联网络，不同机构间的关联网络等，这些图谱上的查询操作可以被用来进行投资、融资的决策辅助。如果没有一个带有算力的图谱系统，用户就可能还停留在使用复杂的 Excel 表来分析以上的关联关系网络，而那将是难以想象的复杂度，对分析人员而言是一种折磨。

图 10-25 展示了用户如何与可视化知识图谱进行互动：搜索、编辑、延展－缩略、分类定义、过滤，以及在图谱上面进行更复杂的操作，如组网、模板搜索、全文搜索、排序等。图谱为用户提供了深入微观世界进行操作的能力，同时让用户从全局角度来了解构成图谱的实体和关联关系所构成的知识网络的空间拓扑结构。毕竟，和机器相比，人类的优势始终在于具有全局观，而图谱似乎在这个维度上可以更好地辅助人类。图的另一个特点

是，你可以在它之上以递归的方式操作，例如从一个顶点以广度或深度的方式展开，发现它的 N 层外的相邻关系、邻居等。

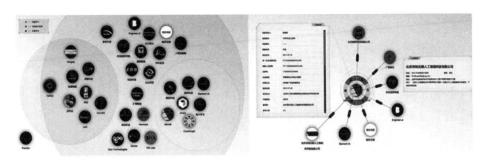

图 10-25　交互式知识图谱

通用知识图谱的设计范畴极为广泛，如人与人、人与物、人与事件、事件与物、事件与事、人与创造发明等多种关系，正是这种规模宏大、错综复杂的特点，导致了通用知识图谱构造的复杂度。美国的 Wolfram Alpha 和中国的 Allhistory（笔者曾为该项目的负责人）都可以看作通用知识图谱领域的早期尝鲜者。构造巨大的图谱的一个副作用是在图谱上面的计算复杂度也指数级提高了，因此如何能通过算力的输出来更好地支撑复杂图谱是一个业界迫切需要解决的问题。

以"蝴蝶效应"为例，在图谱中任何两个人、事、物如何关联，是否存在某种冥冥中的因果（强关联）效应？这种关联如果只是 1 步关联，那么显然任何传统的搜索引擎、大数据 NoSQL 框架，甚至关系型数据库都可以解决，但是深度的关联关系，例如从牛顿到成吉思汗（或者反之）的关联关系在图上又如何计算呢？

图数据库提供了不止一种方法来真正解决以上的问题，例如点到点的深度路径搜索、多点之间的组网搜索、基于某种模糊搜索条件的模板匹配搜索、类似于搜索引擎的图谱全文搜索，甚至从全文搜索到全文搜索的模板化搜索。最后的这个例子的复杂度指数级高于现有的搜索引擎的搜索，具体逻辑分解如下：先模糊关键字搜索一组实体知识，再从这些实体出发在图谱上面找到最终能抵达的目标实体，而这些目标实体也符合模糊关键字搜索结果，这种搜索类似于人类的举一反三，迅速发散后再次收敛式的模糊匹配与搜索，而传统的基于单一关键字式搜索引擎并没有这种能力，确切地说它们连在图上最简单的两个实体间组网式的搜索都无法完成。组网搜索也非常有趣，例如 5 个犯罪嫌疑人（或 5 个知识点）间通过自组网所形成的关联关系网络，它的计算复杂度是这样的：

- ❑　两两相连的条件下需要找到的路径：$C(5,2) = 10$。
- ❑　路径深度为 5 的条件下，假设每个实体有 20 个关联关系（边）。
- ❑　（理论上）计算次数：$10 \times 20^{50} = 32\,000\,000$。

当组网的顶点数量变多、深度变深或图的密度变大后，所形成的最终的计算复杂度只会更加的指数级增长。

在图谱上面还有其他很多的工作可以完成：

❑ 依据某种过滤条件找到点、边、路径等。

❑ 模式识别、社区、客群发现等。

❑ 找到全部或特定的某些邻居（或递归的发现更深的邻居）。

❑ 找到具有相似属性的图中的实体或关联关系，如图 10-26 所示。

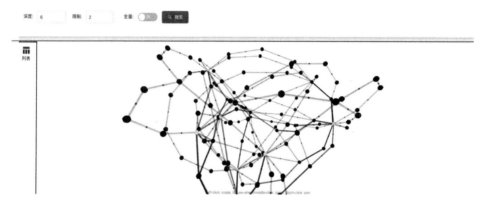

图 10-26　大图中的实时组网（形成子图）的搜索深度为 6

没有实时化图算力支撑的知识图谱，就好像一辆没有发动机的汽车，它是僵死的、离线的、不能创造价值的。图算力就是知识图谱之"芯"，其性能的强弱直接决定了图谱的效果和能力。在我们看来，OLAP（OnLine Analytics Processing，在线分析处理）带有很强的误导性，它真实表达的意思是线下（非实时）分析处理。HTAP（Hybrid Transaction & Analytics Processing，混合事务和分析处理）或许在很长的时间内会代表未来的发展趋势，而通过实现把尽可能多的 OLAP 类型的操作、$T+1$ 类的操作转换为实时的 OLTP（Online Transaction Processing，联机事务处理）或 $T+0$ 来完成对于业务部门而言具有重大的意义！

注意：我们暂且不去纠结 ACID、CAP 等理论或假说对动态变化数据的事物一致性的限制进而导致的性能衰减。

知识图谱是一个强大的工具，尤其对于企业级而言，例如网络管理、元数据管理，它对于决策支撑、场景回溯、场景预测、强可视化以及白盒化的用户体验而言价值重大。无论是系统管理员、IT 工程师还是企业的决策管理者都会感知到知识图谱的深远意义。最后，重申一下：没有算力的知识图谱是瘸腿的。

10.6.1 反洗钱场景

反洗钱（Money-Laundering）是一个世界范围内广泛存在的问题，全世界的政府都在寻找各种方式来从资金流中识别出这些"黑钱"。

图被认为是通过数学和图论的方式来表达资金流的最天然的方式。尤其是当资金流动的过程中经过了多层跳转——犯罪份子通常会有意地构造多步、多层资金流转的模型来进行洗钱。显然，他们使用了图的方式（图 10-27），而监管机构如果还停留在关系型数据库或浅层图计算的时代，那么这些被深层伪装的洗钱路径将无法被识别出来。在世界范围内，图技术正越来越广泛地被用来解决反洗钱中的一系列挑战。深度图搜索、实时性、白盒可解释、稳定性等能力在反洗钱场景中尤其是在庞大的资金网络中识别可疑资金、实时甄别洗钱行为、发现复杂可疑人员间的交易脉络、快速评估风险程度等得到深入应用。

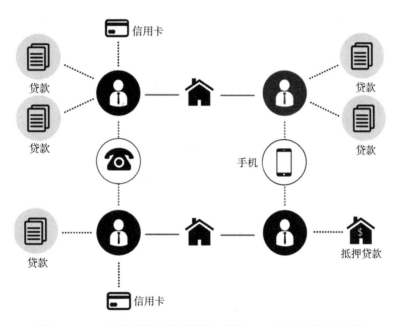

图 10-27　一种典型的洗钱（欺诈）场景——多用户形成的环路

常见的反洗钱场景为：从多个关联账户出发（转出账户）寻找到另外多个关联账户（收款方）的路径，或者从 1 个账户出发，经过多层辗转后回到起始账号或起始账户的关联账户，这种情形称为洗钱环路。其特征为：参与洗钱的账户通常都具有转账额度在账户的日均余额中的占比极高（约 100%），转账金额的账户内驻留时间短、多个账户可能共用同一设备、IP、WiFi APID 或具有其他相同属性等。

银行系统中通常有数以千万计或亿计的账户，我们假设大多数账户都是守法的，因此在进行反洗钱查询时如何能快速地过滤这些合法账户，并且锁定潜在的高风险账户，决定了计算的复杂度。账户的近期行为指标是首个要关注的过滤条件，当然还有其他的指标，如账户间的多维度的关联关系、是否有资金往来等。任何已经发生的洗钱行为一定有起点和终点（终点会吸入所有的从起点转出的金额的大部分），在图上找到它们并不难。如何能实时阻断正在发生的洗钱行为是很多金融机构重点关注的。

图 10-28 展示的是从一个账户出发，经过层层转账，最终把钱转回给了自己（路径上的转账数据很显然扣除了手续费，并包含一些伪装数据）。这种环路转账的模式本身并不一定就意味着 100% 是非法行为，但是至少值得通过系统报警来让专业人员关注这种模式，并甄别是否属于洗钱行为。另外，对于金融机构而言，有组织的犯罪团伙的洗钱规模和频率通常会远高于个别的零售客户，因此反洗钱关注的要点应该是洗钱规模大、发生频率高、牵连账户多以及跨行、跨境的洗钱行为。在图 10-28 中，通过对转账链路进行过滤和分析，可以锁定资金汇集点（例如入度远大于出度）、高频大额交易账户，进而高效地识别反洗钱参与账户，最终实时阻断洗钱行为或为二次分析提供技术支撑。

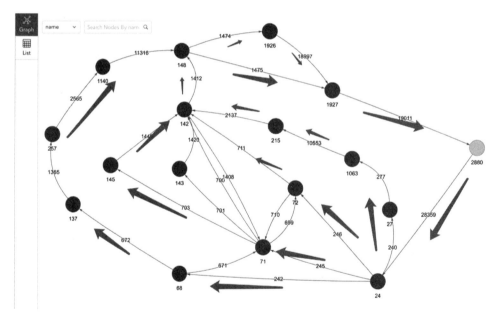

图 10-28　实时反洗钱模式——深度转账环路发现

以图 10-29 为例，从一个账户出发，经过约 10 层的分散转账后，资金逐步汇聚到了一个最终账户。如果监管机构的规定是查询 3 层，金融机构的识别深度只有 5 层，那么根本不可能发现这种深层次的洗钱行为。这种实时的深度的链路、网络转账识别，如果没有原生图内存计算引擎的支撑，根本无法实现。

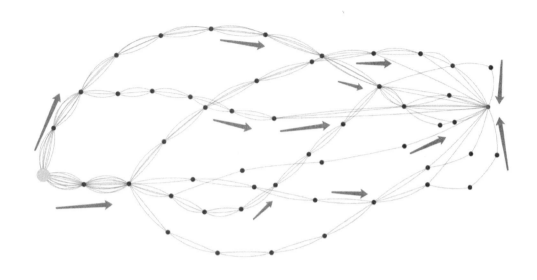

图 10-29　通过深度遍历发现资金归集（10 层 AML）

传统意义上的图系统，例如基于 Spark+GraphX，开源的 JanusGraph、ArangoDB 或商业版的 Neo4j 在进行 5 层以上的深度查询时，都会显得极为缓慢甚至无法返回。而在单笔查询的时效性或系统的并发吞吐率上，它们也存在时延大、并发能力低下（QPS/TPS 不高）的问题。对于金融系统而言，速度和性能一定是第一位的，时间就是金钱，在锁定犯罪链路上浪费每一秒钟，都是对犯罪分子的姑息与纵容和对金融资产的危害。

通过图计算的高并发、深度、低延迟查询等能力来赋能金融行业客户，可实现实时的深度反洗钱，并具有高可视化、易用度高、集成便捷等特点。我们深信，下一代的反洗钱 IT 基础架构中必将有实时图计算、图存储、图中台的一席之地。

10.6.2　智能推荐场景

如果想更好地了解基于图计算系统构造的推荐系统解决方案的价值，我们就需要先了解传统推荐系统的现状和问题，它们大多具有如下的共性：

❑　需要预处理准备工作，因此很难实现实时推荐。
❑　推荐系统更新的时延经常以小时或者天来衡量。
❑　大量冗余数据会被生产出来，浪费存储空间（存储成本）。
❑　传统推荐系统通常有多个异构的模型，很难达成一致性。
❑　通常需要客户端代码集成工作（非客户端透明）。

图 10-30 展示的是在知识图谱上如何实现实时、智能化推荐，具体逻辑如下：

1）用户 A 浏览（或收藏、购买、添加到购物车等行为）产品 A。

2）产品 A 被其他用户（如 B、C、D 等）浏览（或购买、收藏、添加到购物车等）。

3）用户 B 和用户 C（以及其他用户）还收藏了产品 B；用户 C 和用户 D（及其他用户）浏览了产品 D 及其他产品。

4）通过对步骤 3 中的其他用户行为进行整合、排序，得知产品 B 和产品 D 的受关注度最高。这个过程基本上就是一种最简单的 "协同过滤"（Collaborative Filtering，CF）实现。

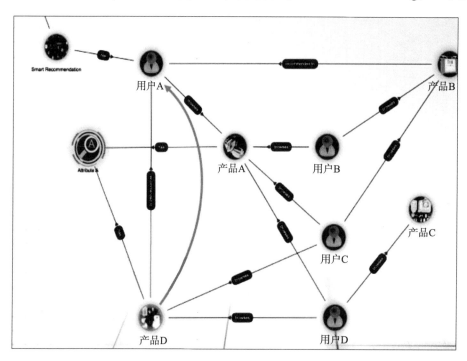

图 10-30　通过 "图计算 + 知识图谱系统" 实现的实时智能推荐

现在，我们再计算产品 B 和产品 D 与产品 A 之间是否存在着某种关联关系，产品知识图谱就发挥其价值了。对于暴力推荐系统而言，忽略产品间的关联关系，会推荐出令人啼笑皆非的结果。例如：用户 A 刚买了冰箱，推荐系统发现冰箱近期采购量很高，于是继续推荐冰箱给用户 A。某些国内知名电商的推荐系统在相当长的时间内都是采用这种暴力无脑的推荐方法的。如果加入产品知识图谱，那么推荐系统就会从只有最简单的分类关联能力，进化到具备更为复杂的衍生品推荐能力——例如从买冰箱到推荐冰箱贴、冰块盒、生鲜产品等，后面的推荐就已经具有了人类的 "举一反三" 的智能了。要实现以上的智能推荐，有时仅仅需要如下两项数据：

1）商品分类数据。商品的库存数量可能是万到百万的量级，但分类数据通常在百、千、万这种更小的量级，同类产品之间的关联关系通常更近。

2）标签属性信息。不同类的商品间（离散的、不直接关联的）也可以通过多维度的标签来进行关联，例如生鲜食品的存储环境标签是"冰箱冷藏"，那么它们之间就会在实时推荐的过程中产生动态关联，进而被召回。

在图数据库中，实现协同过滤是一件非常简单和快速的事情，用户不需要任何数据训练，也不需要执行任何黑盒化的步骤，原因是协同过滤的逻辑用自然语言描述出来就是基于图的思维的。

图 10-31 的协同过滤逻辑如下：

❑ 从用户（A 点）开始，找到 1 步关联的商品（关联关系：浏览、添加购物车、购买）。

❑ 找到所有和以上商品关联的用户（关联关系：浏览、添加购物车、购买等）。

❑ 找到以上用户关联的其他商品。

❑ 对以上商品进行面向初始用户的分类、排序、关联识别等操作，并召回最终的待推荐商品集合。

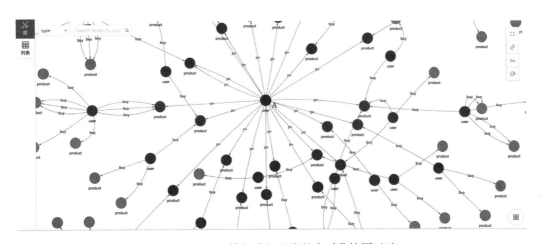

图 10-31　基于模板路径查询的实时化协同过滤

上面前 3 步可以在嬴图 GQL 中用一句简单的语句实现，如图 10-32 所示。

```
1   t().n(524288).re({behavior:"pv"})
2   .n({type:"product"})
3   .le({behavior:"buy"})
4   .n({type:"user"})
5   .re({behavior:"buy"})
6   .n({type:"product"}).limit(10000).select(*)
```

图 10-32　基于模板路径查询的嬴图 GQL

当然，在真实的应用中，协同过滤还有很多额外的工作需要在第 4 步中完成。但不可否认的是，前 3 步中所圈定的是一个可以召回商品的最大范围。在一些真实的电商场景中，上面的查询相当于以"模板 + 过滤"的方式在图上查找了 3 层（3-Hop），在高度连通（用户行为活跃）的图中，待召回的商品可能达数万之多，这时额外的过滤、筛选、排序和逻辑上的强弱关联就显得有必要，并以此来缩小召回范围。

我们设计了以下两种方法。

1. CRBR

CRBR（Community Recognition Based Recommendation，基于社区识别的推荐）可以看作相对基础的协同过滤实现，但是它的效率要比传统的基于 Spark/Flink 之类的大数据框架实现的系统的效率高得多，也更轻量级、更敏捷。其核心理念如下：

❑ 对全部商品（和用户）进行鲁汶社区识别。
❑ 按照用户的商品行为（浏览、购物车、购买等）进行分组。
❑ 定位排序最高的鲁汶社区，但是剔除那些超级热门商品。

以上 3 步可以被看作在进行数据训练。在具有行为时间戳的图中，可以对某段历史时期内的所有关联关系执行以上操作，而对另外的那些较新的以及实时更新中的数据集进行验证。

此外，在以上的分组用户中，较低活跃度的用户可以被分配较高的分值。这个逻辑可能听起来有些反常，但是实际上非常简单：在同一个社区内，一个不那么活跃的用户的行为反而比一个超级活跃的用户更有价值，因为后者的覆盖范围过于广泛，反而不能引起其他用户的关注（所谓的推荐聚焦），或者不具有代表性或推荐价值，进而很难做到推荐收敛。

以上逻辑可以继续优化，例如商品之间的分类关联关系、环境信息、时空信息、用户的属性信息等都可以用作关联推荐中的判断、过滤、收敛逻辑。

图 10-33 展示了以上步骤是如何以一揽子的方式实现的。

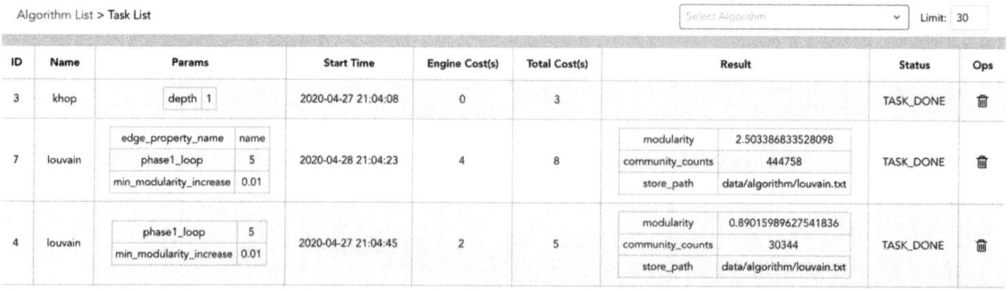

ID	Name	Params			Start Time	Engine Cost(s)	Total Cost(s)	Result			Status	Ops
3	khop	depth	1		2020-04-27 21:04:08	0	3				TASK_DONE	🗑
7	louvain	edge_property_name phase1_loop min_modularity_increase	name 5 0.01		2020-04-28 21:04:23	4	8	modularity community_counts store_path	2.503386833528098 444758 data/algorithm/louvain.txt		TASK_DONE	🗑
4	louvain	phase1_loop min_modularity_increase	5 0.01		2020-04-27 21:04:45	2	5	modularity community_counts store_path	0.89015989627541836 30344 data/algorithm/louvain.txt		TASK_DONE	🗑

图 10-33　通过高度并发而加速实现的鲁汶社区识别（实时或近实时完成）

注意图 10-33 中的鲁汶社区识别的完成时间，在百万到千万量级的点、边的图中（中等大小），以嬴图数据库为例，可以做到实时（毫秒级到秒级）完成；而在 Python 或其他图计算系统中，这个过程通常长达数个小时或者更久。这是 1000 倍以上的性能提升！通过高并发内存计算、搭配以高并发存储与计算架构实现了指数级的性能提升。不仅如此，辅以直观、易用的前端分析工具来为用户提供高度可视化的过程与结果，分析工具是通过图增强 AI 技术与产品赋能业务的重要一步。

在图 10-34 中，我们从全图中抽样了 5000 个顶点来实时绘制它们所构成的鲁汶社区的空间拓扑结构关系。需要指出的是，鲁汶社区识别是面向全量数据进行迭代计算的（计算量巨大），但是可视化部分因受到屏幕显示空间和分辨率的影响，通常用数量级远小于全量的顶点来抽样示意。例如抽样百、千、万级别的顶点集合，而不是试图在前端展示百万或千万量级的数据，因为仅数据传输就会消耗很长时间，如果再加上（浏览器）数据膨胀、数据渲染，就会消耗更多的资源。

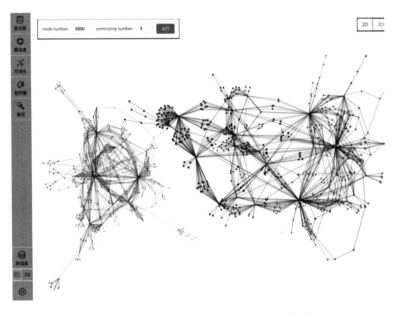

图 10-34　基于鲁汶的社区识别与 3D 可视化

CRBR 的核心理念是先找到所有用户和商品所形成的社群（紧密关联社群），然后再根据额外的信息来优化协同过滤的推荐逻辑，如用户的属性信息、商品的分类信息等。通过嬴图计算引擎，以上操作可以以图模板搜索的方式实时完成，实时的用户行为、商品信息可以动态地插入或更新到图中。对于推荐系统而言，我们的目标并不是设计一种全新的算法，而是通过数据模型的图化来实现更高的效率与性价比，相对的低投入、高产出，其中的核心价值在于：

- ❑ 可以非常简便地调整查询模板。
- ❑ 迅捷，比传统的协同过滤高效得多，性能提升 100 倍或者更多。
- ❑ 过程可解释，不再需要黑盒化的 AI 推荐过程。

2. GEBR

CRBR 并非唯一的图计算推荐系统实现方法，GEBR（Graph Embedding Based Recommendation，基于图嵌入的推荐）是另一种实现方法，它利用了基于图的深度学习。图深度学习可以通过高并发、高效性实现很好的召回率与准确率，但它的过程是灰盒化的。例如计算过程中利用到了深度随机游走，像 Node2Vec、Word2Vec 或 Struc2Vec 等图算法都依赖这些深度随机游走操作。对于图上的深度学习而言，很多方法还处于从实验室到工业场景应用的持续迭代转化阶段，但是它们已经显示出了相当的高效性、准确率与可解释性，这极有可能代表着 AI 技术的近期突破方向。图 10-35 展示的就是先以近实时批处理的方法对全量数据进行基于 Node2Vec（或 Stuc2Vec）模式的深度随机游走，获取到每个用户的图嵌入特征后，再根据任何一个待推荐用户关联的用户群中的"次活跃用户"的图嵌入特征进行商品推荐。

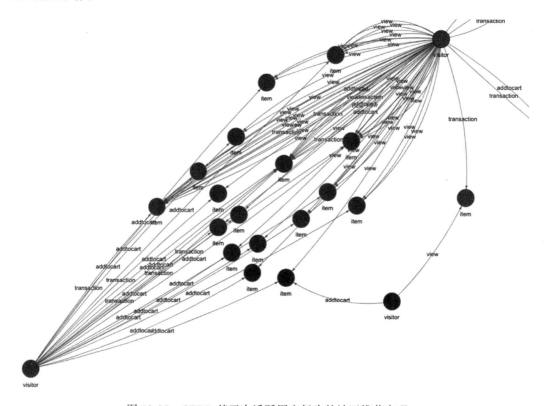

图 10-35　GEBR 基于次活跃用户行为的社区推荐实现

基于图的推荐系统有如下优势：

- ❑ 具有实时推荐能力、实时数据刷新能力。
- ❑ 与知识图谱（例如商品知识图谱）无缝结合，推荐高度智能化，而不是基于统计学计算模型的那种机器"智能"。
- ❑ 推荐图谱 = 实时商品图谱 + 用户 360 图谱，也就是说，一站式推荐解决方案可以在图上实现。

如果你还没有用过 Hadoop 或 Spark 框架来构建你的推荐系统，如果你不想每天纠结于海量数据的训练和验证，那么基于图查询与计算的图推荐系统可能是你的最佳选择。我们正处于一个以 AI、云计算、大数据为代表的 IT 技术升级换代大潮中，而兼具了三者能力与特点的图数据库（增强智能、可解释 AI、云原生、海量数据的实时化处理）是最有可能胜出的技术。

10.7 寄生虫网络的研究

寄生（Parasitism）是两种生物即寄生虫（Parasite）和它的宿主（Host）之间的一种"消费者—资源"关系。寄生虫生活在宿主的身上或体内，依赖宿主提供营养和庇护；而宿主则在许多方面受到伤害，例如暴露于许多传染病的威胁之下，因为寄生虫通常是很多病原体的载体。近年来，网络分析技术越来越广泛地应用在寄生性疾病的传播以及生物灭绝、入侵或迁移等对生态系统稳定性的研究中。这些研究的范围取决于涉及的地区大小、宿主 /寄生虫的种类多少等。图技术利用其对高维数据建模的能力，能自然地反映实体之间是如何网络化的，从而使事物具备高度的可解释性，大大加速对各项科学研究的辅助工作。

10.7.1 研究生态系统的痛点与解决思路

寄生虫的问题尽管是肉眼"不可见"的，但寄生虫的物种数量非常庞大，它们之间的无数互动都会大大影响众多的宿主物种。这种复杂性对于宿主—寄生虫群落的研究提出了非常大的挑战。

（1）痛点：多样性带来的困境

生态系统的传统研究方法是实验和理论数学模型。这些早期的努力在一定程度上有助于描述网络结构。然而，要用它们来进一步描述相互作用所产生的影响几乎是不可能的，更不用说在不断变化的情景下做出预测了。由于寄生虫的丰富性和宿主范围的不断增长，使得寄生虫学的研究在计算上也极具挑战性。

（2）解决思路：利用网络分析技术

利用网络分析技术，可以通过描述网络结构中宿主和寄生虫之间的相互作用，揭示和洞察它们之间潜在的复杂关系。网络分析最早在社会网络研究中得到了很好的发展，并已被借用到包括生态学和生物应用在内的许多领域。它有一个坚实而通用的工具包，能利用网络的潜在特征（如中心性、相似性、模块度、连通性、嵌套性等）来执行深入的描述和预测任务。

10.7.2　关于流行病的预防与研究

许多在人类身上出现的新发传染病（Emerging Infectious Diseases，EID）起源于动物。一些研究表明，我们更容易受到来自近亲的交叉感染。

人类中一些最有害的疾病可能是由灵长类动物传播的，如恶性疟疾、黄热病和艾滋病毒等。因此，密切关注非人类的灵长类动物，尤其是那些处于中心位置的灵长类动物，可能有助于抵御新的流行病。该案例说明了如何使用图算法来帮助加速（增强）EID 的研究。

作为一种经典的网络衡量标准，中心性（Centrality）能够从不同的角度来揭示网络中实体的重要性，在第 4 章中，我们也有详细的探讨。在灵长类动物—寄生虫网络（Primate-Parasite Network）中，处于中心位置的宿主可能是：

❑ 携带寄生虫最多的。
❑ 在控制寄生虫传播中发挥了重要作用的。
❑ 具有最大传递影响的宿主。

这些考虑因素能对应于明确的中心性指标：

❑ 度中心性。
❑ 中介中心性。
❑ 特征向量中心性。

图 10-36 演示的"灵长类动物 — 宿主数据集"是从 GMPD⊖ 下载的，其中包含 217 个灵长类宿主节点（@host）和 820 个寄生虫节点（@parasite），还有 3587 条边（@hasHost）从寄生虫指向它们各自的宿主。

⊖ GMPD：全球哺乳动物寄生虫数据库，网址为 https://parasites.nunn-lab.org/。

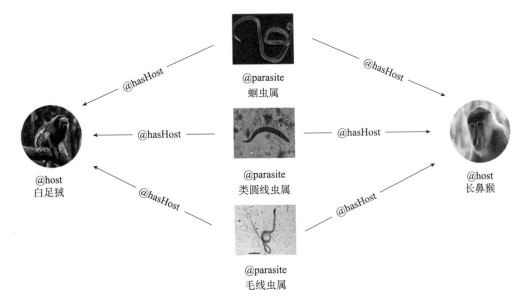

图 10-36　宿主和寄生虫之间的关系

　　我们观察到，大多数寄生虫具有多个宿主，每个宿主也可能有多个寄生虫。对于有同一寄生虫的每两个宿主，我们将它们连接在一起（@shareParasites 边）并将它们之间共有的寄生虫数量记录为权重，如图 10-37 所示。

图 10-37　两个宿主间有相同寄生虫的示例——无向边

　　在赢图中，每条边都需要有方向。由于 @shareParasites 是双向的关系，我们在有相同寄生虫的每对宿主间插入两个方向不同但权重相同的边，如图 10-38 所示。

图 10-38　两个宿主间有相同寄生虫的示例——有向边

通过这种方式，我们另外向网络插入了 15 436 条 @shareParasites 边。

下面来寻找居于中心位置的灵长类动物。我们将这个网络导入赢图高可视化图数据库管理平台中并运行上述 3 种中心性算法，旨在找到前 10 个重要的宿主。通过比较结果可以看到，度中心性和特征向量中心性捕获了非常相似的重要宿主，而中介中心性与它们的相关性较低。在实际应用中，生态学家要么根据一些特定的关注点选择单一的中心性进行测量，要么在分析其相关性后通过组合不同指标的结果来获取一个综合输出。

1）使用度中心性算法计算在每个宿主上发现的寄生虫数量。这个指标虽然很简单，但清楚地反映了每个宿主接触的寄生虫的范围。

图 10-39 显示了感染最多种类寄生虫的前 10 个宿主，找出它们只需要在赢图高可视化图

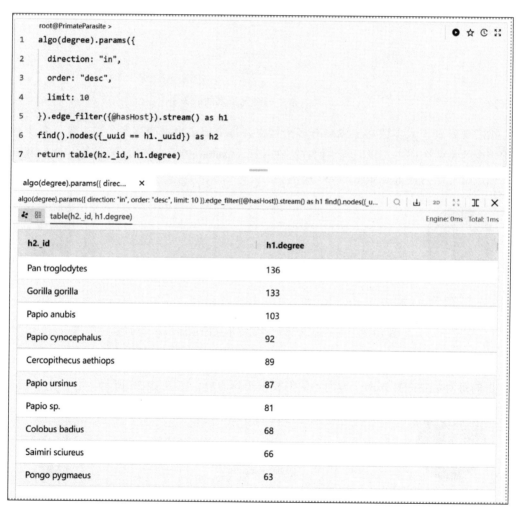

图 10-39　在赢图高可视化图数据库管理平台中计算度中心性最高的 10 个宿主

数据库管理平台中写 2 个赢图 GQL 命令：algo() 命令运行度中心性算法，find().nodes() 命令通过内部 ID（UUID）查询出宿主节点。最后以表的形式返回宿主的外部 ID（即 ID，通常更易读）和计算出的节点度，便于下游任务的（如果有）进一步使用。

2）使用中介中心性算法来衡量一个宿主位于任何其他两个宿主之间通过 @shareParasite 边形成的最短路径的概率。它描述了宿主作为网络中其他宿主之间寄生虫共享 / 传播的"桥梁"的重要性。

图 10-40 是前 10 个起到媒介或桥梁作用的宿主，这可以作为进一步调查的良好指标。

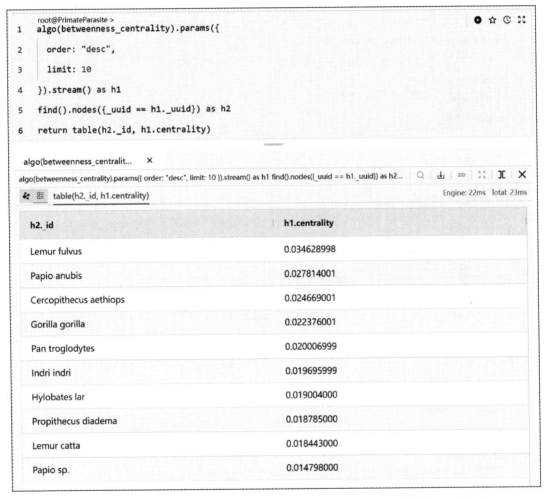

图 10-40　在赢图高可视化图数据库管理平台中计算中介中心性最高的 10 个宿主

> **注意：** 相比于度中心性算法，中介中心性算法的复杂度是指数级增加的，因此更具挑战性。但是该算法可以在
> 较小的数据集上运行，或指示算法进行采样计算来提速（计算复杂度更低）。当然，也可以通过密集地
> 并行技术来加速，这正是 Ultipa 赢图在向量化计算和存储接近计算（以及无索引邻接数据结构）的架构
> 上所做的努力。

3）在特征向量中心性算法的假设中，宿主的中心性不仅取决于它连接了多少个宿主，还取决于它连接的宿主的重要性。由图 10-41 所示可以清晰地看到，在赢图高可视化图数据库管理平台中，计算特征向量中心性最高的 10 个宿主都是哪些，同时我们也能够清晰地了解到，特征向量中心性提供了比度中心性更复杂的视图，同时在数量与质量之间做了平衡。

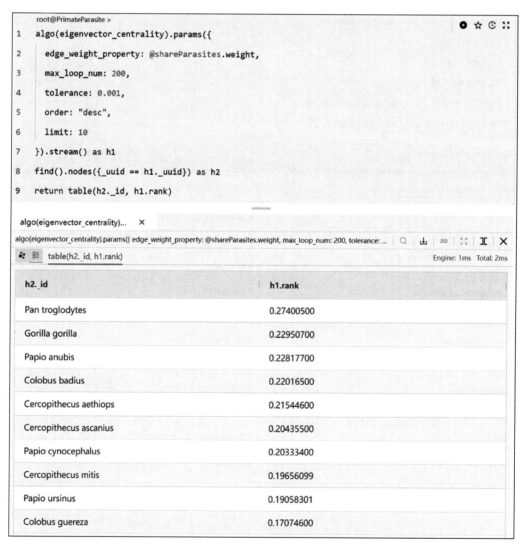

图 10-41　在赢图高可视化图数据库管理平台中计算特征向量中心性最高的 10 个宿主

注意： 著名的 PageRank 算法是特征向量中心性的一个变体。在疾病传播研究中，具有较高特征向量中心性的
实体（节点或顶点）更有可能接近感染源（即追踪大流行的根源）。

将网络分析应用到疾病传播，为研究人员的科研提供了非常重要的线索，同时也为了解
人类健康提供更多的帮助。赢图支持复杂的网络拓扑建模，可以轻松地处理物种和交互多样
性等问题。同时，我们致力于强劲的核心算力、灵活的查询模式以及丰富的算法库。赢图随
时准备好协助全球生态学家揭开更多关于自然和生命的神秘面纱。